教育部职业教育与成人教育司推荐教材
职业教育电力技术类专业教学用书

电机原理与维修

主　编　宋美清
副主编　王红雨
编　写　池德英　刘素萍
主　审　叶水音　李启煌
　　　　刘景峰　魏涤非

中国电力出版社
CHINA ELECTRIC POWER PRESS

内 容 提 要

本书为教育部职业教育与成人教育司推荐教材。

本书以提高学生的就业能力、职业转换能力和创业能力为目的，从实用的角度出发，通过理论、技能知识学习和技能实训等环节，逐步提高学生分析和解决实际问题的能力。

全书共5章，主要内容包括电机维修常用工器具和材料、变压器的原理与维修、三相异步电动机的原理与维修、单相异步电动机的原理与维修、水泵和电风扇的原理与维修。

本书可作为职业院校电力技术类专业相关课程教学用书，还可作为农村劳动力转移培训教材和农村实用技术培训教材。

图书在版编目（CIP）数据

电机原理与维修/宋美清主编. —北京：中国电力出版社，2007.1（2022.1重印）

教育部职业教育与成人教育司推荐教材

ISBN 978-7-5083-4970-1

Ⅰ.电... Ⅱ.宋... Ⅲ.①电机学－高等学校：技术学校－教材②电机－维修－高等学校：技术学校－教材 Ⅳ.TM3

中国版本图书馆CIP数据核字（2006）第134516号

中国电力出版社出版、发行

（北京市东城区北京站西街19号 100005 http://www.cepp.sgcc.com.cn）

三河市航远印刷有限公司印刷

各地新华书店经售

*

2007年1月第一版 2022年1月北京第七次印刷

787毫米×1092毫米 16开本 10印张 241千字

定价 **25.00** 元

前 言

本书为教育部职业教育与成人教育司推荐教材，是根据教育部审定的电力技术类专业主干课程的教学大纲编写而成的，并列入教育部《2004～2007 年职业教育教材开发编写计划》。本书经中国电力教育协会和中国电力出版社组织专家评审，又列为全国电力职业教育规划教材，作为职业教育电力技术类专业教学用书。

本书体现了职业教育的性质、任务和培养目标；符合职业教育的课程教学基本要求和有关岗位资格和技术等级要求；具有思想性、科学性、适合国情的先进性和教学适应性；符合职业教育的特点和规律，具有明显的职业教育特色；符合国家有关部门颁发的技术质量标准。本书既可作为学历教育教学用书，也可作为职业资格和岗位技能培训教材。

本书是教育部推荐的农村劳动力转移培训的教材之一。电机原理与维修是小型电机厂、服装制造厂、电机维修、建筑以及乡镇企业等用工量大的行业员工必须掌握的知识，所以本教材也可作为农村劳动力转移培训和农村实用技术培训的通用教材。

本教材是根据国家职业技术标准和就业岗位初、中级工能力的要求进行编写的，就业针对性强。全书共有五章，包括电机维修常用工器具和材料、变压器的原理与维修、三相异步电动机的原理与维修、单相异步电动机的原理与维修、水泵和电风扇的原理与维修等内容。在编写过程中针对农村劳动力基础知识薄弱的现状，教学内容讲述遵循由浅入深、由易到难、由简单到复杂的教学规律，采用图文并茂的叙述方式讲解，更加通俗易懂。每章设有教学目标和用于提高学习效果的思考与练习，以便读者将理论知识应用到实际工作中，提高其分析和解决实际问题的能力。

电机原理与维修是一门实践性较强的课程，建议多安排技能训练。在教学活动中应重视示范与个别辅导，操作实习时应充分了解工器具的安全使用方法，避免发生意外事故。教学过程中应特别注意加强职业道德与环保意识的培养。

本书由福建电力培训中心宋美清担任主编，负责全书的统稿工作。长沙电力职业技术学院王红雨担任副主编。福建电力培训中心池德英参与第 1、2、4、5 章编写，刘素萍参与第 3 章编写。

本书由福建电力技术学院叶水音和李启煌老师、保定电力职业技术学院的刘景峰老师、武汉电力职业技术学院的魏涤非老师担任主审，他们对本书提出了许多宝贵意见，中国电力出版社教材中心的编辑对本书的编写工作给予了大力支持，在此对他们致以衷心感谢。本书在编写过程中参考了一些教材和资料，在此对有关作者一并表示感谢。

由于编者水平有限，书中难免有错误和不妥之处，诚恳欢迎广大读者批评指正。

编　者

2006 年 4 月

前言

目 录

第一章

电动机维修常用工、器具和材料

教学目标

(1) 培养学生具备正确使用电动机维修常用工具的能力。

(2) 培养学生具备正确使用电动机维修常用仪器仪表的能力。

(3) 使学生认识常用电磁材料和绝缘材料的名称、性能及用途。

(4) 使学生认识电动机维修常用材料的名称、性能及用途。

第一节 电动机维修常用工具

1. 低压验电笔

低压验电表又称电笔，它是用来检查电动机等低压电气设备是否带电的辅助安全工具，其检查范围为 60～500V（电压单位“伏特”的符号），一般有钢笔式和螺丝刀式两种，如图 1-1 所示。

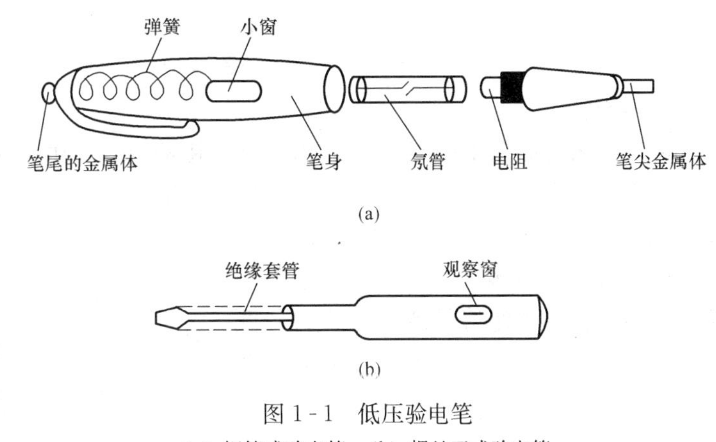

图 1-1 低压验电笔

(a) 钢笔式验电笔；(b) 螺丝刀式验电笔

低压验电笔主要由金属的笔尖、电阻、氖管、弹簧和带金属尾部的笔身组成。使用时应注意以手指握住验电笔身，食指触及笔身尾部的金属体，验电笔观察氖管发光的窗口朝向使用者眼睛。低压验电笔握法如图 1-2 所示。

2. 螺丝刀

螺丝刀又称旋凿或起子，它是用来拧紧或起松螺丝的工具。螺丝刀是由刀柄和刀体组成。刀柄有木柄、塑料柄和有机玻璃柄三种。刀口形状有“一”字形和“十”字形两种，如图 1-3 所示。电工螺丝刀刀体金属部分用绝缘管套住。

螺丝刀的使用注意事项如下：

(1) 不可使用金属杆直通柄顶的穿心螺丝刀，否则很容易造成触电事故；

(2) 根据螺钉大小、规格选用响应尺寸的螺丝刀，否则容易损坏螺钉与螺丝刀；

(3) 使用螺丝刀紧固或拆卸带电螺丝时，手不得触及螺丝刀的金属杆，应在螺丝刀的金属杆上套上绝缘套管；螺丝刀不能当凿子用。

常用螺丝刀的使用方法如下：

(1) 短螺丝刀用于松紧电气装置接线桩上的小螺钉，使用时可用大拇指和中指夹住握柄，用食指顶住柄的末端捻旋；

(2) 长螺丝刀用于松紧较大的螺钉，使用时，除大拇指、食指和中指夹住握柄外，用手掌顶住柄的末端，防止旋转时滑落；

(3) 较长螺丝刀可用右手压紧并转动手柄，左手握住螺丝刀的中间，以防刀头滑脱将手滑伤。

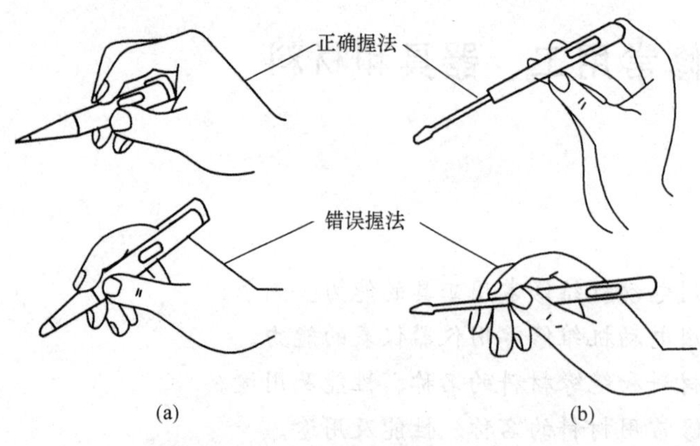

图 1-2 低压验电笔握法

(a) 钢笔验电笔握法；(b) 螺丝刀式验电笔握法

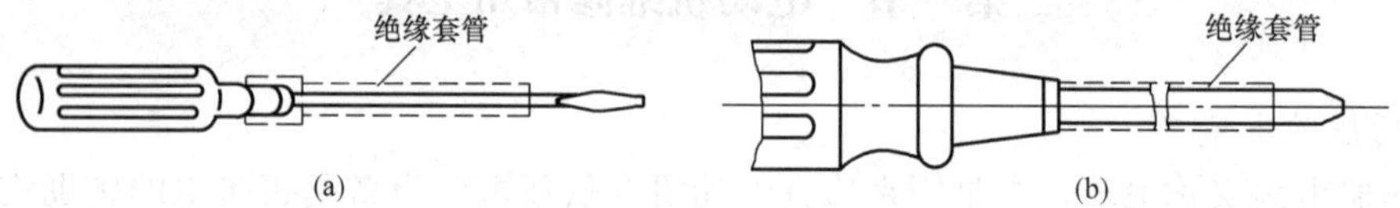

图 1-3 螺丝刀

(a) 一字形；(b) 十字形

3. 钢丝钳

钢丝钳构造如图 1-4 所示，它由钳头、钳柄组成。钳头包括钳口、齿口、刀口、铡口，钳柄上套有额定工作电压 500V 的绝缘套管。钢丝钳的规格用长度单位为 mm（毫米的符号），常用的有 150、175mm 和 200mm 的三种。

钢丝钳用途很多。通常刀口用于剪切导线和剥削软导线绝缘层或拔起铁钉；铡口用于剪切钢丝；齿口用来紧固或起松螺母；钳口用来弯铰或钳夹导线线头。当钢丝钳用来剥削导线头的绝缘层时，用左手抓紧导线，右手握住钢丝钳，取好要剥脱的绝缘层长度，刀口夹住导线绝缘层，施力要合适，不能损伤导线的金属体，沿钳口夹压的痕迹，靠绝缘层和导线的摩擦力将绝缘层拉掉。钢丝钳的用法可以概括为剪切导线用刀口，剪切钢丝用铡口，扳旋螺母用齿口，弯绞导线用钳口四句话。

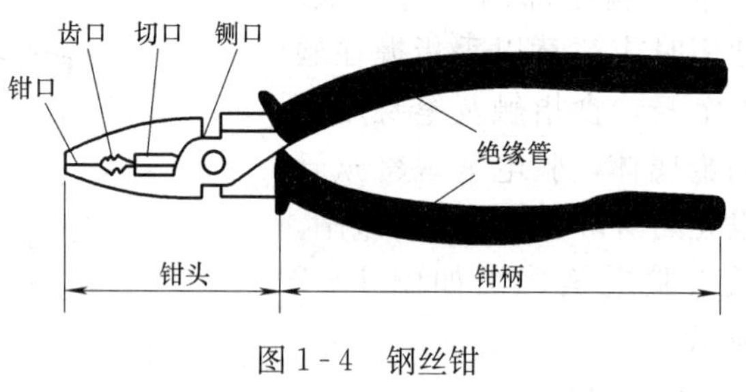

图 1-4 钢丝钳

使用钢丝钳时应注意：

(1) 在进行低压带电作业时，必须先要检查绝缘柄的绝缘是否良好；

(2) 使用钢丝钳剪切带电导线时，不得用刀口同时剪两根或两根以上导线，以免相线间或相线与中性线间发生短路故障；

(3) 使用钢丝钳时，刀口面应向操作者一侧。钳头不可以代替锤子使用，且要保护好钳柄绝缘套管，以免碰伤而造成触电事故。

4. 尖嘴钳

尖嘴钳由钳头和钳柄组成，如图 1 - 5 所示。钳头带钳口和切口，钳口有棱纹。钳头部分是狭长的，呈圆锥形，适用于狭小空间的操作使用。钳柄套有额定工作电压 500V 的绝缘套管。其握法与钢丝钳的握法相同。

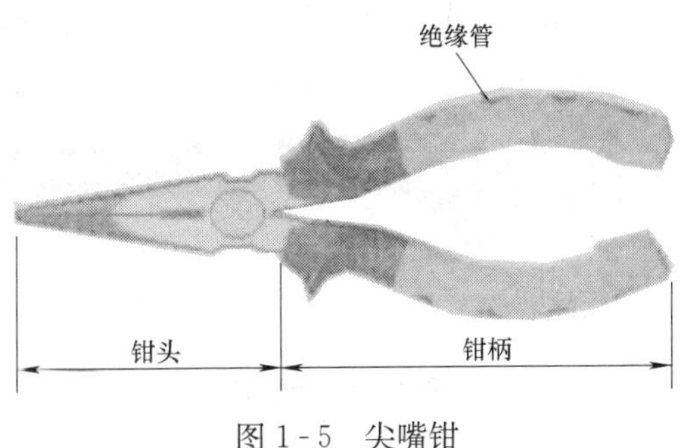

图 1 - 5　尖嘴钳

尖嘴钳主要用于二次小线工作。其尖头钳口能将单股导线弯成圆形的接线端环，也可用以夹持较小的螺钉、垫圈、导线等元件；切口可以钳断细小的金属丝。

5. 断线钳

断线钳也称为斜口钳。断线钳由钳头和钳柄组成，钳头部分为较锋利的切口，并有斜角。斜口钳主要用来剪断较粗的金属丝和电线。绝缘柄的断线钳如图 1 - 6 所示。电工常用的绝缘柄断线钳耐压强度为 500V。

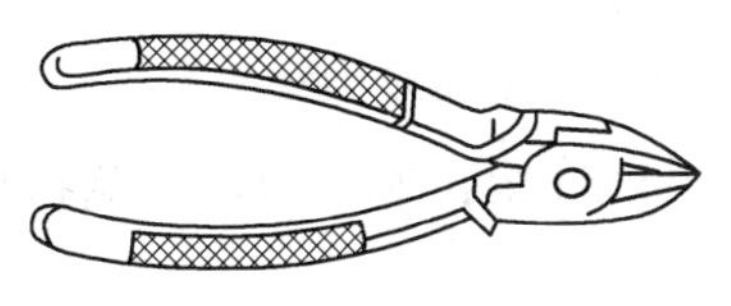
图 1 - 6　断线钳

6. 剥线钳

剥线钳是由刀口、压线口和钳柄组成，常用的有 140mm 和 180mm 两种。柄上套有额定工作电压 500V 的绝缘套管，如图 1 - 7 所示。

剥线钳用于剥除线芯截面为 6mm² 以下塑料线或橡胶绝缘线的绝缘层。剥线钳的刀口有 0.5～3mm 直径的切口，以适应不同规格的线芯剥削。

使用剥线钳剥去绝缘层时，剥削的绝缘层长度定好后，左手持导线，右手握钳柄，导线端部绝缘层被剖断自由飞出。使用时应将导线放在稍大于芯线直径的切口上切削，以免切伤芯线。

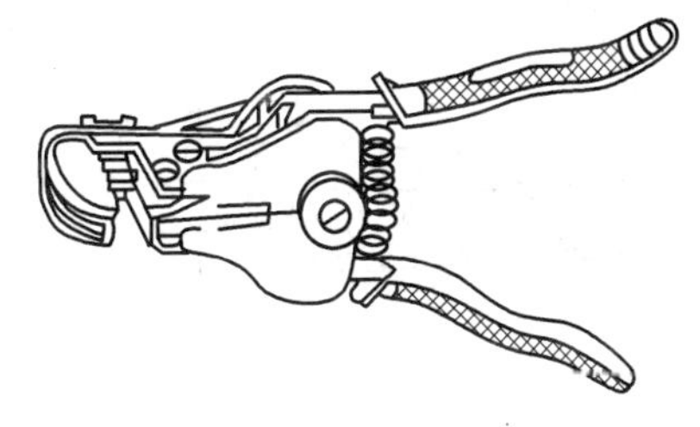
图 1 - 7　剥线钳

7. 电工刀

电工刀是用来剥削导线绝缘，削制木棒、切割木台缺口等。其外形如图 1 - 8 所示。使用时应左手持导线，右手握刀柄，刀口稍倾斜朝外进行操作。刀口常以 45°角倾斜切入，25°角倾斜推削使用。电工刀用完后应将刀身折入刀柄内，以免刀刃受损或伤人。

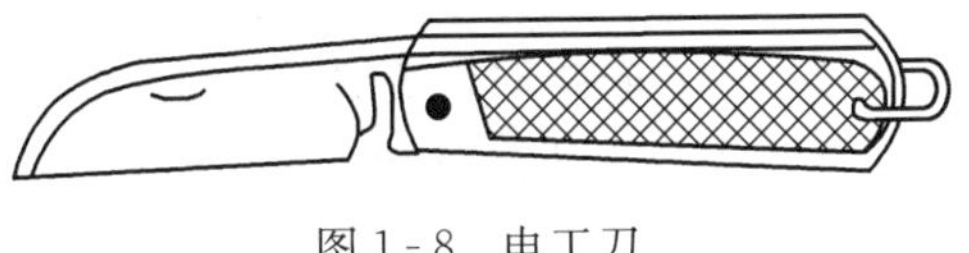
图 1 - 8　电工刀

使用注意要点如下：

(1) 使用电工刀时刀口应向人体外侧用力，以免伤手；

(2) 电工刀刀柄是无绝缘保护的，故不能在带电导线或器材上剥削，以免触电；

(3) 不允许用锤子敲打刀片进行剥削。

8. 活络扳手

扳手是用来紧固和松开螺母的一种常用工具。活络扳手的钳口可以在规定的范围内任意调整大小，使用方便，故普遍采用。其结构如图 1 - 9 所示，它主要由头部和柄部两部分组

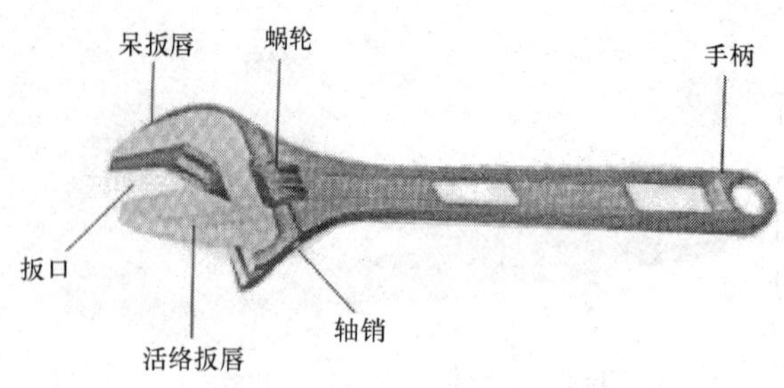

图 1-9 活络扳手

成。头部由活络扳唇、呆扳唇、扳口、蜗轮、轴销和手柄等部分组成，活络扳手的规格用长度×最大开宽度表示，单位为 mm。例如，150×19 表示长度 150mm，开口宽度 19mm。

活络扳手的使用方法如下：

（1）根据螺母的大小选用适当的扳手，用两手指旋动蜗轮调节扳口的大小，将扳口调到比螺母稍大些，卡住螺母，再用手指旋转蜗轮使扳口紧压螺母；

（2）扳动大螺母时力矩较大，手要握在近柄尾处，如图 1-10（a）所示；

（3）扳动小螺母时力矩较小，又因为螺母过小，容易打滑，手应握在近头部的地方，施力时手指可随时旋调蜗轮，收紧活络扳唇，以防打滑，如图 1-10（b）所示；

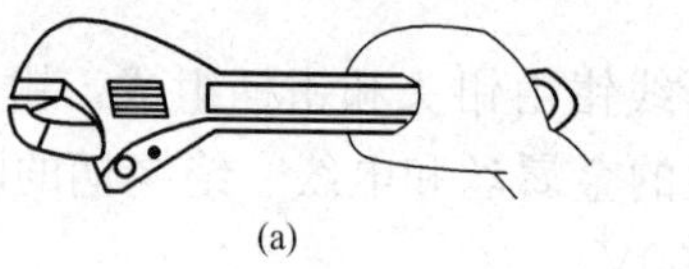
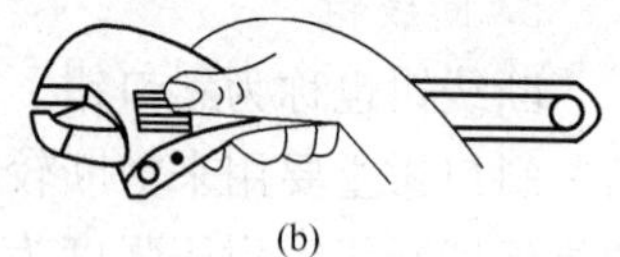

图 1-10 活络扳手的握法

(a) 扳较大螺母时握法；(b) 扳较小螺母时握法

（4）活络扳手不可反用，以免损坏活络扳唇；也不可用钢管接长柄施力，以免损坏扳手；

（5）不得当撬棒和锤子使用。

9. 拉模

拉模又称拉马，它是拆卸皮带轮、联轴器和滚动轴承的专用工具。拉模及使用方法如图 1-11 所示。用拉模拆卸皮带轮时，应先将皮带轮的紧固螺钉或销子松开，再将拉模摆正，丝杆对准转轴的中心，然后扳动手柄。

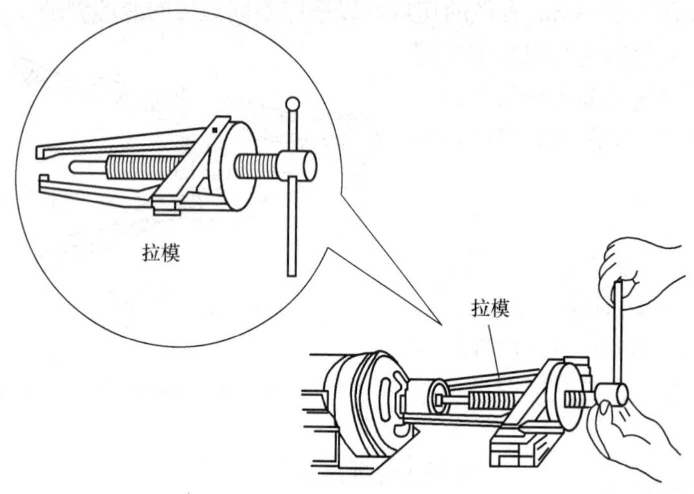

图 1-11 拉模及使用方法

10. 刮板

刮板又称划线板，它是电机嵌线时使用的工具。在嵌线时，先用刮板将槽绝缘分开，将导线放入槽口，再用刮板将导线理齐，并压入槽内。

刮板一般用竹片、硬钢纸板或层压玻璃布板制成，如图 1-12 所示。刮线部分要用锉刀锉圆并用细砂纸打光，以免刮线时刮破导线绝缘。刮板的厚度 a 要适当，以刮板

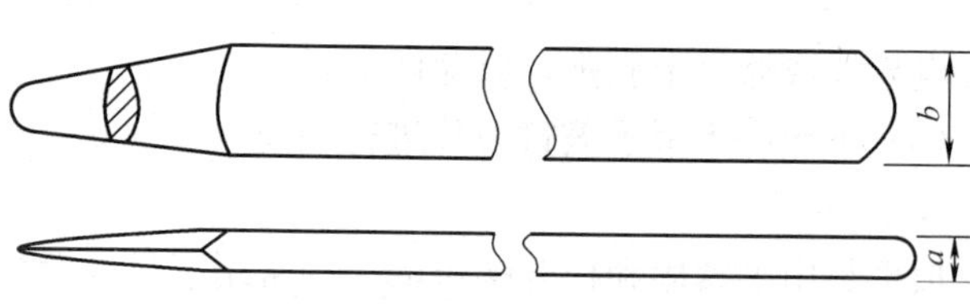

图 1-12 刮板

的头部能深入槽内 2/3 为宜，宽度 b 则以 15～30mm 为宜。

11. 压线板

压线板又称压线脚，它是用来压紧槽内导线的工具，其外形如图 1-13 所示。

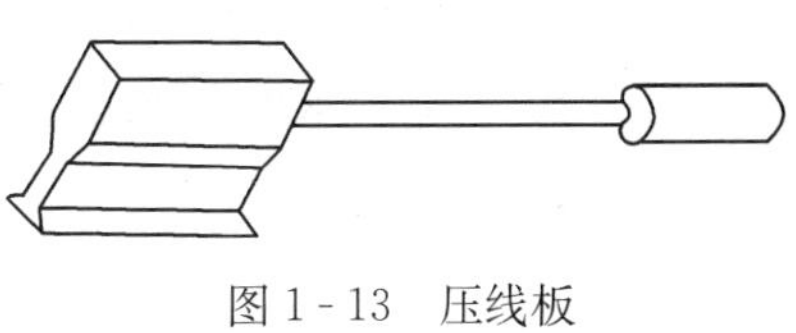
图 1-13　压线板

压线板一般用黄铜及低碳钢制成，一般应根据不同槽形尺寸多备几把。其压线部分的宽度 t 按槽形顶部尺寸缩小 0.6～0.7mm，长度 L 以 30～60mm 为宜。压线板表面要光滑，以免划伤导线绝缘。

12. 短路侦察器

短路侦察器又称短路检查器，如图 1-14 所示。它是利用变压器原理（第二章介绍）来检查定子绕组或转子绕组匝间短路的工具。

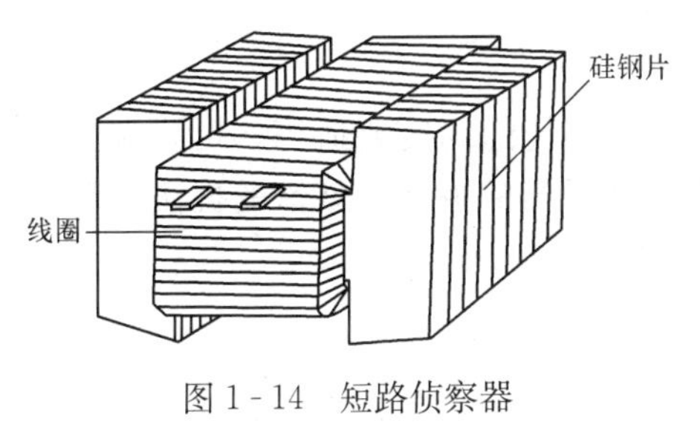

图 1-14　短路侦察器

13. 绕线机

绕线机是绕制线圈的专用工具，常用的绕线机如图 1-15 所示。绕线机的手柄安装在一个大齿轮上，大齿轮带动两个小齿轮，大小齿轮的转速比一般为 1∶4 或 1∶8，有时也为1∶12。机轴连接着一个小齿轮，机轴直径为 9.5mm，长度为 160mm。机轴上有两个锥形螺母，其中一个无螺纹的螺母应放在里面，而另一个有螺纹的锥形螺母放在外边，用来夹紧绕线模。在机轴靠近齿轮的一侧有一段螺纹，与圈数盘（又称计数盘）啮合，用来记录线圈的匝数。

使用绕线机时应注意：

（1）绕线机底座应固定在工作台上，机座的外侧边缘与工作台或桌边的距离以 10～12mm 为宜；

（2）若转动绕线机时齿轮摩擦声较大，可以注入少许润滑油。同时，要注意保持清洁，及时清除灰尘。

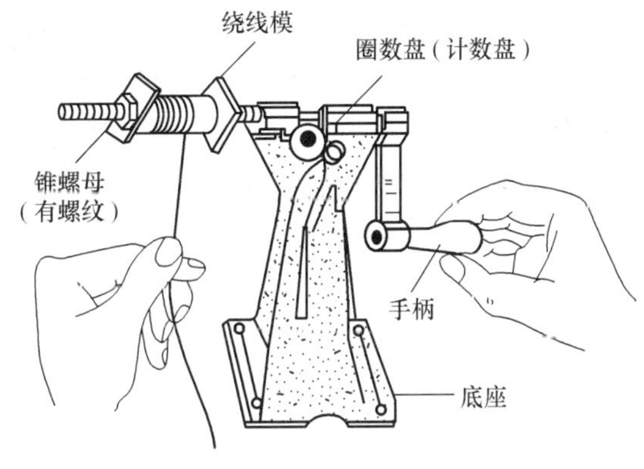

图 1-15　绕线机

14. 电烙铁

电烙铁用于电机导线的焊接，常用的电烙铁有外热式和内热式两大类，如图 1-16 所示。在接通电源后，电流使电阻丝发热，并通过传热筒加热电烙铁，达到焊接温度后即可进行工作。

（1）使用电烙铁注意事项。

1）使用前检查两股电源线和保护接地线的接头是否接对，否则会导致元器件损伤，严重时还会引起操作人员触电。

2）新电烙铁初次使用。应先对烙铁头搪锡。其方法是，将烙铁头加热到适当温度后，用砂布（纸）擦去或用锉刀锉去氧化层，浸在焊锡中来回摩擦，即可搪上锡。

3）烙铁头应经常保持清洁。使用中若发现烙铁头工作面有氧化层或污物，应擦去。否

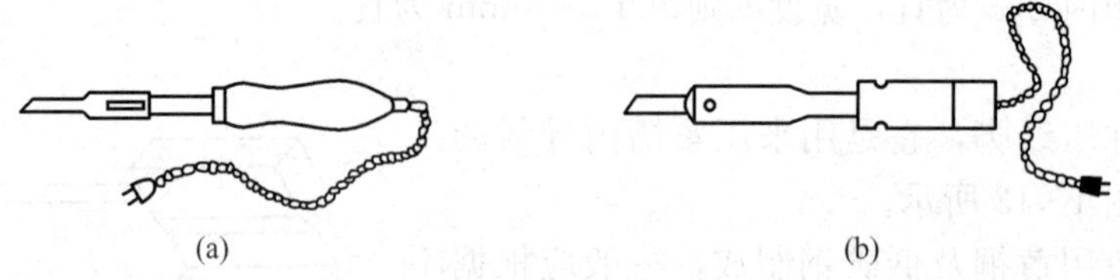

图 1-16 电烙铁
(a) 内热式电烙铁；(b) 外热式电烙铁

则影响焊接质量。烙铁头工作一段时间后，还会出现因氧化不能上锡的现象，应用锉刀或刮刀去掉烙铁头工作面黑灰色的氧化层，重新搪锡。烙铁头使用过久，还会出现腐触凹坑，影响正常焊接，应用锉刀对其整形，再重新搪锡。

4）电烙铁工作时要放在特制的烙铁架上，烙铁架一般应置于工作台右上方，烙铁头不能超出工作台，以免烫伤工作人员或其他物品。

（2）电烙铁钎焊要领。

1）焊接时的姿势和手法。一般为坐着焊，工作台和座椅的高度要适当。挺胸端坐，操作者鼻尖与烙铁尖的距离应在 20cm 以上，选好烙铁头和适当的握法。烙铁的握法一般有三种，如图 1-17 所示。

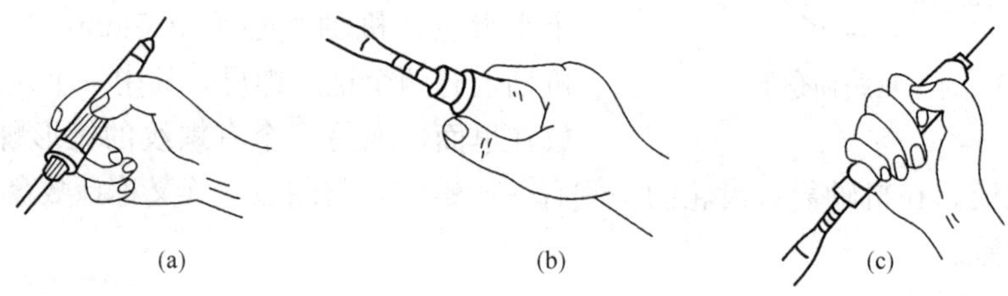

图 1-17 电烙铁的三种握法
(a) 握笔式；(b) 正握式；(c) 反握式

2）焊锡丝的拿法。先将焊锡丝拉直并截成 1/3m 左右的长度，用不拿烙铁的手握住，配合焊接的速度和焊锡丝头部熔化的快慢适当向前送进。焊锡丝的拿法有两种，如图 1-18 所示，操作者可以根据自己的习惯选用。

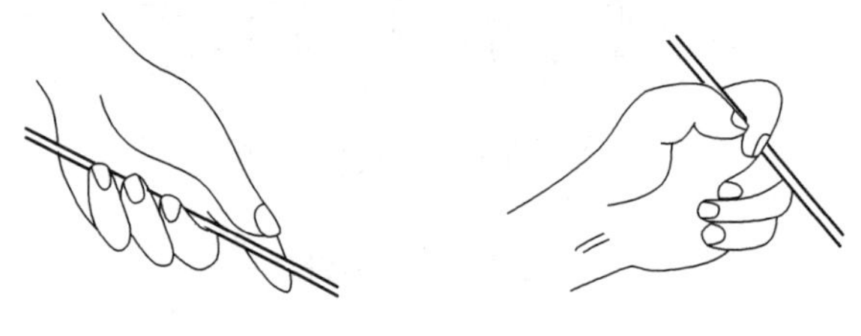
图 1-18 焊锡丝的拿法

3）焊接面上焊前的清洁和搪锡。清洁焊接面的工具，可用砂纸（布），也可用废锯条做成刮刀。焊接前应先清除焊接面上的绝缘层、氧化层及污物，直到完全露出紫铜表面，其上不留一点脏物为止。焊接面清洁处理后，应尽快搪锡，以免表面重新氧化，搪锡前应先在焊接面涂上焊剂。

4）恰当掌握焊点形成的火候。焊接时不要将烙铁头在焊点上来回磨动，应将烙铁头搪锡面紧贴焊点，等到焊锡全部熔化，并因表面张力收缩而使表面光滑后，迅速将烙铁头从斜面上方约 45°角的地方移开。这时焊锡不会立即凝固，不要使焊件移动，否则会凝成纱粒状或造成焊接不牢固而形成虚焊。

第二节 常用仪器仪表

1. 万用表

万用表是一种多功能、多量程的便携式电工仪表，是电动机故障检修中最常用的仪表，指针式万用表的外表如图 1-19 所示。一般的万用表可以测量直流电流、直流电压、交流电压和电阻等。有些万用表还可测量电容、功率等。万用表可分为指针式万用表和数字式万用表。

（1）指针式万用表。万用表主要由动圈式电流表、转换开关、电阻器、半导体二极管及接收件、表盒等组成。

使用指针式万用表前，应检查指针是否在零位。如果指针偏离零位，可以用螺丝刀调整表头上的机械调零旋钮，使指针对准零刻度。然后将表笔分别插入万用表的两个插孔内。

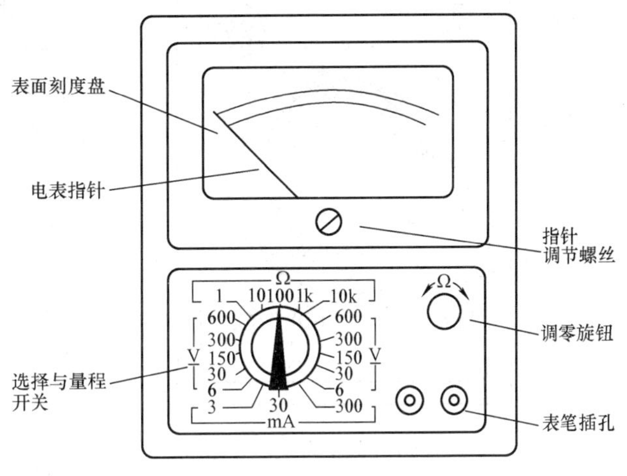

图 1-19 指针式万用表

测量电压、电流时，将红表笔插入正极插孔，黑表笔插入负极插孔，根据被测电压、电流的大小，把转换开关转至电压、电流档的适当量程位置。要注意交流电压与直流电压的区别。测量电压时，要将万用表并联在被测量电路的两端。测量电流时，要将万用表串联在被测量电路中。

测量电阻时，根据被测电阻的大小把选择开关转到欧姆档的适当档位上。选择的原则：要使指针尽可能做到在刻度线中心附近，因为这时的误差最小。测量时，先将红、黑表笔短接，如万用表针不能满偏（表针不能偏转到零欧姆位置），可使用欧姆调零旋钮进行“欧姆调零”。然后将被测电阻同其他元器件或电源脱离，单手持表笔并跨接在电阻两端。读数时，应先根据表针所在位置确定最小刻度值，再乘以倍率，即为电阻的实际阻值。

利用万用表能测量直流电阻的特性，可检测线路的通断。测量电动机绕组的电阻，若指针指向零，说明绕组可能短路；若指针指向无穷大，则说明绕组断路。

测量电容时，把转换选择开关旋转到欧姆档的大量程，将两表笔分别接触电容器的两端，这时指针很快摆动一下又回到原位，若将表棒对调后再测试，指针摆动幅度更大且能复位，说明电容是好的。指针摆动越大，电容的容量越大。如果指针摆动后不能复位而停留在某一刻度上，说明电容器漏电，指针指示的电阻就是电容器的漏电电阻；若指针停在零位不摆动，则说明电容器内部断路。要注意的是，必须把电容器两极短路放电后，才可以进行电容测试。

万用表使用完后，要将选择开关拨到“OFF”或最高电压档，防止下次开始测量时不慎烧坏万用表。平时万用表要保持干燥、清洁，严禁震动和机械冲击。长期不用时，应将万用表中的电池取出。

（2）数字式万用表。数字万用表又称数字多用表，采用数字化测量技术，各种被测量均转换成电压信号，并以数字形式显示出来。具有准确度高、分辨力高、测量速率快、测量种类多、测量范围宽等特点。数字多用表面板上的功能一般有液晶显示器、量程开关、输入插孔、h_{EF}插孔、电源开关。DT830数字万用表的面板外形图如图1-20所示。

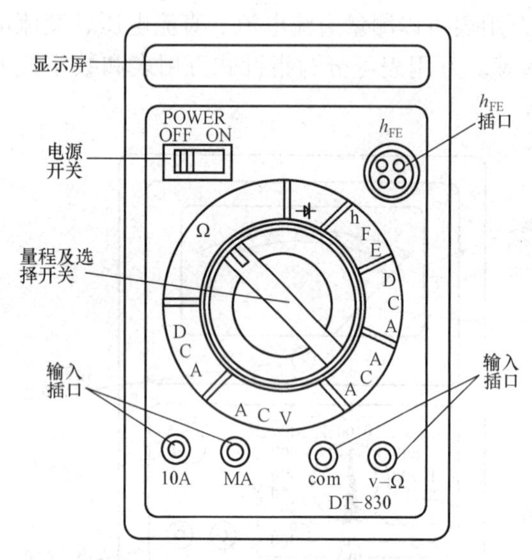

图1-20 DT830数字万用表外形图

数字万用表的使用方法与操作要领和模拟式万用表的使用大同小异，但比模拟式万用表使用更方便。

测量直流电流时，若被测电流小于200mA，将红表笔插入“mA”插孔内，黑表笔置于“COM”插孔不变，将转换开关旋至DCA区间内，并选择适当的量程。通过表针将仪表串入被测电路中，显示屏上即可显示出读数。

测量直流电压时，将红表笔连线插入“V、Ω”插孔内，黑表笔连线插在“COM”插孔中不变，将量程开关旋至“DCV”区间，并选择适当的量程，通过两表笔将仪表并联在被测电路两端，显示屏上便显示出被测数值。

测量直流电压和电流时，不必像模拟式万用表那样考虑“+”、“－”极性问题，当被测电流或电压的极性接反时，显示的数值前会出现负号（－）。

测量交流电压时，将量程开关旋至“ACV”或“V～”区间的适当量程上，表笔所在插孔及具体测量方法与测量直流电压时相同。

测量交流电流时，将量程开关旋至“ACA”或“A～”区间的适当量程上，其余与测量直流电流相同。

测量电阻时，将红表笔连线插入“V、Ω”插孔内，黑表笔连线插入“COM”插孔不变，将量程开关旋至“Ω”区间并选择适当的量程，便可进行测量。

注意：数字万用表红表笔的电位比黑表笔的电位高，即红表笔为“+”极，黑表笔为“－”极，这一点与模拟式万用表正好相反。用数字万用表测量电阻，测量前不必进行欧姆调零。

判断二极管正向压降时，将红表笔连线插入“V、Ω”插孔内，黑表笔连线插入“COM”插孔中；量程开关旋至标有二极管符号的档。将红表笔接二极管的正极，黑表笔接二极管的负极，显示屏显示出二极管的正向压降，以V为单位。如果显示屏左端出现“1”字（溢出数），说明两表笔接反，应将两表笔调换再测。若调换后，左端仍显示“1”或两次测量均有电压或为零，则说明二极管已损坏。

2. 绝缘电阻表

绝缘电阻表（又称兆欧表，俗称摇表）是一种检查电气设备、测量高电阻的简便直读式仪表，通常用来测量电路、电机绕组、电缆等绝缘电阻。绝缘电阻表大多采用手摇发电机供电，故称摇表。由于它的刻度是以兆欧（MΩ）为单位，故又称兆欧表，其外表如图 1-21 所示。

绝缘电阻表主要由测量机构和电源两部分组成。有的绝缘电阻表采用手摇发电机作为电源，有的则采用晶体管电源电路。

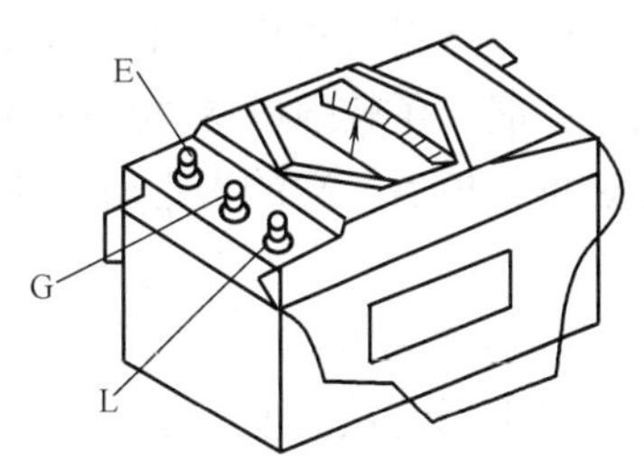

图 1-21　绝缘电阻表

绝缘电阻表的额定电压应根据被测电气设备的额定电压来选择。测量 500V 以下的设备，选用 500V 或 1000V 的绝缘电阻表；额定电压在 500V 以上的设备，应选用 1000V 或 2500V 的绝缘电阻表，不应该将电压级别高的绝缘电阻表用来测量额定电压较低一级的线路和设备的绝缘电阻，否则极易击穿绝缘。

使用绝缘电阻表前，应对绝缘电阻表做一次开路试验和短路试验。具体方法是：将 E、L 两端开路，以约 120r/min 的转速摇动手柄，观测指针是否指到“∞”处；然后将 E、L 两端短接，缓慢摇动手柄，观测指针是否指到“0”处，若指针指示不对，说明绝缘电阻表有故障。

测量时，要将被测设备脱离电源，并使其充分放电。绝缘电阻表接线端与被测设备之间的连接导线不能用双股绝缘绞线，以免引起测量误差。

3. 转速表

转速表是用来测量电动机或其他机械设备转速的一种仪表，其结构如图 1-22 所示。

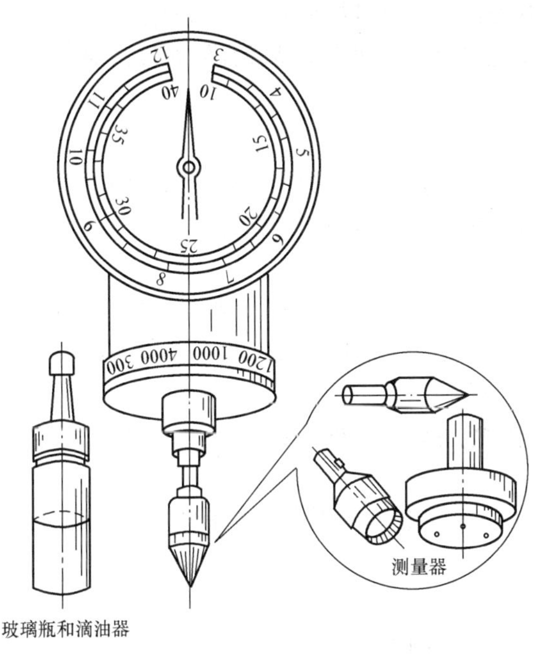

图 1-22　转速表的结构与配件

一般每只转速表应配备一个橡皮头、一个嵌环圆锥体、一根硬质三角钟、一只漏斗、一根转轴、一只纹锤分支器（其圆周为 10cm）、一小瓶钟表油和一只滴油器。

使用转速表时，应把刻度盘转到相应的测量范围，并在转轴一端加上油。测量转速在 10000r/min 以上时，不宜使用橡皮装置的测量器，最好使用三角钢锥测量器。测量时要拿稳转速表，注意不能歪斜，以保证测速的准确。加油时，必须把刻度盘转到最慢转速，然后给各油眼加油。此外，要避免转速表受到剧烈振动，以防损坏机械结构。

第三节　常用电磁材料

各种物质在外界磁场的作用下都会呈现出不同的磁性，磁性材料主要指铁、镍、钴及其合金等，根据磁性材料的特性可将其分为软磁材料和硬磁材料（又称永磁材料）两大类。

一、软磁材料

软磁材料又称导磁材料，其主要特点是导磁率高剩磁弱。这类材料在较弱的外界磁场作用下就能产生较强的磁感应强度，而且随着外界磁场的增强，很快就达到磁饱和状态；当外界磁场去掉后，它的磁性就基本消失。常用的软磁材料有电工用纯铁、硅钢片和普通低碳钢片等。

1. 电工用纯铁

电工用纯铁的电阻率很低，它的纯度愈高，磁性能愈好。电工用纯铁一般只用于直流磁场或低频条件下，常用的型号有DT3、DT4、DT5和DT6等几种。

2. 硅钢片

硅钢片的主要特性是电阻率高，适用于各种交变磁场。硅钢片分为热轧和冷轧两种。冷轧硅钢片又有单取向和无取向之分。单取向冷轧硅钢片的导磁率与轧制方向有关，沿轧制方向的导磁率最高，与轧制方向垂直的导磁率最低。无取向冷轧硅钢片的导磁率没有方向性。电机上常用的硅钢片厚度有0.55mm和0.5mm两种。

3. 普通低碳钢片

普通低碳钢片又称无硅钢片，主要用来制造家用电器中的小电机、小变压器等的铁芯。

二、硬磁材料

硬磁材料又称永磁材料，其主要特点是剩磁强。这类材料在外界磁场的作用下当其达到磁饱和状态以后，即使把外界磁场去掉，它还能在较长时间内保持较强的磁性。对硬磁材料的基本要求是剩磁强，磁性稳定。

1. 铝镍钴永磁材料

铝镍钴合金的组织结构稳定，具有优良的磁性能、良好的稳定性和较低的温度系数。铝镍钴永磁材料的应用较广，主要用来制造永磁电机和微电机的磁极铁芯。

2. 铁氧体永磁材料

铁氧体永磁材料以氧化铁为主，不含镍、钴等贵重金属，价格低廉，材料的电阻率高，是目前产量最多的一种永磁材料。这种材料的缺点是剩磁感应强度较低，温度系数较大。

第四节 常用绝缘材料

自然界中有些物质其电阻率很高，只有在一定的电压作用下，才有极其微弱的电流通过，工程上把这类物质称为绝缘材料。

一、绝缘材料的用途

绝缘材料主是用来隔离带电体，使电荷在一定范围内或按一定方向流动，在某些场合还起到防止电晕、导热、灭弧、保护导体等作用。

二、绝缘材料的分类

根据绝缘材料化学性质的不同可分为：无机绝缘材料、有机绝缘材料和混合绝缘材料。

（1）无机绝缘材料有云母、石棉、大埋石、瓷器、玻璃等。它们常用于电机和电器绕组层闸绝缘，也可用于制作一些开关的底板和绝缘子等。

（2）有机绝缘材料有矿物油、虫胶、树脂、橡胶、棉纱、纸麻、蚕丝和人造丝等。其中有部分用于绝缘漆的制作，有部分用作覆盖绕组和导线的绝缘物。

(3) 混合绝缘材料是由无机绝缘材料和有机绝缘材料经加工后制作成各种成型的绝缘材料。如常用的玻璃丝布、环氧树脂胶合板等。

三、绝缘材料的主要性能

绝缘材料的主要作用是隔离带电的或不同电位的导体，使电流能按预定的方向流动。绝缘材料大部分是有机材料，其耐热性、机械强度和寿命比金属材料低得多。因此，绝缘材料是电工产品最薄弱的环节，许多故障发生在绝缘部分。各种绝缘材料都具有不同的特性，在修理电机和电器时必须合理选用。固体绝缘材料的主要性能指标有以下几项：

(1) 击穿强度。绝缘材料在高于某一数值的电场强度的作用下，会被损坏而失去绝缘性能，这种现象称为击穿。绝缘材料被击穿时的电场强度称为击穿强度，单位为 kV/mm。

(2) 绝缘电阻。绝缘材料的电阻率虽然很高，但在一定的电压作用下总有微小电流通过，这种电流称为泄漏电流。泄漏电流由两部分组成，一部分流经绝缘材料内部，另一部分沿绝缘材料表面流动。为了更清楚地表明材料的绝缘性能，通常用表面电阻率和体积电阻率两项指标对各种不同的绝缘材料进行比较。同一种绝缘材料，由于温度不同或表面状态（水分、污物等）不同，绝缘电阻值也会有很大的差异。随着温度的升高，体积电阻值将下降。绝缘材料受潮后，体积电阻值和表面电阻值都会降低。绝缘材料表面积污后，其表面电阻值也要下降。

(3) 耐热性。电机在运行过程中，其内部的绝缘材料长期在热态下工作，因此所选用的绝缘材料必须具有一定的耐热性能。根据各种绝缘材料的耐热性能，规定了它们在使用过程中的最高温度，以保证产品的使用寿命，避免使用时因温度过高而加速绝缘材料老化。电工绝缘材料按其允许最高温度分为 7 个耐热等级，见表 1-1。

表 1-1 绝缘材料的耐热等级

等级代号	耐热等级	绝缘材料	允许最高温度（℃）
0	Y	棉纱、天然丝、纸及纸制品、纤维等天然纺织品；以醋酸纤维和聚酰胺为基础的纺织品；易于热分解和熔化点较低的塑料（脲醛树脂）	90
1	A	工作于矿物油中的 Y 级材料；用油或油树脂复合胶浸过的 Y 级材料；漆包线、漆布、漆丝的绝缘及油性漆、沥青漆等	105
2	E	聚酯薄膜和 A 级材料复合、玻璃布、油性树脂漆；聚乙烯醇缩醛高强度漆包线、乙酸乙烯耐热漆包线	120
3	B	聚酯薄膜；经合适树脂黏合或浸渍、涂覆的云母；玻璃纤维、石棉等制品；聚酯漆、聚酯漆包线	130
4	F	以有机纤维材料补强和石棉带补强的云母片制品；玻璃丝和石棉、玻璃漆布、以玻璃丝布石棉纤维为基础的层压制品；以无机材料作补强和石棉带补强的云母粉制品；化学稳定性较好的聚酯和醇酸类材料、复合硅有机聚酯漆	155
5	H	无补强或以无机材料为补强的云母制品、加厚的 F 级材料、复合云母、有机硅云母制品、硅有机漆、硅有机橡胶聚酰亚胺复合玻璃布、复合薄膜、聚酰亚胺漆等	180

续表

等级代号	耐热等级	绝缘材料	允许最高温度（℃）
6	C	不采用任何有机黏合剂及浸渍剂的无机物，如石英、石棉、云母、玻璃和电瓷材料等	180 以上

（4）黏度、固体含量、酸值、干燥时间及胶化时间。绝缘漆是以高分子化合物为基础，能在一定条件下固化成膜或把其他材料黏结成整体的绝缘材料，因此也被列入固体绝缘材料的范围。绝缘漆分为有溶剂漆和无溶剂漆两类。有溶剂漆一般是以合成或天然树脂等为漆基，掺入适量的溶剂、稀释剂、颜料和填料等制成的。烘干或气干后，绝缘漆中的溶剂和砖泽剂必须全部挥发，剩下的漆基、颜料和填料固化并附着在有关物体表面上，形成坚韧的漆膜。无溶剂漆是由合成树脂、固化剂和活性稀释剂等组成的，活性稀释剂参与固化的化学反应，是漆基的组成部分，因此固化过程挥发物少。对于有溶剂绝缘漆，除了规定其固化后的性能指标以外，还对黏度、固体含量、酸值和干燥时间作出具体规定。对于无溶剂绝缘漆要规定其黏度及胶化时间。

（5）机械强度。根据各种绝缘材料的具体要求，相应规定抗张、抗压、抗弯、抗剪、抗冲击等各种强度指标。各种不同的绝缘材料还有各种不同的性能指标，如渗透性、耐油性、伸长率、收缩率、耐溶剂性和耐电弧等。

四、绝缘材料

（一）常用的绝缘漆

浸漆处理用的绝缘漆按用途可分为浸渍漆和覆盖漆。这些漆应能满足下列要求：

（1）黏度低，固体含量高，易于渗入和填充浸渍物；

（2）固化快，干燥性能好，黏结力强，有热弹性，固化后能承受电动机的高速运转时的离心力；

（3）具有良好的电气性能和化学稳定性、耐潮、耐热、耐油；

（4）与导体和其他材料的相溶性好。

1. 浸渍漆

浸渍漆主要用来浸渍电机、电器的线圈和绝缘零部件，以填充其间隙和微孔，提高其电气及力学性能。浸渍漆分为有溶剂漆和无溶剂漆两种。

（1）有溶剂漆。有溶剂漆是由合成树脂或天然树脂与溶剂组成。它具有渗透性强，储存期长及工艺简便等优点，美中不足的是浸烘时间长、固化慢，而且溶剂的挥发会造成浪费和污染环境。有溶剂漆现在以醇酸类漆和环氧类漆应用最为普遍。常用的品种及特性见表1-2。

表1-2　常用有溶剂漆的特性

性　能	型　号	耐热等级	特性及用途
三聚氰胺醇酸树脂漆	1032A30-1	B	耐潮性、耐油性、内干性较好，机械强度较高，且耐电弧。可供浸渍湿热地区使用的电机绕组
环氧树脂漆	1033H30-2	B	耐潮性及内干性好、机械强度高、黏结力强。可供浸渍湿热地区使用的电机绕组
聚酯浸渍漆	155Z30-2	F	耐热性和电气性能较好、黏结力强、用于F级绕组

续表

性 能	型 号	耐热等级	特性及用途
有机硅浸渍漆	1053W30 - 1	H	耐热性和电气性能好、但烘干温度高，用于 H 级绕组
聚酯改性有机硅漆	931W30 - P	H	黏结力较强、耐潮性及电气性能好、烘干温度较有机硅浸渍漆低，若加固化剂可在 150℃固化，用于 H 级绕组
低温干燥有机硅漆	9111	H	耐热性较有机硅浸渍漆稍差，但烘干温度低，干燥快，用于 H 级绕组
取酰胺酰亚胺浸渍漆	PA1 - 2	H	耐热性优于有机硅漆，电气性能优良，黏结力强，耐辐射性好，可浸渍耐高热或在特殊条件下工作的电机绕组

(2) 无溶剂漆。无溶剂漆是由合成树脂、固化剂和活性稀释剂等组成。它具有渗透性强、固化快、黏度随温度变化大等特性。固化过程中挥发物少，绝缘整体性能好。因此，既可以提高绕组的导热性和耐潮性能，而且也可降低材料消耗，缩短浸烘周期。常用的无溶剂漆有环氧型，聚酯型和环氧聚酯型等三个类型。环氧型无溶剂漆黏结力强，收缩率小，漆膜的电气性能、机械性能、耐潮及耐霉性能均较好。但也有不足之处，环氧型无溶剂漆的储存稳定性及漆膜韧性不及聚酯型无溶剂漆。环氧聚酯型无溶剂漆的性能介于两者之间：常用的无溶剂漆的品种和特性见表 1 - 3。

表 1 - 3　　常用无溶剂漆的特性

名称	型号	耐热等级	特性及用途
环氧无溶剂漆	110	B	黏度低，击穿强度高，储存稳定性好，可沉浸小型低压电机绕组
聚丁二烯环氧聚酯无溶剂漆		B	黏度低，挥发物少，固化较快，储存稳定好，耐热性能好，可用沉浸低压电机绕组
环氧聚酯酚醛无溶漆	5152 - 2	B	黏度低，击穿强度高，储存稳定性好，可沉浸 B 级低压电机绕组
环氧聚酯无溶剂漆	E1	F	黏度低，挥发物少，击穿强度高，储存稳定好，可沉浸 F 级低压电机绕组
不饱和聚酯无溶剂漆	319 - 2	F	黏度低，电气性能较好，储存稳定性好，可沉浸小型 F 级电机绕组

2. 覆盖漆

覆盖漆有瓷漆和清漆两种。瓷漆含有填料及颜料，清漆则不含填料和颜料。覆盖漆用于涂覆经浸渍处理过的绕组端部及绝缘零部件，在其表面形成连续而厚度均匀的漆膜，作为绝缘的保护层，以防止机械损伤及受空气中的腐蚀性气体、化学药品、润滑油等的侵蚀。常用的覆盖漆见表 1 - 4。

表 1 - 4　　常用覆盖漆的特性

名称	型号	耐热等级	特性及用途
晾干醇酸灰瓷漆	1321 (C32 - 9)	B	晾干或低温干燥，漆膜硬度较高，耐电弧和耐油性能好，用于电机绕组或绝缘零部件

续表

名称	型号	耐热等级	特性及用途
醇酸灰瓷漆	1320 (C32-8)	B	烘熔干燥，漆膜坚硬，机械强度高，耐弧及耐油性能好，用于电机绕组
环氧酯灰瓷漆	163 (H31-4)	B	烘干，漆膜硬度高，耐潮，耐霉，耐油性能好，可用于湿热地区电机绕组
晾干环氧酯灰瓷漆	164 (H31-2)	B	晾干或低温干燥，漆膜坚硬，耐潮，耐霉，耐油性好，可用于湿热地区电机绕组
晾干有机硅红瓷漆	167	H	晾干或低温干燥，漆膜耐热性高，电气性能好，用于覆盖耐高温电机绕组和绝缘零部件表面修饰
有机硅红瓷漆	1350 (W32-3)	H	烘干，漆膜耐热性能，电气性能比167好，且硬度高，耐油，用途同167

3. 硅钢片漆

硅钢片漆被用来覆盖硅钢片表面，以降低铁芯的涡流损耗，增强防锈及耐腐蚀能力，常用的油性硅钢片漆具有附着力强，漆膜薄，坚硬，光滑，厚度均匀，耐油，防潮等。

4. 绝缘漆的主要性能指标

绝缘漆的主要性能指标如下：

(1) 介电强度（击穿强度），即绝缘被击穿时的电场强度；

(2) 绝缘电阻，表明绝缘漆的绝缘性能，通常用表面电阻率和体积电阻率两项衡量；

(3) 耐热性，表明绝缘漆在工作过程中的耐热能力；

(4) 热弹性，表明绝缘漆在高温作用下能长期保持其柔韧状态的性能；

(5) 理化性能，如黏度、固体含量、酸值、干燥时间和胶化时间等；

(6) 干燥后的机械强度，表明绝缘漆干燥后所具有的抗压、抗弯、抗拉、抗扭、抗冲击等能力。

(二) 其他绝缘制品

其他绝缘制品指在电机电器中作为结构、补强、衬垫、包扎及保护用的辅助绝缘材料。

1. 浸渍纤维制品

(1) 玻璃纤维漆布（或带）。玻璃纤维漆布（或带）主要用作电机电器的衬垫和线圈的绝缘。

(2) 漆管。漆管主要用作电机电器的引出线和连接线的绝缘套管。常用的漆管是醇酸玻璃漆管，它具有良好的电气性能及力学性能，耐油性、耐潮性较好，但弹性较差，可用于油浸变压器及热带型电工产品。

(3) 绑扎带。绑扎带主要用来绑扎变压器铁芯及代替合金钢丝绑扎电机转子绕组端部。常用的绑扎带是玻璃纤维无纬胶带（即无纬玻璃丝带），它属热固性材料，具有绝缘性能好、机械强度高等特点，因此在电机工业中已得到广泛的应用。

2. 层压制品

常用的层压制品有层压玻璃布板、层压玻璃布管、层压玻璃布棒三种。这三种层压玻璃制品适宜做电机电器的绝缘结构零件，具有很好的力学性能和电气性能，耐油性、耐潮性较好，加工方便，可在潮湿环境下及变压器油中使用。

3. 压塑料

常用的压塑料有酚醛木粉压塑料和酚醛玻璃纤维压塑料两种。它们都具有良好的电气性能和防潮、防霉性能，尺寸稳定，机械强度高，适宜做电机电器的绝缘零件。

4. 云母制品

(1) 柔软云母板。柔软云母板在室温时较柔软，可以弯曲，主要用于电机的槽绝缘、匝间绝缘和相间绝缘。

(2) 塑型云母板。塑型云母板在室温时较硬，加热变软后可压塑成各种形状的绝缘零件，主要用来做直流电机换向器的V形环和其他绝缘零件。

(3) 云母带。云母带在室温时较柔软，适用于电机电器线圈及连接线的绝缘。

(4) 换向器云母板。换向器云母板含胶量少，室温时很硬，厚度均匀，主要用来做直流电机换向器的片间绝缘。

(5) 衬垫云母板。衬垫云母板适宜于做电机电器的绝缘衬垫。

5. 薄膜和薄膜复合制品

(1) 薄膜。电工用薄膜要求厚度薄、柔软、电气性能及机械强度高，常用的是聚酯薄膜，适用于电机的槽绝缘、匝间绝缘和相间绝缘以及其他电工产品线圈的绝缘。

(2) 薄膜复合制品。薄膜复合制品要求电气性能好，机械强度高，常用的有聚酯薄膜绝缘纸复合箔及聚酯薄膜玻璃漆布复合箔，适用于电机的槽绝缘、匝间绝缘和相间绝缘。

6. 绝缘纸和绝缘纸板

(1) 绝缘纸。绝缘纸主要用于电信电缆的绝缘，也可以在电机电器中作为辅助绝缘材料使用。

(2) 绝缘纸板。绝缘纸板可在变压器油中使用。薄型的、不掺棉纤维的绝缘纸板通常称为青壳纸，主要用作绝缘保护和补强材料。

(3) 硬钢纸板。硬钢纸板俗称反白板，机械强度高，适宜做电机电器的绝缘零件。

7. 绝缘包扎带

绝缘包扎带主要用作包缠电线和电缆的接头。它的种类很多，常用的有下面两种：

(1) 黑胶布带。黑胶布带又称黑包布，用于低压电线电缆接头的绝缘包扎。

(2) 聚氯乙烯带。聚氯乙烯带的特点是绝缘性能较好，耐潮性及耐蚀性好。其中电缆用的特种软聚氯乙烯带是专门用来包扎电缆接头的，由于它被制成黄、绿、红、黑四种颜色，因此通常被称为相色带。

第五节　其他常用材料

一、铜、铝和电线电缆

1. 铜

铜的导电性能好，在常温时有足够的机械强度，具有良好的延展性，便于加工，化学性能稳定，不易氧化和腐蚀，容易焊接，因此广泛用于制造变压器、电机和各种电器的线圈。纯铜俗称紫铜，含铜量高，根据材料的软硬程度可分为硬铜和软铜两种。铜材经过压延、拉制等工序加工后硬度增加，称作硬铜，通常用作机械强度要求较高的导电零部件。硬铜经过退火处理后硬度降低，即为软铜。软铜的电阻系数比硬铜小，适宜做电机、变压器和各类电器的线圈。在产品型号中，铜线的标志是“T”，“TV”表示硬铜，“TR”表示软铜。

2. 铝

铝的导电系数虽比铜大，但它密度小。同样长度的两根导线，若要求它们的电阻值一样，则铝导线的截面积约是铜导线的 1.69 倍。铝资源较丰富，价格便宜。在铜材紧缺时，铝材是最好的代用品。铝导线的焊接比较困难，必须采取特殊的焊接工艺。电机和变压器上使用的铝是纯铝。由于加工方法不同，铝也有硬铝和软铝之分。用作电机、变压器线圈的大部分是软铝。在产品型号中，铝线的标志是“L”，“LV”表示硬铝，“LR”表示软铝。

3. 电线电缆

电线电缆的品种很多，按照它们的性能、结构、制造工艺及使用特点可分为裸线、电磁线、绝缘电线电缆和通信电缆四种。因其品种很多，这里仅介绍常用的几种。

(1) 裸线。裸线只有导体部分，没有绝缘和护层结构。按产品的形状和结构不同，裸线分为圆单线、软接线、型线和裸绞线四种。修理电机电器时经常用到的是软接线和型线。

1) 软接线。软接线是由多股铜线或镀锡铜线绞合编织而成的，其特点是柔软、耐振动、耐弯曲。常用软接线的品种见表 1-5。

表 1-5　　常用软接线的品种

名称	型号	主要用途
裸铜电刷线 软裸铜电刷线	TS TS	供电机、电器线路电刷用
裸铜软绞线	TRJ TRJ-3 TRJ-4	移动式电器设备连接线，如开关等 要求较柔软的电器设备连接线，如接地线、引出线等 供要求特别柔软的电器设备连接线用，如晶间管的引线等
软裸铜编织线	TRZ	移动式电器设备和小型电炉连接线

2) 型线。型线是非圆形截面的裸电线，其常用品种如表 1-6 所示。

表 1-6　　常用型线品种

类别	名称	型号	主要用途
扁线	硬扁铝线 软扁铝线 硬铜母线 软铜母线	TBV TBR LBV LBR	适用于电机电器、安装配电设备及其他电工制品
母线	硬铜母线 软铜母线 硬铝母线 软铝母线	TMV TMR LMV LMR	适用于电机电器、安装配电设备及其他电工制品，也可用于输配电的汇流排
铜带	硬铜带 软铜带	TDV TDR	适用于电机电器、安装配电设备及其他电工制品
铜排	梯形铜排	TPT	制造直流电动机换回器用

(2) 电磁线。电磁线应用于电机电器及电工仪表中，作为绕组或元件的绝缘导线。常用电磁线的导电线芯有圆线和扁线两种，目前大多采用铜线，很少采用铝线。由于导线外面有

绝缘材料，因此电磁线有不同的耐热等级。常用的电磁线有漆包线和绕包线两类。

1）漆包线。漆包线的绝缘层是漆膜，广泛应用于中小型电机及微电机、干式变压器和其他电工产品中。常用的漆包线有缩醛漆包线、聚酰漆包线、聚脂亚胺漆包线、聚酰胺酰亚胺漆包线和聚酰亚胺漆包线等五类。

2）绕包线。绕包线用玻璃丝、绝缘纸或合成树脂薄膜等紧密绕包在导电线芯上，形成绝缘层。也有在漆包线上再绕包绝缘层的。除薄膜绝缘层外，其他绝缘层均须经过胶黏绝缘漆浸渍处理，以提高其绝缘性能、力学性能和防潮性能，因此它们实际上是组合绝缘。绕包线一般用于大、中型电工产品。根据绕包线的绝缘结构可将其分为纸包线、薄膜绕包线、玻璃丝包线及玻璃丝包漆包线四类。

（3）电机电器用绝缘电线。常用的绝缘电线型号、名称和用途见表1-7。

表1-7　常用绝缘电线

型号	名称	用途
BLXF BXF BLX BX BXR	铝芯氯丁橡胶线 铜芯氯丁橡胶线 铝芯橡胶线 铜芯橡胶线 铜芯橡胶软线	适用于交流额定电压500V以下或直流1000V以下的电气设备及照明装置
BV BLV BVR BVV BLVV BVVB BLVVB VB-105	铜芯聚氯乙烯绝缘电线 铝芯聚氯乙烯绝缘电线 铜芯聚氯乙烯绝缘软电线 铜芯聚氯乙烯绝缘聚氯乙烯护套圆型电线 铝芯聚氯乙烯绝缘聚氯乙烯护套电线 铜芯聚氯乙烯绝缘聚氯乙烯护套平型电线 铝芯聚氯乙烯绝缘聚氯乙烯护套平型电线 铜芯耐热105℃聚氯乙烯绝缘电线	适用于各种交流、直流电器、电工仪器仪表，电信设备、动力及照明线路固定敷设
RV RVB RVS RVV RVVB RV-105	铜芯聚氯乙烯绝缘软线 铜芯聚氯乙烯绝缘平行软线 铜芯聚氯乙烯绝缘绞型软线 铜芯聚氯乙烯绝缘聚氯乙烯护套圆型连接软电线 铜芯聚氯乙烯绝缘聚氯乙烯护套平型连接软电线 铜芯耐热105℃聚氯乙烯绝缘连接软电线	适用于各种交流、直流电器，电工仪器，家用电器，小型电动工具，动力及照明装置等的连接
RFB RFS	复合物绝缘平型软线 复合物绝缘绞型软线	适用于交流额定电压250V以下或直流500V以下的各种移动电器、无线电设备和照明灯座接线
RXS RX	橡胶绝缘棉纱编织软电线	适用于交流额定电压300V以下的电器、仪表、家用电器及照明装置

二、电机用电刷

电刷是用石墨粉末或石墨粉末与金属粉末混合压制而成的，按其材质不同可分为石墨电刷、电化石墨电刷、金属石墨电刷三类。

三、润滑脂

电机上常用的润滑脂有两种：复合钙基润滑脂和锂基润滑脂，个别负载特别重、转速又很高的轴承可以选用二硫化钼基润滑脂。润滑脂使用时应特别注意以下三个问题：

（1）轴承运行1000～1500h后应加一次润滑脂，运行2500～3000h后应更换润滑脂。

（2）不同型号的润滑脂不能混用；更换润滑脂时必须将陈脂清洗干净。

（3）轴承中润滑脂不能加得太多或太少，一般约占轴承室空容积的1/3～1/2；转速低、负载轻的轴承可以加得多一些，转速高、负载重的轴承应该加得少一些。

思考与练习

一、练习

技能训练1-1　常用电机维修工具的识别与使用

目的：学会识别和使用常用电机维修工具。

工具仪表与器材：电工刀、验电器、钢丝钳、尖嘴钳、剥线钳、一字形螺丝刀、十字形螺丝刀、绕线机、拉模、压线板等。

训练内容：各种维修工具的使用方法、使用的注意事项及工具的安全检测。

训练步骤与工艺要点：

识别与学习常用电机维修工具的使用，并将有关情况记入表1-8中。

表1-8　　常用电机维修工具识别情况记录

工具类别	工具名称	型号规格	基本结构	主要用途	用法简述
通用工具					
专用工具					

技能训练1-2　万用表的使用

目的：学习正确使用万用表，学会用万用表测量电阻、交流电压、直流电压和直流电流等电量值。

工具仪表与器材：指针式万用表（或数字式万用表）、三相交流调压器1台（带电压表）、直流稳压电源1台、测试用电阻若干个（含低值与高值电阻）、电烙铁、小功率变压器、220V灯泡1个、小容量三相异步电动机1台、测试直流电流与电压用线路板1块（电路如图1-23所示）、

100mm 螺丝刀 1 把等。

训练内容： 用万用表测量电阻、交流电压、直流电压和直流电流等。

训练步骤与工艺要点：

(1) 熟悉万用表的面板结构与旋转开关的档位功能。

1) 观察实验用万用表的面板，明确各部分的名称与作用。

2) 用小螺丝刀调节机械调零旋钮，并将指针调准在零位。注意，调整的幅度要小、要慢，掌握方法即可。

3) 拆开电池盒盖，学会电池的安装。

(2) 熟悉万用表表盘标度尺的意义并进行读数练习。

1) 观察表盘，明确各标度尺的意义、最大量程与刻度的特点。

2) 进行各电量及各档位的读法训练。

(3) 用万用表测量交流电压、直流电压与电流。

1) 将万用表置交流电压 500V 以上档，测量三相交流电的线电压与相电压，并记录测数据。

2) 用交流调压器分别调出 100V、36V 和 12V 的电压值，根据不同的电压值选择合已约交流电压量程来测量，并记录测量数据。注意，测量时要严格按安全要求操作，测量完毕应将电源关闭。

3) 将测试板（见图 1-23）电源接在直流稳压源（12～24V）的输出端子上，用万用表分别测出图中标出的电压值，并记录测量数据。注意，要正确选择直流电压档位与量程，要确定被测点电位的高低。

4) 用万用表测量各段线路的电流值。测量时，应先将测量点断开，将两表笔串入断开点中、记录测量数据。注意，要正确选择直流电压的档位与量程，要确定被测两点电位的高低，测量完毕应关闭电源。

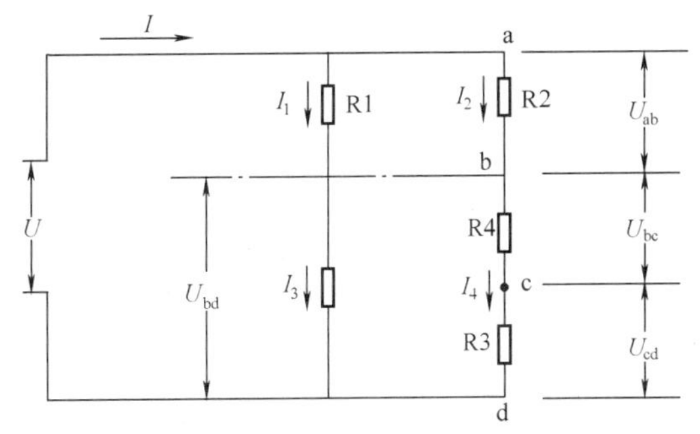

图 1-23 测试直流电流与电压的线路图

(4) 用万用表测量电阻的训练步骤。

1) 用万用表测量 5 个电阻的阻值，并记录测量数据。注意，要根据阻值大小调整量程，每次调整量程后都要重新调零。

2) 用万用表分别测量下列电器元件的电阻值，并记录测量数据：电烙铁发热丝，220V 灯泡钨丝，交流电动机定子绕组线圈［先将电动机接线盒内的绕组各线头连接线拆出，再根据线头标志分别测量（U1，U2）、（V1，V2）和（W1，W2）3 对线头的电阻值］。

附：测量直流电压与电流用的线路图如图 1-23 所示。其中 R1、R2、R3、R4 的阻值可根据实际情况选择。为了测量电流的方便，将电阻连接在线路板上时，可在电流测试点用接线柱相连。

技能训练 1-3 绝缘电阻表的使用

目的： 学会正确使用绝缘电阻表测量电气设备的绝缘电阻。

工具仪表与器材： 500V 绝缘电阻表 1 台、三相异步电动机（380V）1 台等。

训练内容：用绝缘电阻表测量三相异步电动机相间和相对地的绝缘电阻。

训练步骤与工艺要点：

(1) 使用500V绝缘电阻表测量三相电动机的相间绝缘与相对地绝缘。

1) 切断电动机电源，把接线盒内的电动机绕组线圈6条引出线拆开（如无记号应先做好记号，以便测试后恢复接线）。

2) 按要求验表。

3) 用绝缘电阻表测量电动机的三相相间绝缘电阻值与对地绝缘电阻值，并记录测量数据。

(2) 测量完毕，按要求收好仪表，清理现场，并完成技能训练报告。

二、思考题

1-1 简述低压验电笔的使用方法？

1-2 使用电工刀应注意哪些问题？

1-3 用活络扳手起旋大小不同的螺母时，操作上有什么区别？

1-4 钢丝钳在电工作业时有哪些作用？应注意的事项有哪些？

1-5 使用绕线机时，应注意哪些问题？

1-6 使用电烙铁时，应注意哪些问题？

第二章

配电变压器原理与维修

教学目标

(1) 使学生熟悉变压器的工作原理、基本结构及各部件的作用。

(2) 培养学生具备配电变压器运行和维护的工作能力。

(3) 使学生具备能正确选择配电变压器安装形式及地点的工作能力。

(4) 培养学生具备小型电源变压器制作的能力。

(5) 培养学生具备变压器常见故障检查与维修的能力。

第一节 变压器的基本知识

一、变压器的用途及分类

1. 变压器的用途

变压器是将一种电压等级的交流电变成同频率的另一种电压等级的交流电的静止感应电器。变压器被广泛应用于生产、电力输送、电力分配和需用电能的各个用电系统。

2. 变压器的分类

(1) 按用途分类：可分为电力变压器、特种变压器（电炉变压器、整流变压器、工频试验变压器、调压器、矿用变压器、冲击变压器、电抗器、互感器等）。

(2) 按结构型式分类：可分为单相变压器、三相变压器及多相变压器。

(3) 按冷却介质分类：可分为干式变压器、油浸变压器及充气变压器等。

(4) 按冷却方式分类：可分为自然冷式、风冷式、水冷式、强迫油循环风（水）冷式及水内冷式等。

(5) 按绕组数量分类：可分为自耦变压器、双绕组及三绕组变压器等。

(6) 按导电材质分类：可分为铜线变压器，铝线变压器及半铜半铝、超导等变压器。

(7) 按调压方式分类：可分为无励磁调压变压器、有载调压变压器。

(8) 按中性点绝缘水平分类：可分为全绝缘变压器、半绝缘（分级绝缘）变压器。

(9) 按铁芯型式分类：可分为芯式变压器、壳式变压器及辐射式变压器等。

二、变压器的工作原理

1. 单相变压器的工作原理

单相变压器由一个闭合铁芯和套在铁芯上的两个不同匝数的绕组组成。接电源的绕组称一次绕组。接负载的绕组称为二次绕组。一次绕组和二次绕组是分别独立的。单相变压器的工作原理图如图 2-1 所示。

当一次绕组接至交流电源后，变化着的交流电便在铁芯中产生作相应变化的交变磁通（称主磁通 Φ），通过铁芯中的主磁通这个桥梁，传递到二次绕组，使图 2-1 中的灯泡发亮。

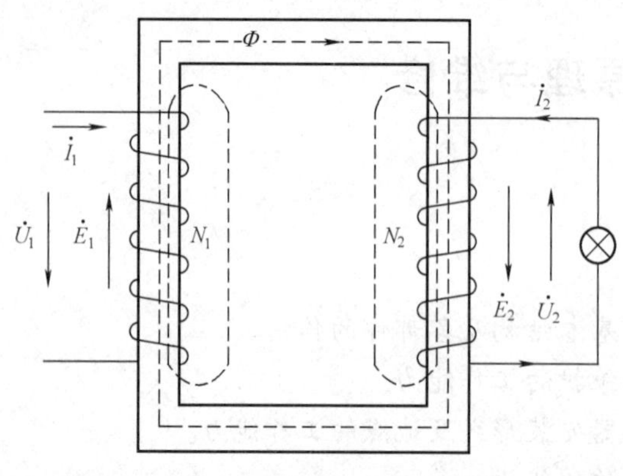

图 2-1 单相变压器工作原理图

由于该磁通通过一、二次绕组，因此，每匝线圈中产生的感应电动势大小相等、方向相同。

如果一次绕组有 N_1 匝，二次绕组有 N_2 匝，交流磁通的最大值为 Φ_m，根据电磁感应定律，则一次绕组、二次绕组的感应电动势为

$$E_1 = 4.44fN_1\Phi_m \quad E_2 = 4.44fN_2\Phi_m \tag{2-1}$$

于是 $E_1/E_2 = N_1/N_2$，如果略去内阻压降，则可认为端电压就等于感应电动势，即 $U_1 \approx E_1$，$U_2 \approx E_2$，所以有 $U_1/U_2 = N_1/N_2$。即一、二次绕组的电压之比等于一、二次绕组的匝数比。一次绕组的输入电压与二次绕组的输出电压之比叫做变压器的变比，用 K 表示，即

$$K = \frac{U_1}{U_2} = \frac{N_1}{N_2} \tag{2-2}$$

可见，只要适当选择一、二次绕组的匝数，利用变压器就能把交流电从一种电压等级变换成同频率的另一种电压等级。

2. 三相变压器的工作原理

三相变压器的工作原理同单相变压器是一样的，三相变压器实际上就是三个同容量的单相变压器的组合。在同一个铁芯的 3 个铁芯柱上，分别套上三相的一、二次绕组来进行三相变压，一次绕组的 3 个相与电源的 3 个相连接，二次绕组的连接构成三相供电回路，与负荷连接。三相变压器的工作原理图如图 2-2 所示。

一次绕组始端用 1U1、1V1、1W1 表示，尾端用 1U2、1V2、1W2 表示；二次绕组始端用小写字母 2U1、2V1、2W1 表示，尾端用小写字母 2U2、2V2、2W2 表示。

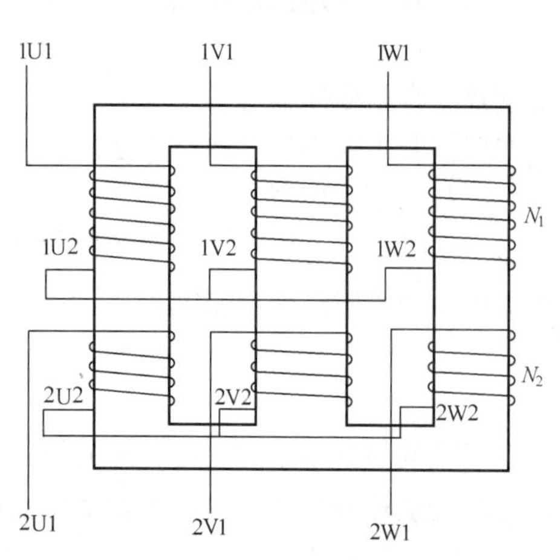

图 2-2 三相变压器工作原理图

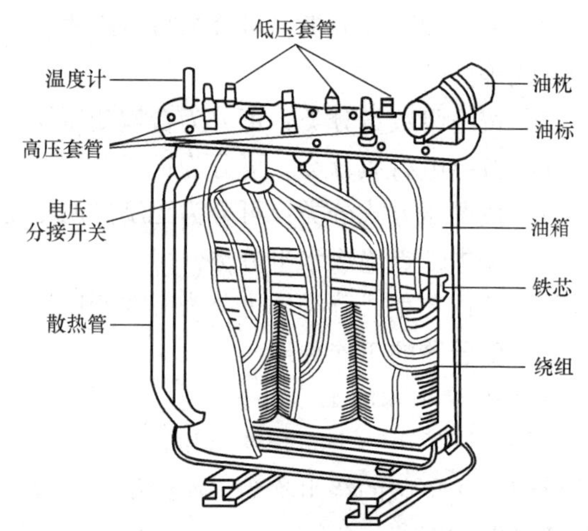

图 2-3 变压器结构示意图

三、油浸式变压器的基本结构

油浸式变压器是指将铁芯和绕组浸在绝缘油中的变压器。其主要部件包括器身、油箱、

冷却装置、出线套管、保护装置和测温元件等，三相油浸式电力变压器结构示意图如图 2-3 所示。

1. 铁芯

铁芯是变压器主磁通的通路，由铁轭和铁芯柱两部分组成，也起固定和支持绕组的作用。为了减少涡流损耗，铁芯由每片厚度为 0.35～0.50mm、涂有漆膜的优质硅钢片叠装而成，叠装方式有斜接缝、直接缝和半直半斜接缝等。铁芯的直接缝和斜接缝叠装方式如图 2-4 所示。

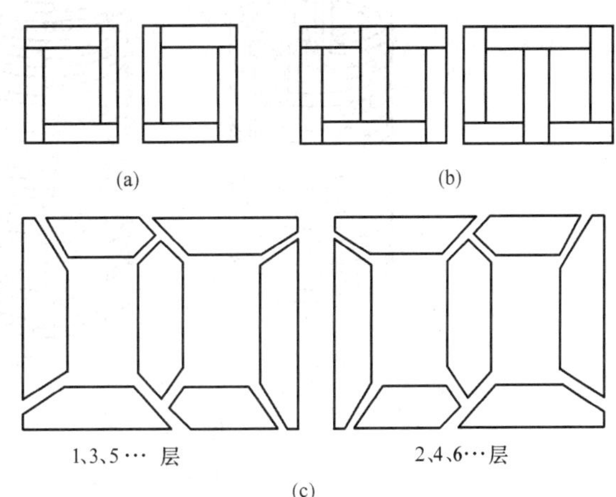

图 2-4　铁芯叠装方式

(a) 单相叠装式；(b) 三相直缝叠装式；(c) 三相斜接缝叠装式

铁芯叠好后必须夹紧，否则，在运行时铁芯会发出不正常的噪声，且当器身起吊时可能出现变形。铁芯及其金属构件除穿心螺杆外，都必须可靠接地，但铁芯叠片只允许一点接地。

按照绕组套入铁芯柱的形式，铁芯可分为心式结构和壳式结构两种，如图 2-5 所示。

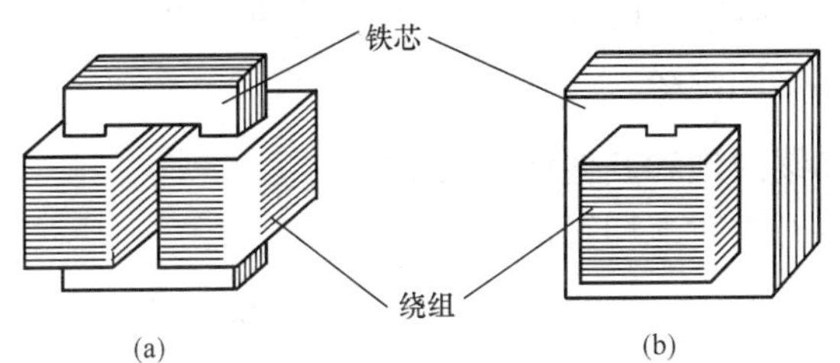

图 2-5　心式和壳式结构铁芯

(a) 心式；(b) 壳式

2. 绕组

变压器的绕组可分为同心式和交叠式两种，如图 2-6 所示。同心式绕组的高、低压绕组同心地套在铁芯柱上。为了便于绝缘，低压绕组靠近铁芯，高压绕组套装在低压绕组外面，这也便于高压绕组抽出分接头。国产电力变压器均采用这种结构。高、低压绕组之间、低压绕组与铁芯柱之间必须留有一定的绝缘间隙和散热通道（油道），并用绝缘纸筒隔开。

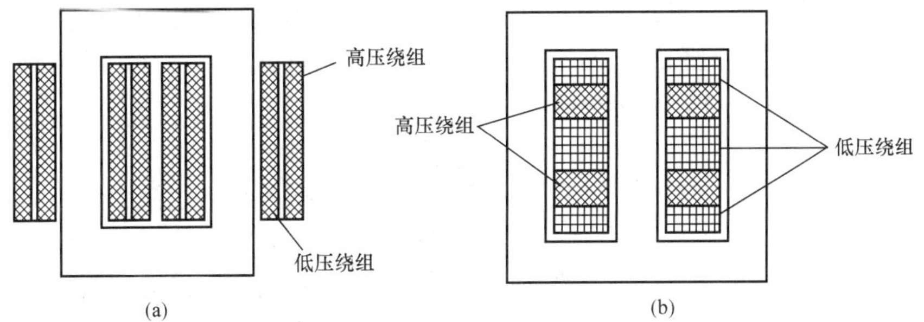

图 2-6　同心式和交叠式绕组

(a) 同心式绕组；(b) 叠式绕组

同心式绕组的基本形式有：双层圆筒式、螺旋式和连续式，如图 2-7 所示。绕组导线材料采用铜或铝。

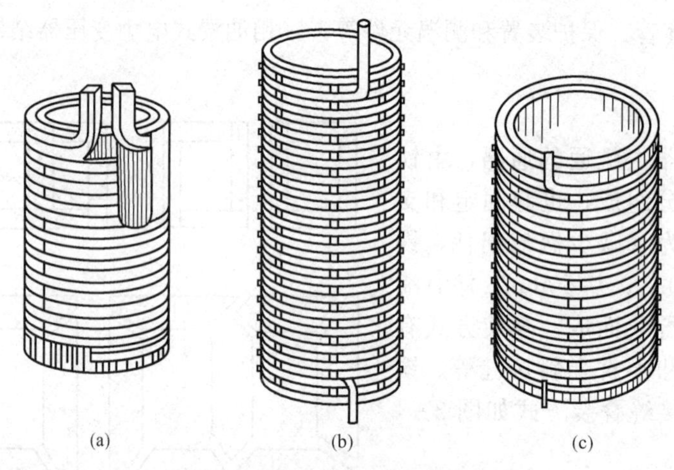

图 2-7 同心式绕组的基本形式

（a）圆筒式；（b）螺旋式；（c）连续式

3. 绝缘部分

为保证变压器各带电部分之间、带电部分和铁芯及油箱之间，在受到正常工作电压及各种过电压作用时，不发生闪络和击穿，变压器中必须采用由各种绝缘材料组成的绝缘结构，具体如下：

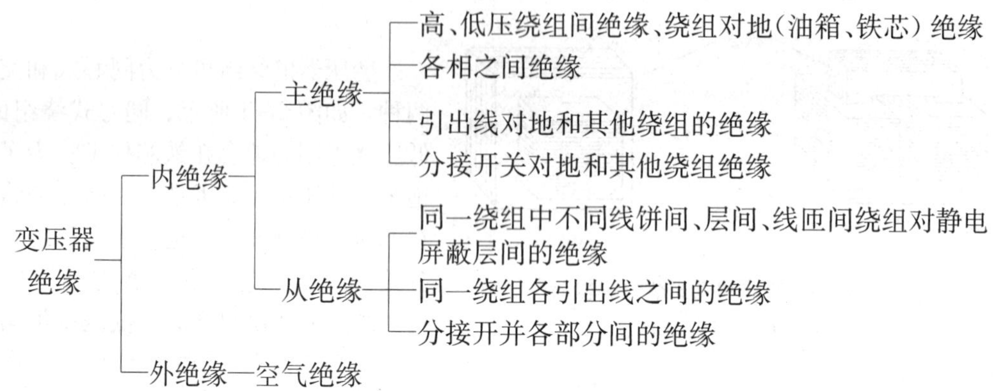

变压器常用的绝缘材料有绝缘油、绝缘纸、绝缘纸板、酚醛压制品、环氧制品、绝缘漆、电瓷、布带、黄蜡管、黄蜡绸和木材等。油浸式变压器绕组采用 A 级绝缘。

变压器绕组本身的绝缘和绕组两端的绝缘水平（即耐电强度）一样，称为全绝缘；变压器绕组两端绝缘水平不一样，称为分级绝缘变压器。

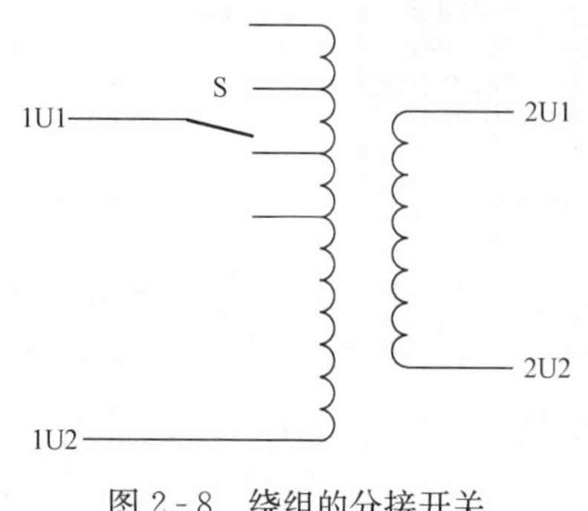

图 2-8 绕组的分接开关

4. 引线及调压装置

变压器的引线是指各绕组之间、绕组与出线套管之间、绕组与分接开关之间的连接导线。变压器的调压装置是指通过调整变压器高压绕组分接头位置来实现调压的一种装置，常称为分接开关，如图 2-8 所示。根据能否在带电情况下调整分接头位置，分为有载调压和无载调压分接开关两种。

5. 油箱

油箱是油浸式变压器的外壳，用以盛装变压器器身和变压器油。油箱可分为以下两种型式。

（1）器身式油箱。这种油箱的下部为箱壳，上部为箱盖。箱壳用钢板焊接而成，顶部开口。箱盖依靠箱沿四周的螺栓与箱壳紧连在一起。当变压器器身需检修时，可以打开箱盖，吊出器身进行检修。这种结构适用于中小型变压器。

（2）箱壳式（钟罩式）油箱。这种箱壳犹如一只钟罩。箱壳下部有可供螺栓紧固的箱沿法兰。当变压器器身需检修时，先放油，再拆去箱沿四周的紧固螺栓，吊去钟罩状箱壳进行检修。一般变压器容量在15000kV·A及以上时，均采用此种结构。

油箱内变压器油的主要作用是绝缘和散热。常用的变压器油为DB-10、DB-25和DB-45，即10号、25号和45号油。如果将不同的变压器油混合使用会加快油质的劣化，所以不同牌号的油一般不应混合使用。

6. 冷却装置

中、小型变压器的冷却方式一般采用油浸自冷式，就是以油的自然对流作用将热量带到油箱壁，然后依靠空气的对流传导将热量散发。油箱壁有平滑式箱壁、波纹式箱壁和散热管式箱壁三种结构，其散热效果依次逐渐增强。

7. 绝缘套管

变压器的绝缘套管用于将变压器绕组的引线引到油箱外部。它既是引线对地（油箱）的绝缘装置，又是引线的固定装置。套管由外部的瓷套和中间的导电杆组成，它的结构主要取决于使用条件。充油套管多用于10～35kV电压等级，电容式套管多用在110kV及以上电压等级。为了增加表面放电距离，其外表面做成多级裙式棱，如图2-9所示。

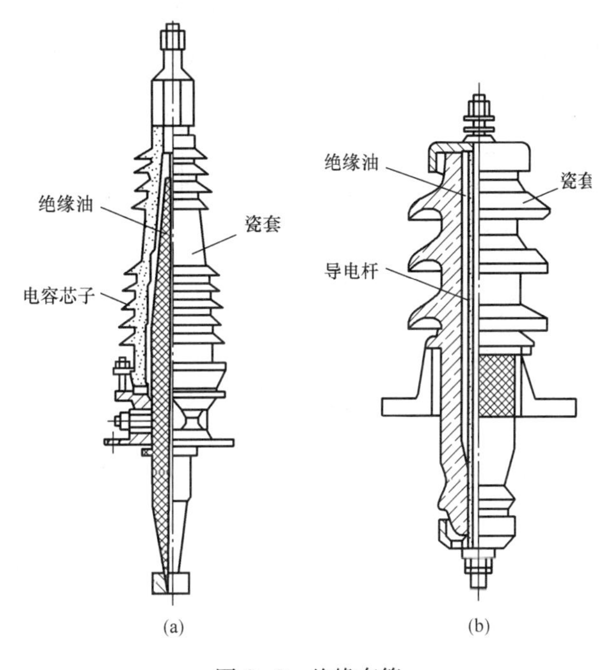

图2-9　绝缘套管

(a) 35kV充油套管；(b) 电容式套管

8. 保护装置

保护装置是变压器不可缺少的部分（如图2-10所示）。它包括油保护装置（油枕、油位计、吸湿器）和安全保护装置（安全气道、压力释放阀和气体继电器等）。

（1）油枕又称储油柜。它装在变压器的箱盖上面，其容积约为变压器总油量的10%，通过连通管与油箱相连。变压器正常运行时，油箱内充满油，油枕中的油面随油温变化而升降。应确保油箱内经常充满油，保证套管内的油位，并避免绝缘油与空气大面积接触，减少氧气和水分的渗入。小型变压器因用油量少，胀缩程度小，又容易密封，不需装油枕。油枕形式有隔膜式、胶囊式和浮子式等几种。

（2）油位计。它用于指示油枕中的油面。油位计上应表示出相当于停运状态时，油温为－30、＋20、＋40℃时的三个油面标志。据此可判断变压器是否需放油或加油。常用的有

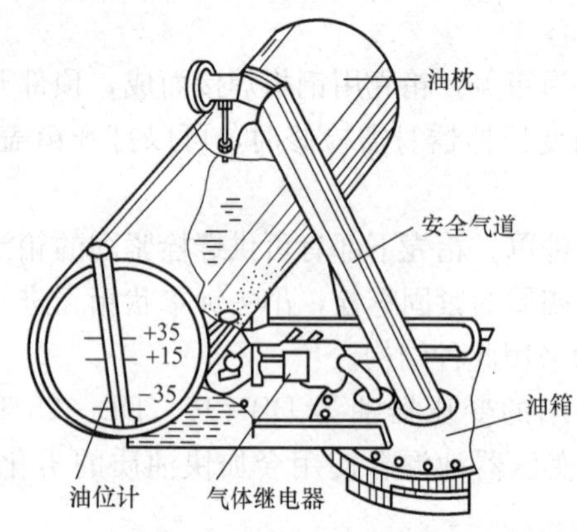

图 2-10 储油柜、安全气道和气体继电器

玻璃管油位计和磁力油位计。

（3）吸湿器。其又称为呼吸器，装在油枕上，内部装有硅胶。当进入油枕的潮湿空气经过硅胶时，其潮气被硅胶吸收，可防止变压器油受潮与氧化。当硅胶由天蓝色全部变成淡红色后，说明已失去吸潮能力，应及时更换。

（4）安全气道。其又称为防爆管，是一个底部与油箱相连、顶部装有一定厚度的防爆膜片（玻璃片或酚醛纸板）的长钢管。当油箱内发生严重故障时，油压增大，可冲破其顶部的防爆膜片，以避免油箱破裂。

（5）气体继电器。其又称为瓦斯继电器，有浮筒式、挡板式及由开口杯与挡板构成的复合式等几种。浮筒式气体继电器如图 2-11 所示，安装在油枕与油箱间的连通管中。当变压器油箱内部发生严重故障时，气体继电器动作，使变压器的断路器跳闸并发出故障信号；当变压器油箱内部发生轻微故障时，气体继电器动作发出预报信号。

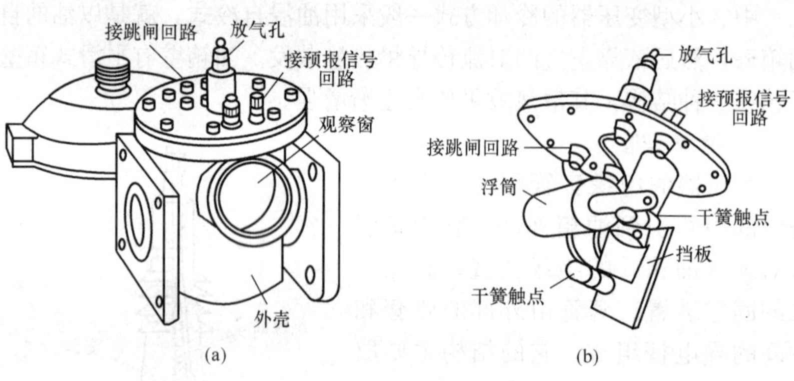

图 2-11 浮筒式气体继电器
(a) 外形图；(b) 结构图

（6）测温元件。测温元件主要是温度计。它安装在油箱盖上的测温孔内，下端伸进油箱内，用以测量变压器顶层油温。常用的有压力式温度计、电阻温度计和棒式玻璃温度计。压力式温度计如图 2-12 所示。

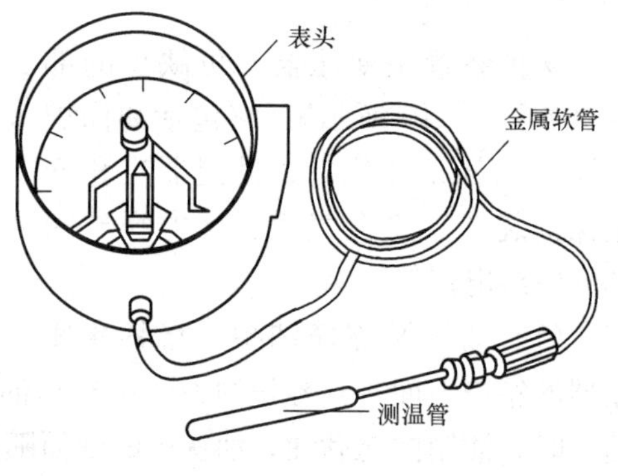

图 2-12 压力式温度计

四、变压器的铭牌及技术参数

每台变压器都装有铭牌。变压器铭牌上有以下项目：变压器名称、型号、产品代号、标准代号、制造厂名、出厂序号、制造年月、相数、额定容量、额定频率、额定电压、额定电流、联结组标号、绕组联结示意图（6300kV·A 以下的变压器可不画图）、额定电流下的阻抗电压（短路阻抗或短路电压）、冷却方式、使用条件、总重量和绝缘油重量。8000kV·A 及以上或电压 60kV 及以上变压器还应标出空载电流、空载损耗及负载损耗等。下面对铭牌中的主要技术参数的含义加以说明。

（1）额定容量。它以视在功率表示，单位为 kV·A。当变压器施加额定电压时，根据它来确定额定电流。额定容量的计算公式如下：

1）单相变压器　$S_N = I_N U_N \times 10^{-3}$　（2-3）

2）三相变压器　$S_N = \sqrt{3} I_N U_N \times 10^{-3}$　（2-4）

式中　S_N——额定容量，kV·A；

I_N——额定电流，A；

U_N——额定电压，V。

（2）额定电压。它是指在额定情况下长期运行所能承受的工作电压，单位为 V 或 kV。三相变压器的额定电压指分接开关置于中间档位时的线电压有效值。

（3）额定电流。它是指在额定负荷下，长期运行所允许的工作电流，三相变压器的额定电流指分接开关处于中间档位时的线电流。额定电流可按式（2-3）、式（2-4）求得。

（4）额定频率。我国标准额定频率规定为 50Hz。

（5）短路阻抗。它又称短路电压或阻抗电压，通过变压器短路试验测得，即将变压器一侧绕组短路，在另一侧施加额定频率的试验电压，使电流达到额定值时所施加的电压 U_K 与额定电压 U_N 的百分比即为阻抗电压 $U_K\%$。则有

$$U_K\% = U_K/U_N \times 100\%$$

阻抗电压表示二次绕组在额定负载和 $\cos\Phi_N$ 下所出现的漏阻抗或电压降落。比如铭牌上 $U_K\%=5.5\%$，表示变压器输出额定电流时，阻抗电压降相对于额定电压的百分数。$U_K\%$值小，可使变压器运行稳定，电压随负载波动小些；$U_K\%$值大，可以限制变压器的短路电流。国家标准对 $U_K\%$值有规定，因为 $U_K\%$值影响变压器价格、效率和机械强度等，是变压器的一个重要技术参数。

（6）绕组联结组标号。变压器联结是指变压器一次绕组和二次绕组按一定方式联结时，一次绕组和二次绕组电压之间的相位关系。

变压器绕组的联结组标号是根据高、低压绕组的联结方法和对应的线电压之间的相位关系，用时钟表示法画出高、低压线电压的相量图，把变压器高压绕组的线电压相量作为时钟的长针，并必须把长针固定在 0（12）上，而把二次绕组相应的线电压相量作为时钟的短针，短针指在几点钟的位置上，就以这个钟点作为这个联结组的标号。

单相变压器的相绕组只能接成 I 形。三相变压器的三相绕组可连接成星形、三角形和曲折形，对于高压绕组分别用 Y、D 和 Z 表示，对于中、低压绕组分别用 y、d 和 z 表示，有中性点引出时则用 YN、ZN 和 yn、zn 表示。常见的联结组标号有：Yyn0；Yd11；YNd11 等。

Yyn0 接线如图 2-13 所示，适用配电变压器，低电压为 400V/230V，三相线电压 400V 向动力供电，相电压 230V 供照明等单相设备。

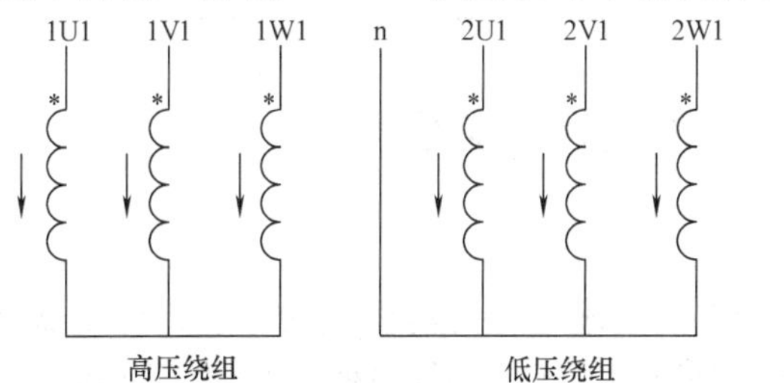

图 2-13　变压器 Yyn0 接线

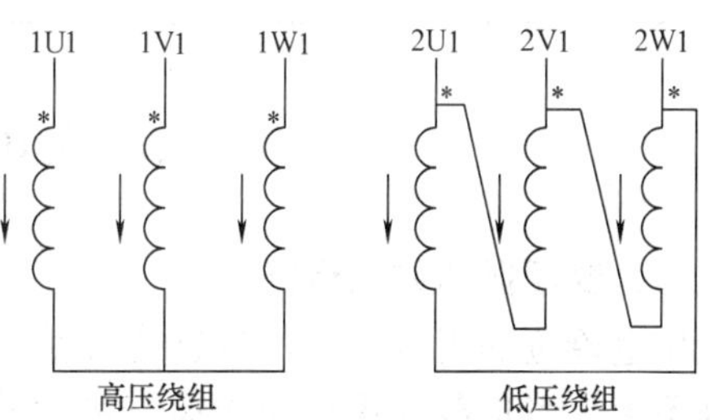

图 2-14　变压器 Yd11 接线

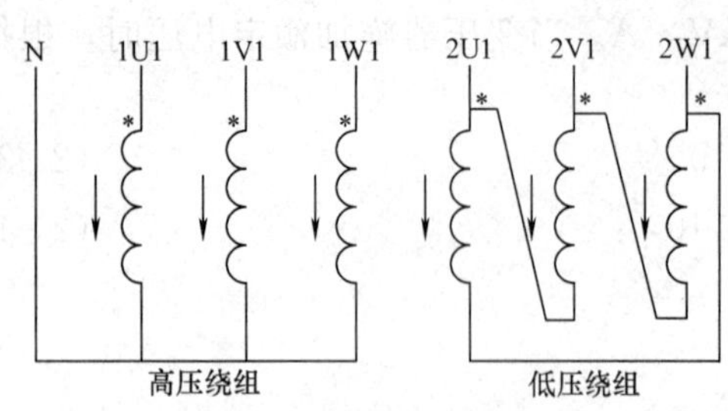

图 2-15 变压器 YNd11 接线

Yd11 接线如图 2-14 所示，适用于中小容量配电变压器，高压为 10～35kV，低压为 3～10kV。

YNd11 接线如图 2-15 所示，适用容量较大的配电变压器，为 35kV 和 110kV 及以上电压等级的变压器。

（7）负载损耗 P_K。它通过短路试验测得。其含义是：当额定电流流过一个绕组的端子，而另一个绕组端子短接时，变压器吸取的有功功率。它相当于变压器额定负载时的铜损耗，也称为变压器铜损耗或短路损耗，变压器运行时，铜损耗实际上是由负载大小和负载的性质所决定。

（8）空载电流 I_0。空载电流是指当变压器的一个绕组施加额定频率的电压，其余各绕组开路时，流经该绕组端子的电流。一个绕组的空载电流常以该绕组额定电流的百分数表示。

（9）空载损耗 P_0。空载损耗是指当变压器的一个绕组施加额定频率的电压，其余各绕组开路时，所吸取的有功功率。它主要消耗在变压器铁芯中，因此又称为铁损耗。变压器铁芯中的磁通是由一次绕组励磁电流产生的，由于磁通是交变的，所以在铁芯中产生磁滞损耗和涡流损耗。铁损耗基本是一恒定值，与负载大小和负载性质无关。

（10）分接电压。分接电压是指对应于每个分接头引出的电压。其定义为：在不带分接的绕组上施加电压时，处于指定分接位置的绕组端子在空载时所产生的电压。我国生产的电力变压器在高压绕组上均设有分接抽头，供调压时选用，与额定量（额定电压、额定电流）相对应的称为主分接头。

（11）额定温升。变压器指定部位的温度和冷却介质的温度差，称为温升。变压器处于额定运行时温升称为额定温升。

冷却介质对于空冷变压器是指周围空气，对于水冷变压器是指冷却水入口的水。对运行在海拔 1000m 以下的油浸式变压器的温升限值如表 2-1 所示。

表 2-1　油浸式变压器的温升限值

部　　位	温升限值（K）	部　　位	温升限值（K）
顶层温升 （1）油不与大气直接接触的变压器 （2）油与大气直接接触的变压器	 60 55	对于铁芯、绕组外部的电气连接线或油箱中的结构件，不规定温升限值，但仍要求其温升通常不超过 80K，以免影响相邻的部件热损坏或使油过热老化	80
绕组平均温升（电阻法测量）	65		

第二节　配电变压器的运行与监视

一、变压器的并列运行

用电单位的用电设备，多数是通过 10kV 配电网的配电变压器供电的，这些变压器器容量都不大。当负载变化较大或运行需要将两台或两台以上变压器并列运行时，应满足下列条件：

（1）并列运行的变压器的联结组别必须相同。这样，当它们一次绕组上电压相同时，二次绕组电压值和相位才相同。

（2）并列运行的变压器的短路电压必须相等。这样，才能使两台变压器负载分配和它的额定容量成正比。否则，会造成一台负载重，另一台负载轻，破坏了两台变压器并列运行的经济性。

（3）并列运行的变压器的电压比应相等。这样，当一次绕组输入电压相等时，二次绕组的输出电压也相等，不会在变压器之间产生环流。

二、配电变压器投运前的检查工作

1. 变压器投入运行前的检查

经大修或新购安装的变压器在投入运行之前要做详细的检查工作。检查内容如下：

（1）测试变压器绝缘电阻，用1000～2500V的兆欧表测量变压器的绝缘电阻（高压绕组对地、低压绕组对地、高压绕组对低压绕组），检查是否合格；

（2）检查铭牌数据，如额定电压、容量、联结组别等是否符合电网要求；

（3）检查试验报告单、油化验单、油牌号以及各项试验指标是否满足规程要求；

（4）检查各仪表和保护装置是否正常和齐全；

（5）检查油枕的油位计和充油套管的油位计中的油位和油色是否正常，应无渗漏油现象；

（6）安全气道及其保护膜应完好无损；

（7）箱壳接地良好；

（8）注油后的变压器在试投运前应静置4h，最少也不能少于2h。

2. 无载分接开关的检查

（1）投入前要正反方向转动分接开关的分接头位置，不少于5圈，目的是消除分接开关的触头上的氧化膜和油污。

（2）检定分接头位置的正确性，并与制造厂提供的数据进行比较。

（3）测量直流电阻，并做记录。

3. 有载开关的检查

（1）投入前，要检查各转动部位（轴承、齿轮）的润滑是否良好。

（2）用手柄转动开关，检查操动机构动作的正确性和灵活性，位置指示器的指示应符合要求。

（3）测量每个分接头位置的电压比，其数值应与制造厂的铭牌规定相符。

三、配电变压器的操作

（1）停电操作。操作的顺序必须是先停低压侧，后停高压侧。在停低压侧时，也必须是先停分路开关，再停总开关。配电变压器一般都用跌落式熔断器作为高压侧开关，在停跌落式熔断器时，为防止风力作用造成相间弧光短路，应先拉中相，再拉背风相，最后拉迎风相。

（2）送电操作。操作顺序与停电相反，即先送高压侧，后送低压侧。合高压侧跌落式熔断器时，先合迎风相；再合背风相，最后合中相；在合低压侧熔断器时，应先合低压侧总开关，后合低压分路熔断器。

无论是停电操作还是送电操作必须注意以下几点。

（1）操作要使用合格的安全工具，操作要有人监护。

（2）变压器只有在空载状态下才允许操作高压侧跌落式熔断器。

（3）尽量不要在雨天或大雾天操作，以免发生大的电弧。

四、运行与监视

配电变压器运行中的天气、环境温度和用电负荷变化的影响，直接关系到变压器的正常运行和使用寿命。因此，加强对配电变压器在运行中的监视，随时掌握情况，进行调整维护是非常必要的。

1. 运行中负荷电流的监视

变压器投运后，特别在满负荷和过负荷状态下，要加强负荷电流的监视。配电箱中装有电流表的，可直接观察，没有电流表的，可用钳形电流表测量。检测三相电流是否平衡，是否超过额定电流。

如果长时间过负荷运行，将影响变压器的使用寿命和增大损耗，所以要合理调整负荷，使电流保持在额定值范围内。

三相负荷电流尽可能调整平衡。若三相电流相差很大，造成三相电压也不平衡，会造成中性点位移，使中性线带电，导致电动机、家用电器外壳带电，给人身安全造成威胁。同时，如果三相电压不平衡，会在变压器铁芯中产生较大的铁损耗，加剧温升，降低变压器效率和使用寿命。

2. 变压器温度的监视

变压器在运行中，特别在满负荷和过负荷运行时，要密切监视变压器的温度。变压器的温度，一般反映在变压器的上层油温，这和环境温度、过负荷运行时间有密切的关系。变压器的温度，直接关系到变压器的使用寿命。按规程要求，上层油温不允许超过95℃，并且不宜经常超过85℃运行。因为变压器长期在高温下运行，会加速油质劣化，造成绝缘下降而损坏变压器。在负荷和环境温度不高的情况下，变压器温度过高，并且继续上升，说明内部有短路故障，应立即退出运行进行检修。

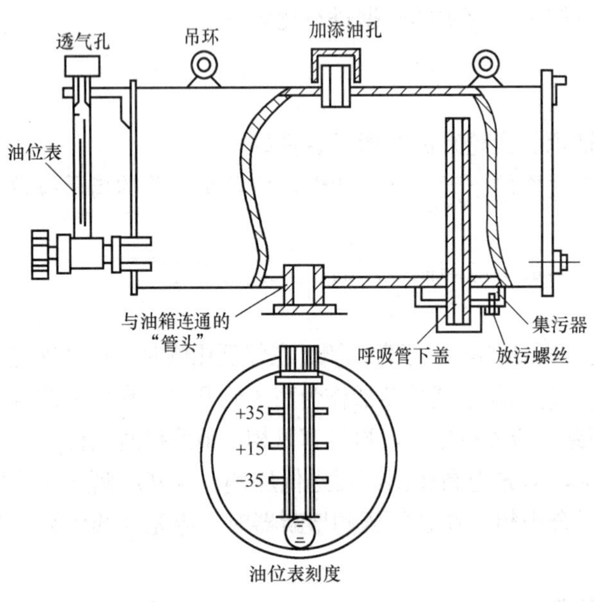

图2-16 油枕构造图

3. 监视油位变化

变压器的油位与运行温度和环境温度有关。而运行温度则又与负荷大小有关。一般变压器的油位在一定的范围内变化，如果在与以往相同的负荷和环境温度下，油位上升超过指示的最高位置并继续上升，同时变压器的声音出现异常，三相电流、电压不平衡，说明变压器内部有局部短路故障。这时应停止运行，进行吊心检查，故障排除后方可投入运行。

变压器各密封件和焊缝无渗漏油现象。在检查油位时，要注意油箱、油枕、油标之间的油路是否畅通，油路堵塞会造成假油面。油枕的构造如图2-16所示。

4. 变压器声音监视

变压器在正常运行中，由于交变磁通的影响，硅钢片会发出声音，它与电压和电流的大小、三相负载是否平衡等有着直接的关系。检查时可用听诊棒一端顶在箱壳上，一端贴近耳边仔细听箱内声音。正常时为轻微连续的“嗡、嗡”声。如果声音较大、有变化，但无杂音，这是负荷过大引起的。如果有电锯的杂声，是由于变压器带晶闸管整流器或电弧炉的高次谐波分量太大引起的。如果听到变压器油“咕嘟”冒泡声，这可能是绕组有匝间短路故障，使油局部过热所致。如果箱内传出沉重的噪声，是由于硅钢片松动产生的声音。箱内发出放电声响，是由于某部位接触不良或有击穿处产生的声音。

变压器如有异常声响发生，应查明原因。如果判断是故障，应排除后方可投入运行。

5. 套管检查

变压器运行中，要观察套管是否清洁，有无破损、裂纹和放电痕迹，应定期清扫，保持干净，防止套管上积聚灰尘、油污，造成事故。

6. 定期检测变压器的接地电阻

变压器的外壳和低压侧中性点的接地，允许与避雷器的接地共用一个接地网，其接地电阻不大于4Ω。如果各连接点接触不良，接地线断裂或接地电阻过大，接地就失去作用，这就会对设备和人身安全造成威胁。剩余电流动作保护器也失去作用，对用户生命财产构成威胁。因此，定期检查接地线的连接，对接地体进行测试是非常必要的。接地点必须接触良好，符合有关规程要求，电阻过大，应增加接地极，接地点土壤电阻率过大，就在接地体周围加降阻剂，以达到降低接地电阻的目的。

7. 其他部分检查

变压器运行中，要经常注意察看高压熔断器、低压熔丝、避雷器、导线接头等情况，以便及时发现问题，采取防范事故发生的相应措施。

五、农村配电变压器的电压调节

根据有关规定，10kV 及以下的三相供电电压不能超过额定电压的 7%，220V 电压不能超过额定电压的+7%和−10%。可是由于种种原因，农村配电变压器负荷大多为动力与照明混用，加上农村用电的特殊性，即农忙、农闲及春节的用电能量相差悬殊，造成配电变压器输出电压忽高忽低。而电压的忽高忽低对各种用电设备的性能、生产效率和产品质量都有不同程度的影响。因此为了确保供电电压的合格率，及时调节配电变压器分接开关位置是解决问题的办法之一。

一般农村配电变压器容量较小，大多属于无载调压，共有 3 个档位可供调节。通过改变分接开关动触头的位置来改变变压器绕组的匝数，从而改变输出电压。常用农村配电变压器一次电压为 10kV，二次输出电压为 0.4kV。配电变压器分接开关的Ⅰ档位置为 10.5kV，Ⅱ档位置为 10kV，Ⅲ档位置为 9.5kV。通常情况下分接开关应在Ⅱ档位置。

调节分接开关的具体操作步骤：

（1）先停电。断开配电变压器低压侧负荷后，用绝缘棒拉开高压侧跌落式熔断器，然后做好必要的安全措施。

（2）拧开变压器上的分接开关保护盖，将定位销置于空档位置。

（3）调节档位时，应根据输出电压高低，调节分接开关到相应位置，调节分接开关的基本原则是：当变压器输出电压低于允许值时，把分接开关位置由Ⅰ档调到Ⅱ档，或由Ⅱ档调整到Ⅲ档；当变压器输出电压高于允许值时，把分接开关位置由Ⅲ档调到Ⅱ档，或Ⅱ档调整到Ⅰ档。

（4）调节档位后，用直流电桥测量各相绕组直流电阻值，检查各绕组之间直流电阻是否平衡。若各相之间电阻值相差大于2%，必须重新调整，否则运行后，动静触头会因接触不好而发热，甚至放电，损坏变压器。

第三节 配电变压器的安装

一、配电变压器安装形式的选择

对小城镇居住区、工厂生活区供电时，宜采用杆上或露天安装。乡村地区配电变压器可采用杆上式、台墩式、配电室落地式等几种形式。

杆上式变压器简称变台、又分为单杆式变台和双杆式变台两种。

台墩式变压器是用砖、块石砌筑而成的高2.5m的建筑物，将变压器直接安装在台墩上。

落地式变压器是将变压器台筑成0.5～1m高，周围用一定高度和宽度的固定围栏保护。

二、选择配电变压器安装地点的原则

（1）高压进线方便，尽量靠近高压电源。

（2）尽量设在负载中心，以减少电能损耗、电压损失及有色金属消耗量。

（3）选择无腐蚀性气体、运输方便、易于安装的地方。

（4）避开交通和人畜活动中心，以确保用电安全。

（5）配电电压为380V时，其供电半径应不超过500m。

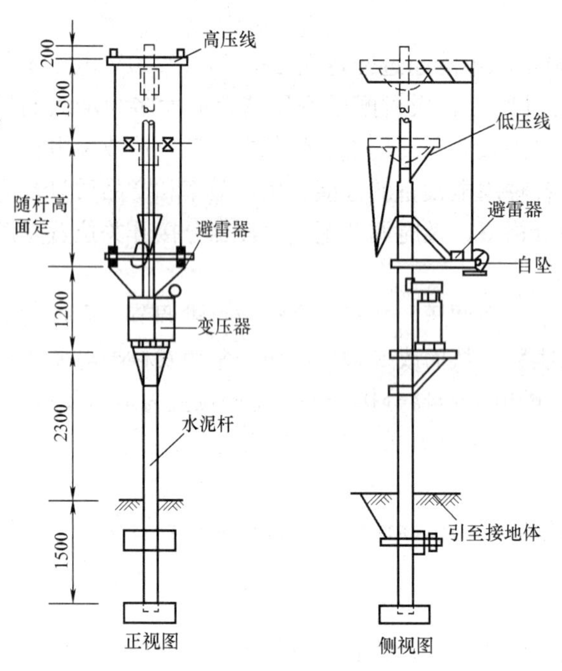

图2-17 单杆变台的安装图

三、杆架式变台

杆架式变台是利用线路电杆组装的变台，它分有单柱台和双柱台两种。为了便于变压器的运行与检修，下列电杆不宜装设变台：①转角、分支电杆；②设有线路开关的电杆；③设有高压进户线或高压电缆的电杆；④交叉路口的电杆；⑤低压接户线较多的电杆。

1. 单杆变台

单相或三相变压器容量在30kV·A及以下的变压器，多利用线路电杆组装成单杆变台。其结构型式如图2-17所示（图中尺寸单位为mm），表2-2是组装单杆变台的材料设备表。

在离地面2.5～3m高处，装设100mm×100mm双木横担或角铁横担作为变压器的台架，在距台架1.7～1.8m

处装设木横担或角铁横担，以便装设高压绝缘子、跌落式熔断器及避雷器。为了增加变压器的稳定性，可用镀锌铁丝将变压器捆绑在电杆上。

表 2-2　　30kV·A 单杆变台安装设备材料表

序　号	名　　称	单　位	数　量
1	变压器	台	1
2	户外高压跌落式熔断器	个	3
3	高压避雷器	个	3
4	低压熔断器	个	3
5	高压引下线	m	20
6	铝芯橡皮绝缘线	m	12
7	高压针式绝缘子	个	7
8	低压针式绝缘子	个	4
9	木板	块	由施工决定
10	高压引下线支架	根	2
11	高压引下线横担	根	1
12	户外高压跌落式熔断器安装横担	根	1
13	避雷器安装横担	根	1
14	户外高压跌落式熔断器支持横担	副	1
15	低压引出线横担	根	1
16	单面斜支撑	根	4
17	变压器台架	根	1
18	镀锌铁丝	m	30
19	铁垫板	块	1
20	螺栓	个	10（按需要的规格）
21	垫圈	个	36
22	螺母	个	18
23	接地引下线	m	10
24	卡盘抱箍	副	1
25	卡盘	个	1
26	底盘	个	1
27	钢筋混凝土电杆	根	1

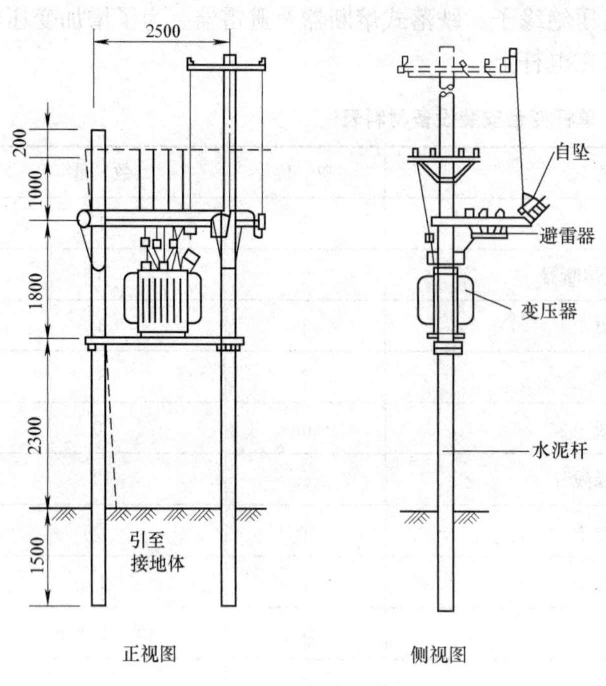

图 2-18 双杆变台安装图

2. 双杆变台

320（315）kV·A 以下的变压器用双杆变台（也简称 H 台）较多，在多台单相变压器作三相运行或多台变压器并列运行用得更多，其结构如图 2-18 所示，安装设备材料如表 2-3 所示。这种变台是在距离高压杆 2～3m 远的地方再另立一根电杆，组成 H 型变台，变台方向应顺线路装设。在离地 2.5～3m 高处用两根槽钢搭成安放变压器的架子，在距台架 1.8m 处装设母线架并拉上短母线，变压器的高压引线均接在母线上。杆上还装着铁制或木制的横担，以便安装户外高压跌落式熔断器、高压避雷器和高、低压引线。高压引下线必须通过丁字形横担，引下线经过针式绝缘子接到跌落式熔断器上，避雷线接在高压母线的一侧。变压器低压引线一般是接在低压横担针式绝缘子上，再引至架空线上去，但也有在低压侧采用母线的。

表 2-3　50～180（160）kV·A 双杆变台安装设备材料表

序　号	名　　称	单　位	数　量
1	变压器	台	1
2	户外高压跌落式熔断器	个	3
3	高压避雷器	个	3
4	低压熔断器	个	3
5	钢筋混凝土圆电杆	根	1
6	铝芯橡皮绝缘线	m	30
7	高压引下线	m	12
8	高压针式绝缘子	个	12
9	低压针式绝缘子	个	4
10	高压引下线支架	根	2
10	高压引下线横担	根	1
11	户外高压跌落式熔断器安装横担	根	1
12	避雷器、母线横担	根	2
13	低压引出线横担	根	1
14	单面斜支撑	副	4

续表

序　号	名　　称	单　位	数　量
15	变压器台架	根	2
16	变压器台架支持抱箍	副	2
17	变压器固定压板	副	4
18	螺栓	个	22（按需要的规格）
19	垫圈	个	22
20	螺母	个	22
21	接地引下线	m	10
22	钢管	根	2

注　为防止变压器倾斜，应缠绕腰箍（直径 4mm 镀锌铁线 6 根）；是否安装卡盘和底盘，根据需要决定。

四、地台式变台

地台式变台是用砖或石块加混凝土砌成的，其结构型式如图 2-19 所示。高压线路的终端杆可以兼作低压线路的始端杆。地台的高度和顶部的面积应根据变压器的大小决定，但地台顶面距地面最低不得小于 0.3m，并且顶面每边应大出变压器外壳 0.3m。地台高度低于 1.5m 时，应在其周围装设高度为 1.8m 的固定遮栏，并与带电部分保持 0.8m 以上的净距离。

地台式变台有带配电间的和不带配电间的两种。采用带配电间的地台，可以少盖一间房子，但是里面不能住人。

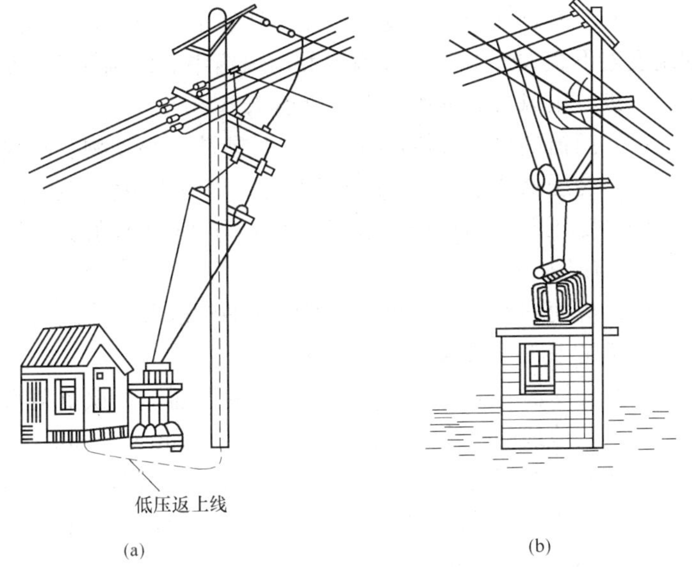

图 2-19　地台式变台

(a) 不带配电间的变台；(b) 带配电间的变台

五、落地式变台的砌筑

落地式变台有坚固的基础。基础一般用砖、石砌成，并用 1∶2 水泥砂浆抹面。为了保证安全，防止人、畜接近带电部分，变台周围应设置高度不小于 1.7m 的围墙或栅栏，变压器外壳至围墙或栅栏的净距离不小于 1.0m，距门的净距离不应小于 2.0m，围墙或栅栏的门应向外开。栅栏的栅条间距和下面横栏距地面的净距离均不得大于 200mm，其结构型式如图 2-20 所示。

六、室内安装变压器及技术条件

一般说来，工厂、车间、市郊区的供电有如下特点。

(1) 容量大，既不宜安装在柱上，也因地面狭窄落地安装很困难。

(2) 空气中有影响绝缘的尘埃。

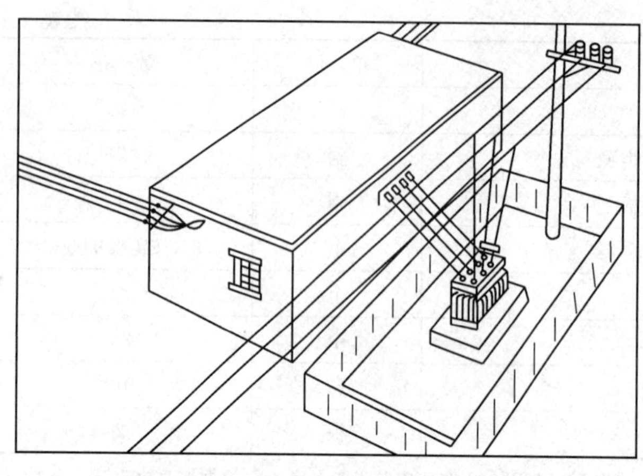
图 2-20 落地式变台的砌筑结构图

(3) 空气中含有腐蚀导体的气体。

(4) 需要定时巡视变压器的运行状态等。

因此，在这种情况下可将配电变压器安装在室内。

1. 室内安装变压器的技术条件

(1) 变压器室必须是耐火的，等级为1级；即房体建筑均为难燃性材料构成。房顶板的耐火极限时间为1.5h；梁体的耐火极限时间为2.0h；柱和墙体的耐火极限时间为2.5~3.0h。

所谓耐火极限时间，是从受到火的作用起到失掉支撑能力发生穿透性裂缝或背火一面的墙体温度升到220℃的时间。

(2) 应有良好的自然通风条件，其要求是夏季的排风温度不宜大于45℃，进风和排风的温度差不宜大于15℃；进风窗和出风窗中心的高差不宜低于3.0m；容量在630kV·A以下者，进、出风窗的有效面积不应小于1.2m^2。

(3) 门窗的材料必须是耐火的，且能防止小动物及雨水的浸入。

(4) 变压器油量在60kg及以上者，应设置单独变压器室。

(5) 变压器外廓对门、墙壁应保持不小于本条文所要求的距离，即与后壁、侧壁为0.6m；与门为0.8m。

(6) 应使油枕、温度计，取抽样放油阀以及气体继电器靠近门附近，便于操作和维护。

2. 配电变压器安装结束的要求

(1) 变压器各部件均完好、齐全，变压器上无遗留杂物。

(2) 接地线的接地极符合要求，采用5mm×50mm×50mm角钢，长2.5m制作，打入地下。接地极之间用大于ϕ10mm圆钢连接，焊接牢固。测试接地电阻，对于100kV·A以上的配电变压器，接地电阻小于等于4Ω；100kV·A以下者，小于等于10Ω。

(3) 小车轮子的止动装置牢固。

(4) 油枕、散热器的油门应在打开的位置，油面指示正确。

(5) 气体继电器可正确动作。

(6) 分接开关位置符合电网电压要求，指示位置正确。

(7) 吸湿器内干燥剂符合要求。

(8) 电接点温度计刻度符合要求。

(9) 风扇试运转正常。

(10) 变压器绕组接线正确。

(11) 变压器的防雷保护符合要求。

(12) 变压器引线对地和相间距离符合要求。

(13) 按《电气设备交接和预防性试验规程》规定进行交接试验合格。

第四节 配电变压器常见故障及处理

一、声音异常

变压器正常运行时，铁芯振动而发出清晰有规律的“嗡嗡”声。但当变压器负荷有变化或变压器本身发生异常及故障时，将产生异常音响。若平时注意多听，对正常的声音比较熟悉，相比较之下就容易察觉出变压器的异常音响。

(1) 声音比平时沉重，但无杂音，一般为变压器过负荷引起。变压器长期过负荷是烧坏变压器的主要原因，这是不允许的。当发生变压器过负荷运行时，要设法减少一些次要负荷以减轻变压器的负担。

(2) 声音尖，一般为变压器电源电压过高引起，电源电压过高不利于变压器的运行，对用户用电设备也不利，而且会增加变压器的铁损耗。因此，应及时向有关部门报告处理。

(3) 声音嘈杂、混乱，变压器内部结构可能有松动。主要部件松动会影响变压器的正常运行，要注意及时检修。

(4) 发出“噼叭”的爆裂声，这可能是变压器绕组或铁芯的绝缘有击穿现象。这种情况会造成严重事故，因此要立即停电检修。

(5) 由于系统短路或接地，通过大量短路电流，会使变压器产生很大的噪声。

(6) 铁芯谐振会使变压器发出粗细不均的噪声。

二、变压器油温过高

变压器上层油温超过允许温度可能是变压器过负荷、散热不好或内部故障造成的。油温过高会损坏变压器的绝缘，严重的甚至会烧毁整个变压器。因此，一旦发现变压器油温过高，应及时查明原因采取相应措施。

三、油位显著下降

正常时的油位上升或下降是由温度变化造成的，变化不会太大。当油位下降显著，甚至从油位计中看不见油位，则可能是因为变压器出现了漏油、渗油现象，这往往是因为变压器油箱损坏、放油阀门没有拧紧、变压器顶盖没有盖严、油位计损坏等原因造成的。油位太低会加速变压器油的老化，变压器绝缘情况恶化，进而引起严重后果，所以要多巡视，多维护，及时添油。如渗、漏油严重，应及时将变压器停止运行并进行检修。

四、油色异常，有焦臭味

新变压器油呈微透明、淡黄色，运行一段时间后油色会变为浅红色。如油色变暗，说明变压器的绝缘老化。如油色变黑（油中含有碳质）甚至有焦臭味，说明变压器内部有故障（铁芯局部烧毁、绕组相间短路等），这将会导致严重后果，应将变压器停止运行进行检修，并对变压器油进行处理或换成合格的新油。

变压器油在变压器中起绝缘和冷却作用，若油质变坏就会起不到应有的作用。为防止因油质变坏而发生严重后果，应在变压器正常运行时，定期取油样进行化验，以便及时发现问题。

五、套管对地放电

套管表面不清洁或有裂纹和破损时，会造成套管表面存在泄漏电流，发出“吱吱”的闪络声，阴雨大雾天还会发出“噼噼”放电声，极易引起对地放电击穿套管，造成变压器引出线一相接地。因此，发现套管对地放电时，应将变压器停止运行更换套管。若套管之间搭接有导电的杂物，可能会造成套管间放电，应注意及时清理。

六、变压器着火

变压器在运行中发生火灾的主要原因有：铁芯螺栓绝缘损坏，铁芯硅钢片绝缘损坏，高压或低压绕组层间短路，引出线混线或引线碰油箱及过负荷等。

当变压器着火时，应首先切断电源，然后灭火，若是变压器顶盖上部着火，应立即打开下部放油阀，将油放至着火点以下或全部放出，同时用不导电的灭火器（如四氯化碳、二氧化碳、干粉灭火器等）或干燥的沙子灭火，严禁用水或其他导电的灭火器灭火。

第五节　小型变压器的制作

一、线包的绕制

变压器绕组与骨架的总体称为线包。线包绕制的好坏，是决定变压器质量的关键。

（一）绕线前的准备工作

1. 选择导线及绝缘材料

（1）导线的选择。依据计算的匝数和导线的截面积选用相应规格的漆包线。对于500V以下的变压器，当用一、二次绕组裸导线的截面积乘以匝数所得的总面积约占铁芯窗口面积的50%时，一般可以绕下。若导线截面积超过铁芯窗口面积的30%时，则应考虑把匝数多的绕组改用小一号的导线或改用性质较好的绝缘材料，这样绕好的线包就能够顺利地装入铁芯。

（2）绝缘材料的选择。绝缘材料的选择必须考虑耐压要求和允许厚度。层间绝缘厚度应按两倍层间电压的绝缘强度选用。对于1000V以下要求不高的变压器也可用电压的峰值，即2倍层间电压为选用标准。对铁芯绝缘及绕组间的绝缘，按对地电压的两倍来选用。

2. 制作木芯

木芯是用来套在绕线机转轴上，支撑绕组骨架，以便进行绕线。通常用杨木或杉木按比铁芯中芯柱截面积 $a \times b$ 稍大些的尺寸 $a' \times b'$ 制成，如图2-21所示。木芯的长边 h' 应比铁芯窗口高度 h 短一些，木芯的中心孔径为10mm，孔必须钻得平直。木芯的四条边必须相互垂直，否则绕线时会发生晃动，绕组不易平齐。木芯的边角用砂纸磨成圆角，以便套进或抽出骨架。

3. 制作绕线芯子及骨架

绕线芯子及骨架除起支撑绕组的作用外，还对铁芯起到绝缘作用。它应具有一定的机械强度和绝缘强度。

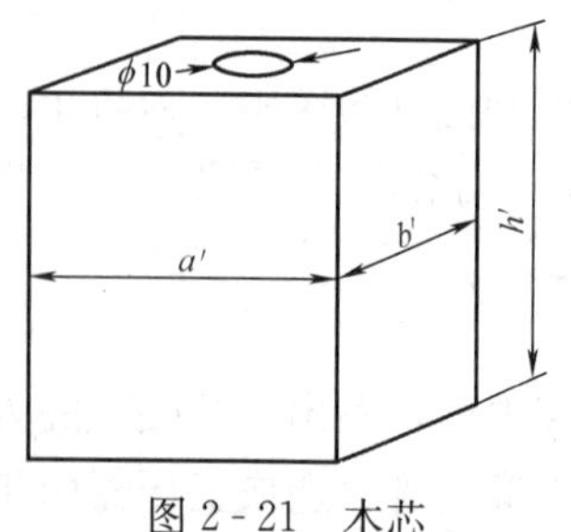

图2-21　木芯

纸质无框绕线芯子一般是用弹性纸制成，如图2-21所示。弹性纸的厚度根据变压器的容量选用。

无框绕线芯子的长度 h' 应比铁芯窗口高 h 稍短些，约短2mm左右。绕线芯子的边缘也必须保持平整和垂直。弹性纸的长度 L 为

$$L = 2(b' + t) + a' + 2(a' + t) = 2b' + 3a' + 4t$$

按照图2-22中虚线，用裁纸刀划出浅沟，沿沟痕把弹性纸折

成方形。其中，第 5 面与第 1 面互相重叠，并用胶水黏合。

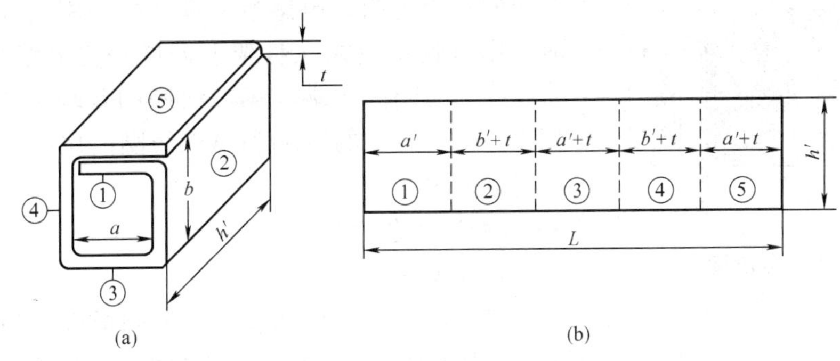

图 2-22 纸质无框绕线芯子

(a) 绕线芯子外形；(b) 展开图

要求较高的变压器都采用有框骨架。框架可用钢纸或玻璃纤维板等材料制成。活络框架的结构如图 2-23 所示。

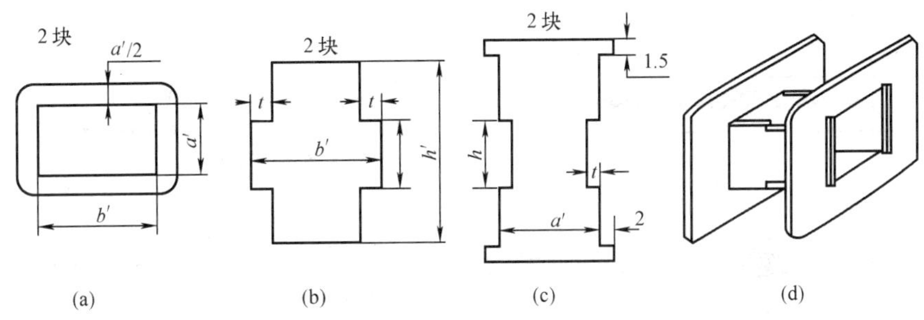

图 2-23 活络框架结构

(a) 上下边框架；(b)、(c) 夹板；(d) 活络框架组成

（二）线包绕制的要求

（1）绕组要绕得紧，外一层要紧压在内一层上。若是方形线包，绕完后应大体成方形，不能成圆形或椭圆形，否则将造成铁芯窗口容纳不下线包。

（2）绕组要绕得密，相邻的导线之间不应留有空隙，如有空隙，将造成后一层导线下陷，影响平整。严重的会压破层间绝缘纸而造成短路。

（3）绕组要绕得平，每一层导线要排列平整，严禁重叠，只要前一层不平，后面就更难绕平。

（三）线包的绕法

变压器线包的绕制，有如下三种绕法。

（1）平绕。一般的电源变压器和控制变压器多用此法。绕线中各匝之间排列紧密，每绕完一层，垫上层间绝缘后再绕下一层。

（2）分段绕或分层绕。为了加强绝缘，工作电压较高的变压器可采用分段绕法，如图 2-24 所示。分层绕是为了减小绕组的分布电容和漏磁通，它是先将一次侧绕组绕一部分后，接着绕一部分二次侧绕组，再绕一部分一次侧绕组，又绕一部分二次侧绕组，即一、二次侧绕组分层间绕。

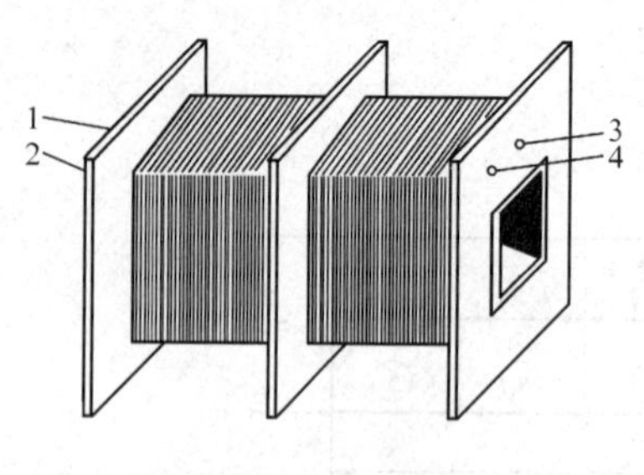

图 2-24　分段绕法

（3）双股并绕。对有中心抽头的绕组，为了使两个绕组的直流电阻、电感量平衡，而采用这种绕法。绕线时，用两股漆包线在骨架上向同一方向绕制，绕完后，将第一个线圈的尾端与第二线圈的首端相连，作为中心抽头。第一线圈的首端和第二线圈的尾端分别作为整个绕组的首尾端。

（四）线包绕制

1. 做好引出线

变压器每个绕组都有两根或两根以上的引出线。引出线一般用多股软线、较粗的单股铜线或铜皮制成的焊片。引出线焊在线圈端头，用绝缘材料包扎好后，从骨架端面挡板上预先钻好的孔内伸出，以备连接外电路。

习惯上绕线圈的漆包线直径在 0.2mm 以上的都用本线直接引出；直径在 0.2mm 以下的，一般用多股软线做引出线；条件许可的，才用薄铜皮焊片做引出线头。

接引出线头的方法如图 2-25 所示，用两条长的牛皮纸将一段多股裸导线或窄薄铜皮夹在纸中间，再用黏合剂黏牢。

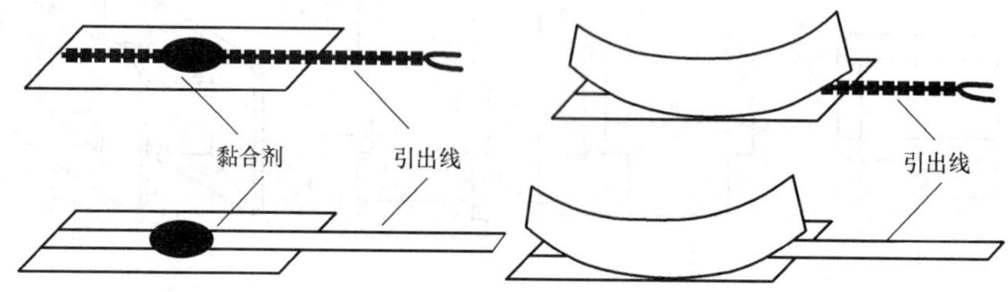

图 2-25　引出线做法

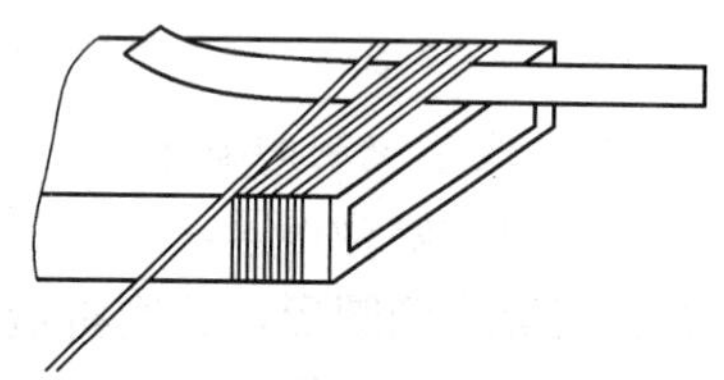
图 2-26　引出线头

接线时，在漆包线的起始端把线头上的绝缘漆刮去，用焊锡把线圈端头和引出线焊牢。绕线时注意用后一层线圈的导线将引出线压紧，如图 2-26 所示。当线圈绕到最后一层时，可事先将另一根引出线放好，把最后一层漆包线绕在上面，结尾时翻开引出线后面一段钢片，将线圈尾端拉紧并与引出线焊牢，再包上绝缘。

引出线的位置应与外层标注参数的位置对齐。一个绕组的引出线放在同一侧。

2. 绕线

绕线前，将绕线机牢固地固定在工作台上，绕线机转轴要平直，木芯与转轴同心，以保证转轴旋转平稳，无晃动和颤抖。为了使开头几匝导线得以固定，可用机械强度较高的纸条、布条或线头（指绝缘的纤维线）对折起来，套住漆包线头，然后在纸条上绕十匝左右的漆包线压住对折纸条后，再把纸条抽紧，剪去余量，线头就固定了，如图 2-27（a）所示。

绕到最后十几匝时，仍然用此方法固定线尾，注意最后一至二匝导线应从对折纸条孔中穿过后再抽紧纸条，如图 2-27（b）所示。

绕线时，摇动绕线机的转速应与掌握导线的那只手的左右移动相配合，并将漆包线稍微拉向绕线前进的相反方向约5°在右，以便使导线排紧，如图2-28所示。在绕每层线圈的开头几匝时速度要慢，然后逐步加快。左手要随着线圈数的增加轻轻向前移动，手放在工作台边缘，不要悬空或靠绕线机转轴太近。左手的拉力应视漆包线的粗细而异，以将线圈绕紧而又不拉断导线为宜。

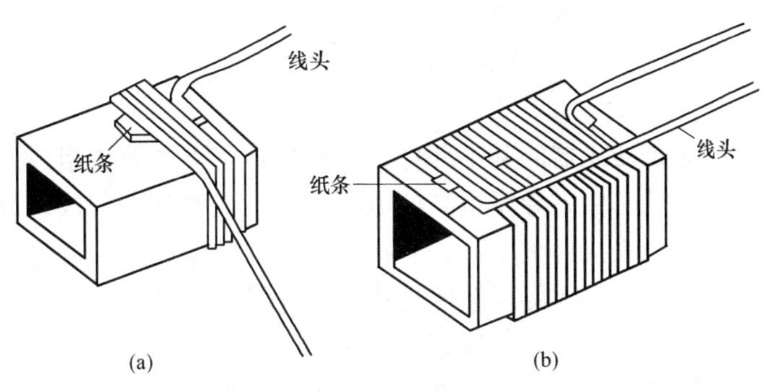

图2-27　引出线的连接

(a) 用纸条等固定线头；(b) 绕到最后用纸条固定线尾

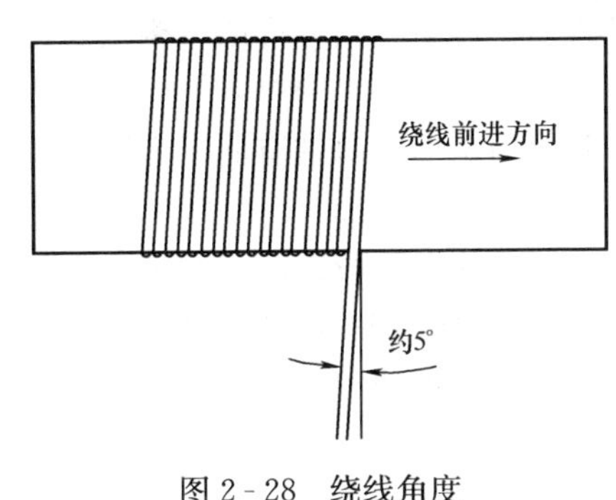

图2-28　绕线角度

3. 安放层间绝缘

每绕完一层导线，应安放一层绝缘材料。如绝缘纸或黄蜡绸等。安放绝缘纸必须从骨架所对应的一个舌宽面开始安放。若线包所绕层数很多，还应在两个舌宽面分别均匀安放，这样可控制线包厚度，少占铁芯窗口面积。绝缘纸必须放平、放正并拉紧，两边正好与骨架端面内侧对齐，再围绕线包一周，允许起始处有少量重叠。

4. 安放静电屏蔽层（静电隔离层）

电子设备用的电源变压器，为了减弱外界电磁场的干扰，在绕完一次绕组，安放好绝缘层以后，还应加一层金属的静电屏蔽层。

制作静电屏蔽层的材料最好用铜箔。其宽度比线包宽1～3mm，长度应是围绕线包一周但小10mm，在对应铁芯的舌宽面焊上引出线作接地用，注意绝不能让静电屏蔽层首尾相连，否则将形成短路，使变压器通电时发热，甚至烧毁。若没有现成铜箔，可以用较粗的漆包线在应安放静电屏蔽层的位置排绕一层，一端开路，一端接地，同样能起到屏蔽外界电磁场的作用。

5. 中间抽头

有些变压器有两个或两个以上的绕组，不需要分开绕线，只要在同一绕组中按需要抽出几个线头，以这些抽头来做二次绕组引出线。这种做法称为中间抽头。

中间抽头的方法有三种。第一种是在绕组抽头处刮去一小段绝缘漆，将引出线焊上去作为抽头，焊完后包上绝缘；第二种是在绕组抽头处不刮绝缘漆，而是将漆包线拖长，两股排在一起作引出线，引出线折向一侧时，在线的下面垫上一层绝缘材料或在引出线上套上绝缘套管，以避免引出线与线包间发生短路；第三种用于较粗的漆包线，这时若将漆包线绞在一起，势必使线包中间隆起，影响绕线和线包的平整，这时可以把两根线平行对折作引出线。由于粗漆包线弹性较大以致弯头的地方不容易贴实，需另加一根纱带将它固定。如果条件许可，每个抽头都用薄铜皮焊片引出，更加美观，但必须处理好焊片与内外层导线间的绝缘。

二、铁芯装配工艺

（一）铁芯的作用和型式

1. 铁芯的作用

铁芯是变压器的基本部件，由磁导体和夹紧装置组成，它有以下两个作用。

（1）铁芯由磁导率很高的电工钢片（硅钢片）制成。硅钢片很薄（0.23～0.35mm），且带有绝缘，铁损耗很小，铁芯构成变压器的主磁路，通过主磁路的耦合作用把一次侧输送进来的电能传到二次侧再输送出去。因此没有铁芯，变压器就不能工作。

（2）铁芯的夹紧装置不仅使磁导体成为一个机械上完整的结构，而且上面套有带绝缘的绕组，支持着引线和绝缘件等，几乎变压器内部的所有部件都是靠铁芯固定和支持的。

2. 铁芯的型式

变压器的铁芯（即磁导体）是框形闭合结构。其中套绕组的部分称芯柱，不套绕组只起闭合磁路作用的部分称铁轭。变压器铁芯的结构决定于它的型式，导磁材料的质量以及制造工艺水平等。铁芯的分类没有统一的方法，任何分类方法均不可能包括全部的结构型式。铁芯大体上可分为壳式铁芯和心式铁芯两大类。

（1）壳式铁芯。壳式铁芯一般是水平放置的，铁芯截面为矩形，每柱有两个旁轭，围绕在绕组的两面，好像是绕组的一个“外壳”，所以称壳式铁芯。

壳式变压器铁芯的优点是：铁芯片规格少，也不需任何冲孔和切口，芯柱截面积大，长度短，夹紧和固定方便，附加损耗小，易于油对流散热；但其矩形绕组制造困难，工艺特殊，绝缘结构比较复杂，抗短路能力差，绕组易变形；另外，硅钢片用量多。这种铁芯结构很少采用。

（2）心式铁芯。通常心式铁心是垂直放置的，铁芯截面为分级圆柱形，绕组包围芯柱，所以称心式。心式铁芯叠片规格较多，绑扎和夹紧要求较高。但圆形绕组制造方便，短路时稳定性好，硅钢片用量也较少。在我国，大部分采用心式铁芯，尤其是三相心式变压器用得最多。

心式铁芯结构按制造方式又可分为叠铁芯结构和卷铁芯结构。

（二）铁芯镶片要求

铁芯结构，除构成磁路的铁芯本体外，铁芯还包括以下附属件：①紧固件，如夹件、螺杆、绑带、拉板等；②绝缘零件，如夹件绝缘、拉板绝缘、垫脚绝缘、绝缘管、木垫块等；③铁芯还包括接地铜片、垫脚等。

（1）铁芯镶片的要求。铁芯镶片要求紧密、整齐，否则会使铁芯截面积达不到计算要求，造成磁通密度过大而发热，以及变压器在运行时硅钢片会产生振动和噪声。镶片过程中不能损伤线包。

（2）铁芯镶片方法。镶片应从线包两边一片一片地交叉对镶，镶到中部时则要两片两片地对镶，当余下最后几片硅钢片时，比较难镶，俗称紧片。紧片需用螺钉刀撬开两片硅钢片的夹缝才能插入，同时用木榫轻轻敲入，切不可硬性将硅钢片插入，以免损伤框架或线包。

（三）铁芯的紧固结构

1. 铁芯的紧固结构应满足的要求

（1）夹紧结构应为框架结构，只有夹紧结构承受夹紧力、起吊器身的重力和变压器短路时产生的机械力，才能确保冷轧硅钢片的电磁性能；夹紧结构的构件应主要承受拉伸、弯曲应力，尽量避免承受剪切应力。

（2）夹紧结构应能可靠地压紧线圈，支撑引线、布置器身绝缘，并具有器身定位装置。

（3）夹紧力要均匀，铁芯边缘不得翘曲，接缝严合，在铁芯励磁时噪声小。

（4）为了减少漏磁通在结构件中产生涡流损耗和防止铁芯多点接地，结构件应用绝缘件与铁芯本体隔开，并尽可能远离漏磁区，而结构件本身不应交链主磁通而形成短路环。

（5）绝缘件应尽可能增设油道，以利散热。

2. 芯柱的夹紧

芯柱的夹紧比较简单，一般有三种方法：①用撑板、撑条楔紧；②用夹紧螺杆夹紧；③用绝缘带或金属带扎紧。

（1）用撑板、撑条楔紧的方法。它是在绕组内的绝缘筒和芯柱之间用木质或纸质撑板及圆形撑条楔紧铁芯。

（2）用夹紧螺杆夹紧芯柱。它是通过铁芯片预先冲成的孔穿以螺杆进行夹紧的。采用这种夹紧方法要特别注意绝缘，否则会发生片间短路，造成事故。因为这种方法会使铁芯片受力不均匀，边缘易起翘，现已被淘汰。

（3）用环氧玻璃黏带绑扎。这种方法取消了夹紧螺杆，减少了铁芯损耗，消除了穿心螺杆绝缘管损坏而产生故障的可能，是变压器最常用的方法。黏带绑扎铁芯时绑扎间距不宜过大，绑扎厚度可以计算求得。

（4）铁芯也可用金属钢带绑扎。通常用不导磁钢带，且必须可靠绝缘，避免金属带形成短路，各金属绑带都要与铁芯一点接地。因这种方法可靠性不高，故在芯柱上很少采用。

3. 铁轭的夹紧

铁轭的紧固结构比较庞大，包括夹件、拉带（环氧玻璃黏带或钢带）、铁轭螺杆（铁轭有孔时）、侧梁（或旁螺杆、方铁）等。夹件夹紧铁轭一般有如下几种方法：

（1）两边为侧梁（或锁螺杆、方铁）结构，中间为铁轭螺杆。

（2）两边为侧梁（或锁螺杆、方铁）结构，中间为绑扎钢带或绝缘带。

（3）两边为铁轭螺杆，中间为绑扎钢带或绝缘带。

（4）全部为铁轭螺杆。

采用冷轧硅钢片时，铁轭最好不冲孔，因此只能采用钢带或环氧玻璃黏带绑扎，而采用方铁结构的铁轭片将冲缺口，也会影响冷轧硅钢片的性能，因此现代大型变压器多数取消方铁结构而用侧梁紧固，中小型变压器则用螺杆紧固。

夹紧铁轭的最主要部件是夹件，夹件应有足够的刚度。小型铁芯的夹件，常用槽钢制成，结构比较简单。大型铁芯的夹件，多采用焊接夹件，结构比较复杂。

三、初步检测与绝缘处理

无论是新制作的，还是经过修理好的变压器，在浸漆以前，应对绕制质量进行必要的检测，看它的性能指标是否满足使用要求。一旦发现故障或缺陷，趁未浸漆固化，还可方便地拆修。如果检测合格，即可进行浸漆、烘烤等绝缘处理，以提高其防潮、防霉、防腐蚀的性能和机械强度，保证它能稳定可靠地工作。

（一）初步检测

1. 外观检查

检查绕组引线有无断线、脱焊、绝缘材料有无机械损伤。然后通电检查有无焦臭味、冒烟，如有，应排除故障后再作其他检查。

2. 绝缘电阻的测试

用绝缘电阻表测量各绕组间和各绕组对铁芯的绝缘电阻。400V 以下的变压器的绝缘电阻值应不低于 90MΩ。

3. 测损耗功率

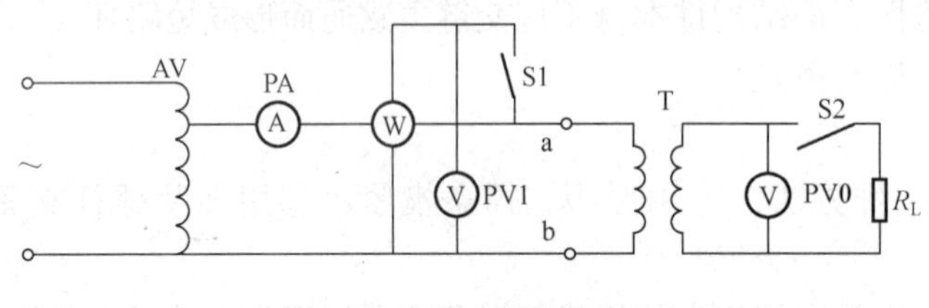

图 2-29 变压器测试电路

变压器测试电路如图 2-29 所示。在被测变压器未接入电路之前（a、b 两端头开路），合上开关 S1，调节调压器 AV，使它的输入电压为额定输入电压（由电压表 PV1 示出）。此时功率表的读数为电压表线圈和功率表电压线圈所损耗的功率 P_1。这时流过的电流很小，故线圈损耗功率也很小。

将被测变压器 T 接在 a、b 两端，开关 S2 断开，重新调节调压器 AV，直至 PV1 读数为额定输入电压，这时功率表上的读数为 P_2，则空载损耗功率 $=P_2-P_1$。

4. 空载电流测试

将图 2-29 中的待测变压器 T 接入电路，断开 S2，接通电源使其空载运行，当一次电压加到额定值时（由电压表 PV1 示出），交流电流表 PA 的读数即为空载电流。其空载电流约为 5%～8%的额定电流值。如空载电流大于额定电流 10%时，变压器损耗较大；当空载电流超过额定电流的 20%时，它的温升将超过允许值，就不能使用。

5. 空载电压的测试

当一次电压加到额定值时，二次各绕组的空载电压允许误差为±5%，中心抽头电压误差为±2%。若输出电压与标称值差得太远，或无电压输出，或中心抽头的两侧电压平衡度相差太多，说明匝数有错或导线有断头，应拆下铁芯重绕线包。

（二）变压器同名端的判别

变压器铁芯中的交变主磁通，在一次、二次绕组中产生的感应交变电动势没有固定的极性。这里所说的变压器绕组的极性是指一次、二次绕组相对极性，也就是当一次绕组的某一端在某个瞬时电位为正时，二次绕组也一定在同一个瞬时有一个电位为正的对应端，通常把这两个对应端称为变压器的同名端，或者称为变压器的同极性端，通常用“*”来表示。

变压器同名端的判别方法有三种。

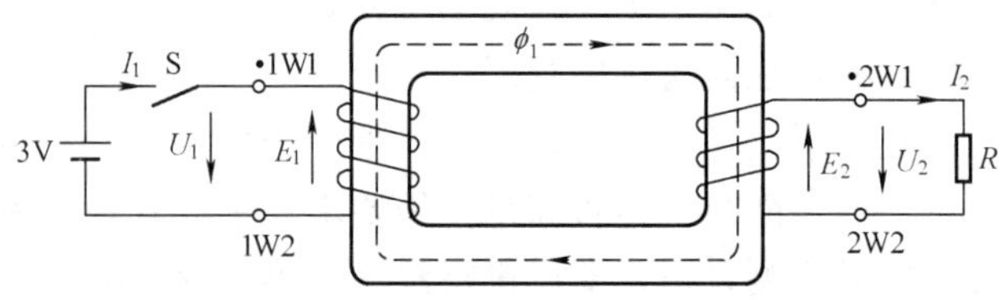

图 2-30 观察法判别变压器同名端

（1）观察法。观察变压器一次、二次绕组的实际绕向，应用楞决定律、安培定则来进行判别。例如，变压器一次、二次绕组的实际绕向如图 2-30 所示。当合上电源开关的一瞬间，一次绕组电流 I_1，产生主磁通 ϕ_1，在一次绕组产生自感电动势 E_1，在二次绕组产生互感电动势 E_2 和感应电流 I_2，用楞次定律可以确定 E_1、E_2、I_1 的实际方向，同时可以确定 U_1、U_2 的实际方向。这样可以判别出一次绕组 1W1 端与二次绕组 2W1 端电位都为正，即 1W1、2W1 是同名端；一次绕组 1W2 端与二次绕组 2W2 端电位为负，即 1W2、2W2 是同名端。

（2）直流法。在无法辨清绕组方向时，可以用直流法来判别变压器同名端。用 1.5V 或 3V 的直流电源，按如图 2-31 所示连接电路，直流电源接入高压绕组，直流毫伏表 PV 接入低压绕组。当闭合开关的瞬间，如毫伏表指针向正方向摆动，则接直流电源正极的端子与接直流毫伏表正极的端子是同名端。

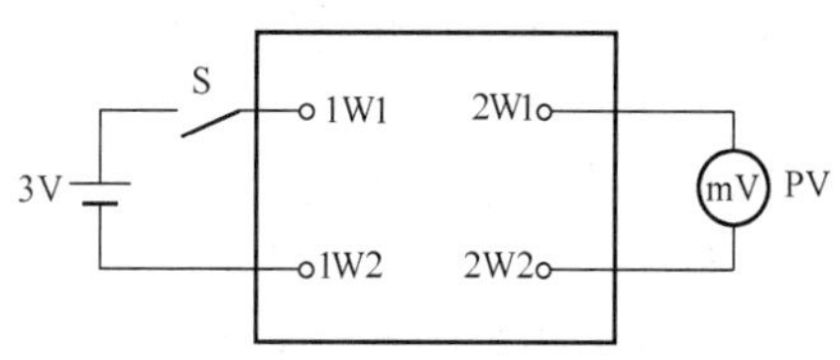

图 2-31　直流法判别变压器同名端

（3）交流法。将高压绕组一端用导线与低压绕组一端相连接，同时将高压绕组及低压绕组的另一端接交流电压表，如图 2-32 所示。在高压绕组两端接入低压交流电源，测量 U_1 和 U_2 值，若 $U_1 > U_2$，则 1W1、2W1 为同名端；若 $U_1 < U_2$，则 1W1、2W1 为异名端。

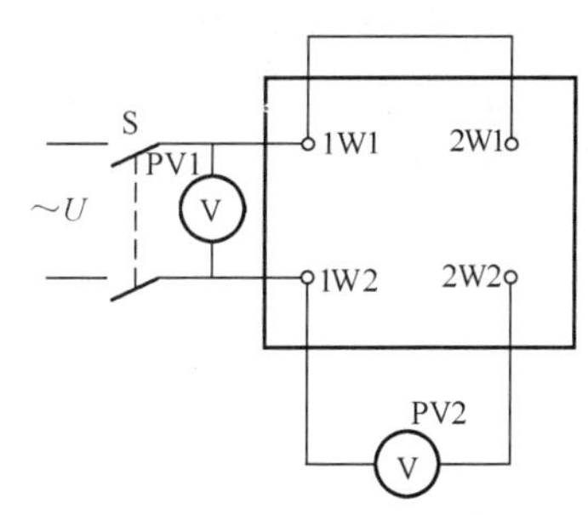

图 2-32　交流法判别变压器同名端

（三）绝缘处理

新绕制或大修后的变压器必须进行浸漆和烘烤处理，以提高其防潮、防霉、防锈蚀的性能，保证能长期、稳定、可靠地工作。浸漆的目的是使绝缘漆填充满绝缘物毛细孔内、导线间、铁芯间、线包与铁芯间的空隙，使外界潮气不能浸入。同时将线包与铁芯黏结成一个整体，以增强机械强度。浸漆烘烤的工艺过程如下。

1. 预烘

将变压器置于功率较大的白炽灯或红外线灯泡下烘烤 3～5h，驱除内部潮气。若用烘箱预烘，烘烤温度可调节到 115℃左右，效果更好。

2. 浸漆

将预烘干燥的变压器淹没于绝缘漆中，浸泡 1h 左右。开始时线包中不断有气泡逸出，经过 1h 左右，基本上不再冒泡，说明线包已经浸透绝缘漆。

3. 滴漆

将浸透漆的变压器悬吊或放在铁丝网上，使附在表面及空隙中多余的漆滴去，经 2～3h 基本可以滴尽。

4. 烘烤

将滴尽多余漆液的变压器放进烘箱，先在 70～80℃的低温下烘烤 4～6h，再用 90～115℃高温烘烤 8h 左左，烘烤后复查绝缘电阻，达到要求即可使用。

第六节　小型变压器的维修

小型变压器在使用过程中，由于自身的原因或电源、负载等的不正常变化，有可能发生各种故障。

一、接通电源二次侧无电压输出

1. 故障原因

接通电源二次侧无电压输出的故障原因有以下几点。

（1）电源插头或馈线开路。

（2）一次绕组开路或引线脱焊。

（3）二次绕组开路或引线脱焊。

2. 检查排除方法

插上电源，用万用表 250V 交流档测一次绕组两引出线端之间的电压，若电压为 220V 左右说明插头与插座接触良好，插头与馈线均无开路故障。否则，应用万用表电阻档检查电源插头，会发现脱焊或某一股电源线开路。如果不是，可能是插头与电源插座接触不良。如果上述两种情况都不是，再拔下插头，用万用表相应的电阻档测一次绕组两引线间的直流电阻，如果线路导通，且测得的直流电阻值与一次绕组的直流电阻相等或相近，说明一次绕组完好，若电阻为无穷大，则系一次绕组开路，必须将变压器拆开修理。一次绕组是否开路还可用测试输出电压进行判断，其方法如下：假若二次侧有两个或两个以上的绕组，将一次侧接通电源，如果几个二次绕组均无电压输出，则是一次侧回路开路；若只有一个二次绕组无电压输出，而其他绕组输出电压正常，则一次侧回路完好，开路点在无电压输出的二次绕组中。

二次绕组是否开路，除用上面所述方法测输出电压来判断外，直接用万用表或电桥测各二次侧的直流电阻更为简单。只要测到某个二次绕组电路不通，则该绕组必定开路。

绕组的开路点，多发生在引出线的根部。有时可以不用拆开铁芯和线包，先把变压器烤热，使绝缘漆软化，用小针在断线处挑出线头，用多股绝缘软导线在断裂处焊好，再把多股软线焊在焊片上，并注意处理好焊点处的绝缘。如果骨架两端有挡板，应先将挡板折弯或折断才能挑出线头。

如果开路点在线包最里层，必须拆除铁芯，小心撬开靠近引线一面的骨架挡板，用针挑出线头；焊好引出线，用万用表检测无误后处理好绝缘，修补好骨架，再插入铁芯。

铁芯的拆卸是比较困难的工作。因变压器本身要求铁芯插得紧密，兼之与线包一起浸渍过绝缘漆，在拆卸开始几片是很不容易的。如果不得要领地乱撬乱敲，很可能造成一部分硅钢片损坏报废。下面以 E 形铁芯为例讲述它的拆卸步骤。

（1）将变压器置于 80～100℃的温度下烘烤 2h 左右，使绝缘软化，减小绝缘漆黏合力，并用锯条或刀片清除铁芯表面的绝缘漆膜。

（2）在变压器下方垫一木块，外边缘留几片不垫在木板上，在上方用断锯条对准最外面一层硅钢片的舌片，用榔头轻轻敲打断锯条，将硅钢片先冲出几片来。

（3）将冲出的那几片硅钢片的下部夹牢在台虎钳上，用手握住铁芯上部，沿两侧摇动，使硅钢片松动，同时将铁芯边摇动边往上提，直到这几片硅钢片取出为止。

（4）重复上述两个过程，逐步取出最外面插得较紧的硅钢片。

（5）外层硅钢片取出后，铁芯已不很紧固，其余部分可直接用手取出。

（6）对有卷边和弯曲的硅钢片，可用木榔头敲直展平后继续使用。注意不可用铁榔头敲打，以免造成延展变形。若硅钢片表面发现锈蚀，应用汽油浸泡锈斑，除去锈斑和陈旧的绝缘漆膜，重新上绝缘漆。

二、温升过高

1. 故障的原因

温升过高的原因有以下几点。

（1）层间、匝间绝缘老化或绕线不慎造成匝间短路，或一、二次绕组间短路。

（2）硅钢片间绝缘太差，使涡流增大。

（3）铁芯叠厚不足或绕组匝数偏少。

（4）负载过重或输出电路局部短路。

2. 检查与排除方法

（1）一、二次绕组间短路。可直接用万用表或绝缘电阻表检测。将两表笔一支接一次绕组的一引出线端，另一支表笔接二次绕组的任一引出线端。若绝缘电阻远低于正常值甚至趋近于零，说明一、二次绕组间短路。匝间短路和层间短路可用万用表测各二次侧空载电压来判定。一次侧接电源，若二次绕组输出电压明显降低，说明该绕组有短路。若变压器发热但各绕组输出电压基本正常，可能是静电屏蔽层自身短路。无论是匝间、层间和一、二次侧间及静电屏蔽层自身的短路，均应卸下铁芯，拆开线包修理。如果短路不严重，可以局部处理好短路部位的绝缘，再将线包与铁芯还原；若短路较严重，漆包线的绝缘损伤太大，则应重换绕组。

（2）铁芯绝缘太差。拆下铁芯，检查硅钢片表面绝缘漆是否剥落，若剥落严重甚至有锈斑，可将硅钢片浸泡于汽油中，除去锈斑和陈旧的绝缘漆膜，重新上绝缘漆。

（3）铁芯叠厚不足或绕组匝数偏少。如果骨架空腔有空余位置，可适当增加硅钢片数量；如无法增加，只要铁芯窗口还有空余位置，可通过计算，适当增加一、二次绕组匝数；如果都不行，只有增加铁芯叠片数量，并重新制作尺寸较大的骨架，再绕新线包。

（4）负载或外部电路不正常。对负载过重或输出电路局部短路引起变压器发高热，由于不是变压器的问题，只要减轻负载或排除输出电路上的短路故障即可。

三、空载电流偏大

1. 故障原因

空载电流偏大的原因有以下几点。

（1）一次绕组匝数不足。

（2）铁芯叠厚不足。

（3）一、二次绕组局部短路。

（4）铁芯质量太差。

2. 检查与排除方法

对于一次绕组匝数不足，铁芯叠厚不足，一、二次绕组局部短路可参照前一项中的检修方法处理。若铁芯质量太差，能买到质量较好的同规格铁芯时，可直接更换铁芯。如找不到，可将铁芯叠厚加厚以减小磁阻来消除故障。加厚的方法是拆去铁芯和线包，按加厚的尺寸重做骨架，重绕线包，最后插上铁芯，进行试验。合格后再进行浸漆烘烤，投入使用。

四、运行中有噪声

1. 故障原因

运行中有噪声的原因有以下几点。

（1）铁芯未插紧。

（2）电源电压过高。

（3）负载过重或短路引起振动。

2. 检查与排除方法

（1）铁芯未插紧。将铁芯轭部夹在台虎钳中，夹紧钳口，能直接观察出铁芯的松紧程度。这时用同规格的硅钢片插入，直到完全插紧。重新接在220V电源中，加上额定负载进行试验，直到完全无噪声为止。

（2）电源电压过高。由于不是变压器故障，只需要用万用表交流电压档检测电源电压即可判断。有单相调压器时，可用调压器将电源电压降至220V送入变压器一次侧进行试验，如噪声消除，说明是电源电压过高造成。

（3）负载过重或短路。切断怀疑有故障的二次侧输出电路，给变压器其他二次绕组加额定负载，若故障消除，则问题一定出在原有的二次侧电路或负载上，这时只需检修外电路即可。

五、铁芯和底板带电

1. 故障原因

铁芯和底板带电的原因有以下几点。

（1）一次或二次绕组对地短路，或一、二次绕组与静电屏蔽层间短路。

（2）长期使用，绕组对地（对铁芯）绝缘老化。

（3）引出线裸露部分碰触铁芯或底板。

（4）线包受潮或环境湿度过大使绕组局部漏电。

2. 检查排除方法

（1）短路和绝缘故障。对此可用绝缘电阻表检查一、二次绕组分别与地（即铁芯或静电屏蔽层）之间的绝缘电阻是否明显降低或趋近于零来判断。若绝缘电阻显著降低，可将变压器进行烘烤。干燥后绝缘电阻恢复，说明故障是上述第四个原因造成，只要在预烘后重新浸漆烘干，即可修复。若干燥后，绝缘电阻没有明显提高，说明是一次绕组或二次绕组碰触铁芯或静电屏蔽层，这时只有卸下铁芯，拆除线包找出故障点进行修理。若故障点多或导线绝缘老化，只好重换新线包。如果只是层间绝缘老化，只需重绕，不必换新线包。

（2）引线故障。引线裸露部分碰触铁芯或底板，用肉眼可直接看出。只要在裸露部分包扎好绝缘材料或用套管套上，即可排除故障。若是最里层绕组引出线碰触铁芯，裸露部分不好包扎时，可以在铁芯与引出线间塞入绝缘材料，并用绝缘漆或绝缘黏合剂黏牢。

六、线包击穿

1. 故障原因

高压绕组与低压绕组间绝缘被击穿，或同一绕组中电位差相差大的两根导线靠得过近绝缘被击穿。

2. 检查与排除方法

如系线包端头高、低压导线间出现打火，可以先将变压器烘烤干燥，在打火处涂上绝缘漆，或塞入绝缘纸再涂绝缘漆，再次烘烤干燥，故障即可消除。

如果在线包内部出现击穿打火声，仍可将变压器预烘干燥后，重新浸漆干燥，有可能排除故障。如果打火声仍有，只好拆开线包修理。

思考与练习

一、练习

技能训练 2-1　小型变压器故障检查与排除

目的： 学会小型变压器常见故障的分析与处理。

工具、仪表与器材： 变压器、万用表、绝缘电阻表、电桥、电烙铁、烙铁架（特松香、焊锡）、锥子、电工刀、绝缘导线、电磁线、硅钢片适量。

训练内容： 小型变压器常见故障的分析与排除。

训练步骤与工艺要点：

先在变压器上预设故障，然后布置各组或个人在规定时间完成，并将检修情况记录于表 2-4 中。

表 2-4　小型变压器检修训练记录表

步骤	故障现象	预设故障点	排除故障程序	检修结论
1	接通电源，变压器无电压输出	(1) 一次绕组焊片脱焊 (2) 二次绕组焊片脱焊 (3) 电源线断 (4) 电源线与插座接触不良		
2	变压器过热	(1) 加重变压器负载 (2) 减少铁芯叠厚 (3) 一次绕组与二次绕组短路		
3	空载电流偏大	(1) 减少铁芯叠厚 (2) 减少一次绕组匝数		
4	运行中有响声	(1) 调松铁芯插片 (2) 用调压器调高电源电压 (3) 加重变压器负载		
5	铁芯底板带电	(1) 使引出线头碰触铁芯或底板 (2) 使绕组局部对铁芯短路		

技能训练 2-2　小型变压器的制作

目的： 学会绕制小型变压器绕组。

工具、仪表与器材： E 形通用硅钢片、漆包线、绝缘纸、玻璃纤维板、绕线机、调压器、万用表、绝缘电阻表、电流表、电压表、电工常用工具等。

训练内容： 绕制小型变压器绕组。

训练步骤与工艺要点：

布置各组或个人在规定时间完成，并将检修情况记录于表 2-5 中。

表 2-5 小型变压器的制作训练记录表

步骤	内容	工艺要点	尺寸、数量与规格
1	制作绕线框架	(1) 制作上、下边框架 (2) 制作夹板 (3) 框架的装合与黏接	(1) 框架下料尺寸________ (2) 夹板下料尺寸________ (3) 组装要点：
2	按要求准备材料	(1) 引出线材料选择 (2) 绕组导线选择 (3) 层间绝缘材料选择 (4) 静电屏蔽层材料选择 (5) 硅钢片型号选择	(1) 引出线数量________规格________ (2) 绕组数量________规格________ (3) 层间绝缘材料规格________ (4) 层间绝缘材料规格________ (5) 硅钢片型号与规格________
3	按绕制工艺绕制绕组	(1) 绕制方法 (2) 绕制一次绕组 (3) 绕制二次绕组	(1) 绕制方法简述： (2) 一次绕组绕制数据________ (3) 二次绕组绕制数据________
4	镶片并紧固铁芯，焊接引出线	(1) 插芯片 (2) 焊接引出线	(1) 插芯片方法简述： (2) 接引出线头方法简述：
5	初步检测	(1) 绝缘电阻的测试 (2) 损耗功率的测试 (3) 空载电流的测试 (4) 空载电压的测试	(1) 各绕组、绕组与地之间绝缘电阻值： (2) 损耗功率________ (3) 空载电流________ (4) 空载电流________

(1) 框架做好后，待教师检验合格，方可绕线。

(2) 一次绕组引线放在左侧，二次绕组引线放在右侧。

技能训练 2-3 变压器同名端的判别

目的：学会变压器同名端的判别。

工具仪表与器材：变压器、交流电压表、单相开启式负荷开关、万用表，电工常用工具等。

训练内容：采用交流法判别一次绕组与二次绕组的同名端。

训练步骤与工艺要点：

(1) 先用万用表判定一次侧、二次侧每个绕组的两个出线端。

(2) 按照交流法判别变压器同名端方法进行电路连接，根据被测电压选择电压表的量程读出电压表实测电压读数。

(3) 根据读数判定一次侧、二次侧共三个绕组的同名端。

注意事项：

(1) 电源应接在高压侧端即一次绕组上。

(2) 电源电压可以选择 380V 或 220V，但电压表量程要在对应位置上。

(3) 通电时注意安全。

二、思考题

2-1 变压器由哪些主要部件组成？作用是什么？

2-2 变压器油的作用是什么？

2-3 气体继电器的作用是什么？

2-4　配电变压器运行中检查和维护项目包括哪些?

2-5　变压器并列应满足哪些条件?

2-6　配电变压器常见故障有哪些，如何处理?

2-7　小型变压器线包的绕法有哪几种?绕制中应注意的问题有哪些?

2-8　小型变压器铁芯的型式有哪几种?铁芯的紧固结构应满足什么要求?

2-9　小型变压器初步检测的内容有哪些?

2-10　小型变压器绝缘的处理有哪些内容?

2-11　小型变压器铁芯和底板带电的故障原因是什么?如何检查和排除?

2-12　小型变压器线包击穿的故障原因是什么?如何检查和排除?

第三章

三相异步电动机原理与维修

教学目标

（1）使学生熟悉三相异步电动机的结构、工作原理与铭牌数据的含义。

（2）培养学生具备三相异步电动机运行与维护的能力。

（3）使学生熟悉三相异步电动机的启动方法和控制原理。

（4）培养学生正确阅读异步电机控制电路图的能力。

（5）培养学生具备三相异步电动机常见故障的检查判断、检修、重绕和试验的能力。

第一节　异步电动机的基本知识

一、异步电动机的工作原理

异步电动机是根据电与磁之间的电磁感应以及它们之间电磁力的作用而产生旋转的。下面以三相异步电动机为例，从电磁现象、电磁作用和能量转换等方面讨论其工作原理。

1. 电动机的旋转磁场

三相异步电动机的定子绕组是按一定规律分布的。当通入三相交流电时，定子绕组便产生一个旋转的磁场。

假定电流的正方向是由绕组的始端进、末端出。以两极电极为例。选择几个瞬时来分析三相交流电流所产生的合成磁场。图 3 - 1（a）所示的是二极电机三相绕组的空间位置示意图。在三相绕组中通以三相对称交流电流 i_U、i_V、i_W，三相电流随时间变化的规律如图 3 - 1（b）所示曲线。

$t=0$ 时，$i_U=0$，U 相绕组没有电流；i_V 为负值，V 相绕组内电流由 V2 进，V1 出；i_W 是正值，W 相绕组内电流由 W1 进，W2 出。运用右手螺旋定则，可以判定这一瞬间的合成磁场方向如图 3 - 1（c）所示。

当 $t=T/6$ 时，i_U 为正，电流由 U1 进，U2 出；i_V 仍是负值；$i_W=0$；此时合成磁场如图 3 - 1（d）所示。此时合成磁场在空间按顺时针方向旋转了 60°。

当 $t=T/3$ 时，i_U 为正；$i_V=0$；i_W 是负值。此时合成磁场又旋转了 60°，如图 3 - 1（e）所示。

当 $t=T/2$ 时，其合成磁场与 $t=0$ 时相比，旋转了 180°。

由以上分析可知，电机的合成磁场随时间的延长而在空间上匀速的移动位置，这种磁场称为旋转磁场。旋转磁场的旋转速度 n_1 与定子绕组通入交流电流的频率 f 以及绕组的磁极对数之间存在如下关系

$$n_1 = \frac{60f}{p} \tag{3 - 1}$$

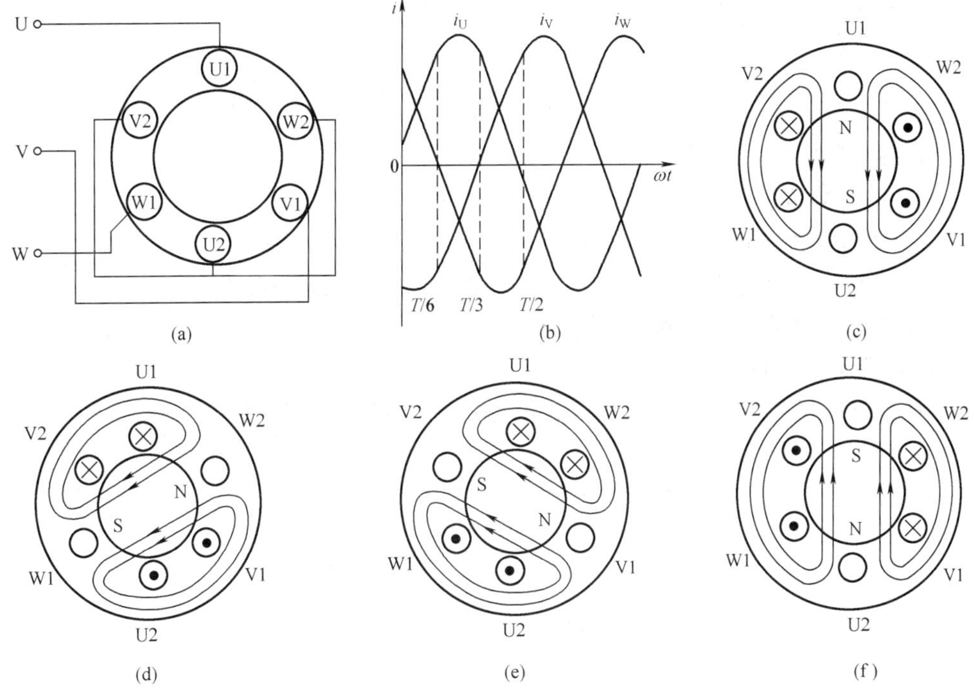

图 3-1　旋转磁场的产生

(a) 对称定子绕组；(b) 对称三相电流；(c) $t=0$ 时的定子合成磁场；

(d) $t=T/6$ 时的定子合成磁场；(e) $t=T/3$ 时的定子合成磁场；(f) $t=T/2$ 时的定子合成磁场

式中　n_1——旋转磁场的同步转速，r/min；

f——交流电频率，Hz；

p——磁极对数。

旋转磁场的旋转方向决定于通入三相电流的相序，总是顺着三相绕组中电流的正相序方向旋转。

2. 三相异步电动机的旋转原理

三相异步电动机旋转原理可由图 3-2 所示的电动机结构示意图加以分析。

当旋转磁场以 n_1 的转速旋转时，磁场的磁力线必将切割不动转子的导体，闭路的转子导体将产生感应电势和电流，转子导体的电流方向可用右手定则判定。转子的载流导体与旋转磁场相互作用，产生电磁力 F，其方向按左手定则判定。电磁力对转轴形成的转矩称为电磁转矩，转子在电磁转矩作用下便会转动起来。转子旋转方向与旋转磁场方向一致，改变三相电源的相序，可以改变电动机转向就是这个道理。转子的转速为 n，n 不能等于 n_1，因为 $n=n_1$ 时转子导体与磁场没有切割作用，也就不会产生转子电流和电磁转矩了。对于异步电动机 n 总是小于 n_1 的，只要 $n<n_1$，转子电流及电磁转矩的方向都与转子不动时相同。电动机的转速必定小于磁场转速的这一特点，就是“异步”的含义。

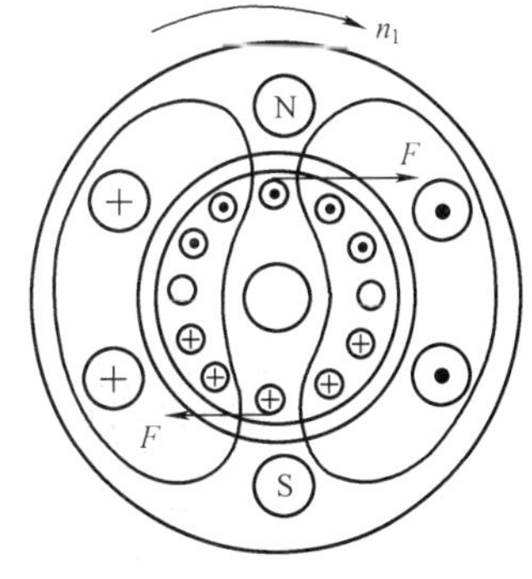

图 3-2　三相异步电动机的旋转原理

转子转速 n 与磁场转速 n_1 之差称为转差，转差 n_1-n 与旋转磁场转速 n_1 之比，称为转差率 s，以百分数表示。则有

$$s=\frac{n_1-n}{n_1} \tag{3-2}$$

式中 s——转差率,%；

n_1——旋转磁场转速，r/min；

n——电动机的实际转速，r/min。

转差率 s 表示电动机异步程度的大小。在额定状态下，s_N 一般为 2%～5%。

二、异步电动机的分类和基本结构

（一）异步电动机的分类

（1）按照转子结构形式分为笼型异步电动机和绕线型异步电动机。

（2）按照机壳防护形式分类

1）开启式。开启式机壳转动部分及绕组没有专门的防护设备，与外界空气直接接触，因此散热性能较好。

2）封闭式。封闭式机壳能防止水滴、尘土等进入电动机内部，适用于灰尘较多的场所。

3）防护式。防护式机壳能防止水滴、尘土等从电机上方进入。

（3）按相数分为单相电动机和三相电动机。

（4）按电动机尺寸分类

1）大型：$H>630$mm，$D_1\geq1000$mm。

2）中型：$H=355\sim630$mm，$D_1=500\sim1000$mm。

3）小型：$H=80\sim315$mm，$D_1=120\sim500$mm。

其中，H 为电动机中心高（mm）；D_1 为定子铁芯外径（mm）。

（5）按绝缘形式分为 E 级、B 级、F 级和 H 级。

（6）按安装方式分为卧式和立式。

（7）按冷却分式分为自冷式、自扇冷式、他扇冷式和管道通风式。

此外，除基本系列分类方式，派生系列和专用系列一般是按工作环境，拖动特性或特殊性能要求进行分类的。

（二）异步电动机的基本结构

笼型电动机主要由定子和转子两个基本部分组成。其结构如图 3-3 所示，定子和转子之间留有很小的空气间隙。

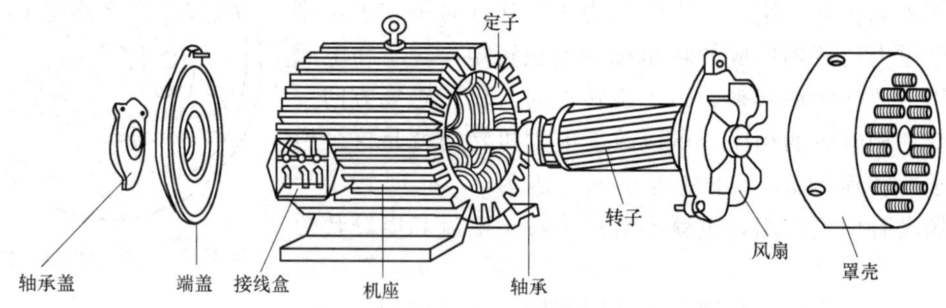

图 3-3 三相异步电动机的结构

1. 定子

异步电动机的定子由机座、定子铁芯、定子绕组三部分组成。

(1) 机座。机座是电机的外壳，一般用铸铁铸成，大型电机的机座用钢板焊接而成。机座主要用来固定定子铁芯和端盖。

(2) 定子铁芯。定子铁芯是组成电动机磁路的一部分，通常由 0.35～0.50mm 厚的硅钢片叠压而成，为减小磁滞和涡流损耗，硅钢片表面涂有绝缘漆或氧化膜。在硅钢片内圆冲有均匀分布的槽口，以便在叠压成铁芯后嵌放线圈。整个铁芯被固定在铸铁机座内，如图 3-4 所示。

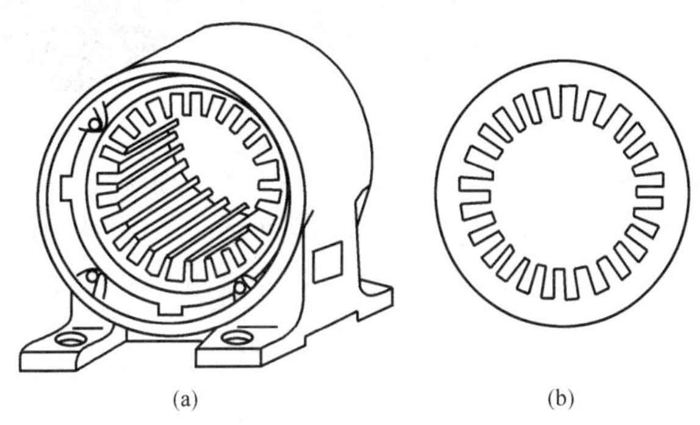

图 3-4　定子铁芯与硅钢片
(a) 定子铁芯；(b) 硅钢片

(3) 定子绕组。异步电动机的定子绕组由很多线圈连接而成。中小型异步电动机的绕组由绝缘的铜线或铝线绕制而成，大中型异步电动机的定子绕组用截面较大的扁铜线绕好后，再包上绝缘。定子三相绕组对称地嵌放在定子铁芯槽中。

定子绕组的作用是：通电后产生旋转磁场，该磁场与转子感应电流相互作用产生电磁转矩，带动转子旋转。

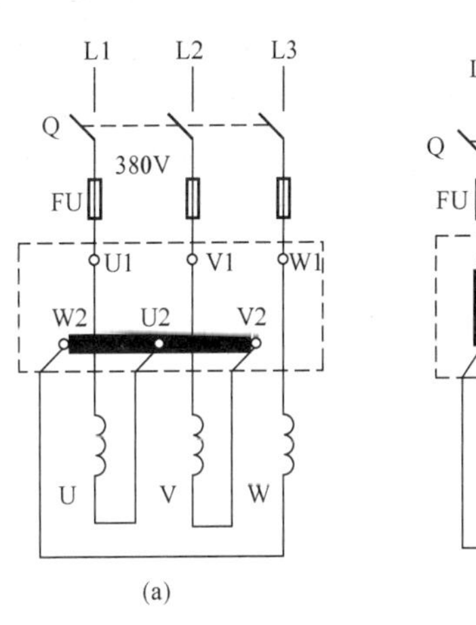

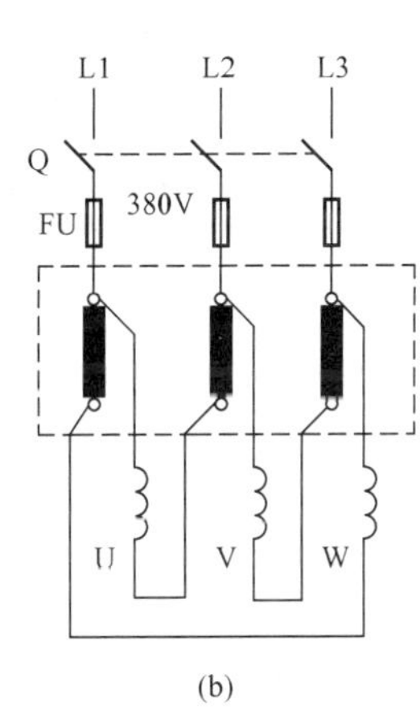

图 3-5　定子三相绕组的两种接法
(a) 星形接法；(b) 三角形接法

三相定子绕组的六个接线头在机座的接线盒中引出，绕组首端三个接线头用 U1、V1、W1 表示，末端用 U2、V2、W2 表示。定子绕组可以有两种接法，即星形接法和三角形接法，如图 3-5 所示。

2. 转子

转子的作用是在定子旋转磁场感应下产生电磁转矩，沿着旋转磁场方向转动，并输出转矩带动生产机械运转。异步电动机的转子由转轴、转子铁芯、转子绕组三部分组成。整个转子靠轴承和端盖支撑着。

(1) 转轴。转轴一般用中碳钢制成，其作用是固定转子铁芯和传递功率。

(2) 转子铁芯。它与定子铁芯及两段气隙构成了电动机的闭合磁路。

(3) 转子绕组。按转子结构，转子绕组可分为笼型和绕线型两种。

1) 笼型转子。转子铁芯由外圆冲有均匀的槽、互相绝缘的硅钢片叠压而成，铁芯槽内铸有铝质或铜质的笼型转子绕组，两端铸有端环，如图 3-6 所示。整个转子套在转轴上形成紧密配合，被支撑在端盖中央的轴承中。这样由定子铁芯、转子铁芯和两者之间的空气间隙构成了电动机的完整磁路。

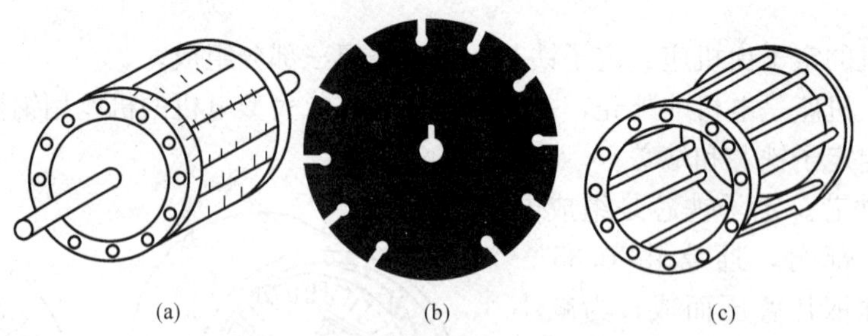

(a) (b) (c)

图 3-6 笼形转子

(a) 笼型转子；(b) 转子铁芯硅钢片；(c) 笼型转子绕组

2）绕线型转子。绕线型转子绕组与定子绕组相似，在转子铁芯槽内嵌放着对称的三相绕组。绕线型转子一般做星形联结，如图 3-7 所示。三相绕组的末端连在一起，首端分别引至轴上的三个彼此绝缘的滑环上，滑环用铜制成，并固定在转轴上。转子绕组通过滑环和电刷与外电路的可变电阻串联，有的绕线型异步电动机，在端盖上还装有提刷手柄装置。当电机启动后而又不需要调速时，可移动手柄，将电刷提起，让其离开滑环表面，同时将三个滑环彼此短接，这样可以避免运转过程中电刷与滑环之间的电损耗和摩擦损耗。

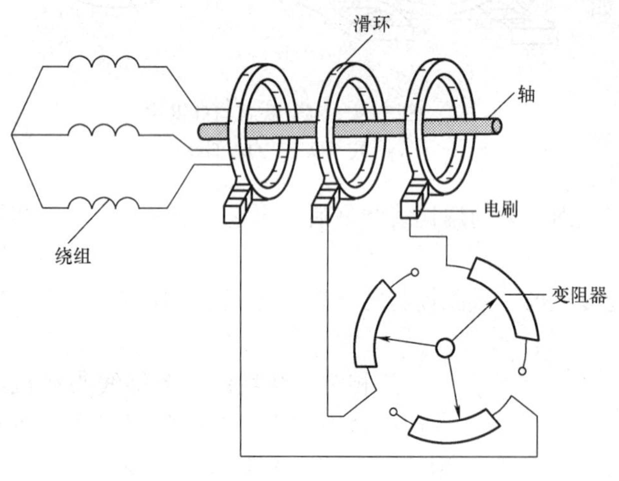

图 3-7 绕线式转子的线路连接

三、异步电动机的铭牌及技术参数

每台电机的机座上都有一块铭牌，铭牌上标注了电机的型号、额定值和额定运行情况下的有关技术数据，如图 3-8 所示。

××××电机厂

编号 ××××

三相交流笼型电动机

型号	Y160L－4	电压	380V	接法	△
容量	15kW	电流	30.3A	定额	连续
转速	1460r/min	功率因数	0.85		
频率	50Hz	绝缘等级	B		

图 3-8 电动机的铭牌

1. 型号

型号是表示电机名称、规格、防护型式、转子类型等所采用的产品代号。我国电机型号一般采用大写印刷体的汉语拼音字母和阿拉伯数字组成，其组成形式及含义如下：

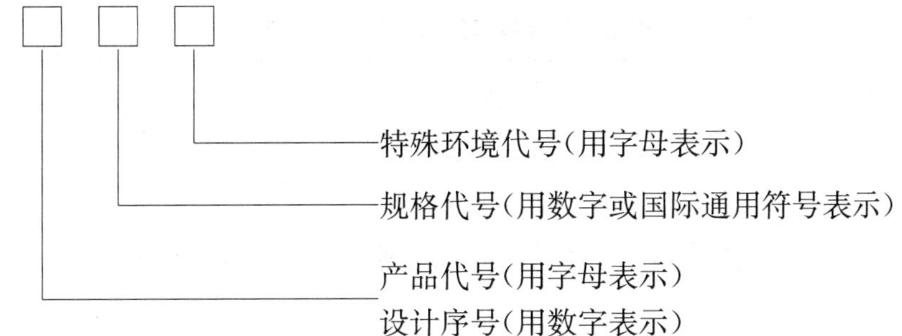

例如 Y 系列型号为 Y132S2-2 的异步电动机，其型号含义如下：

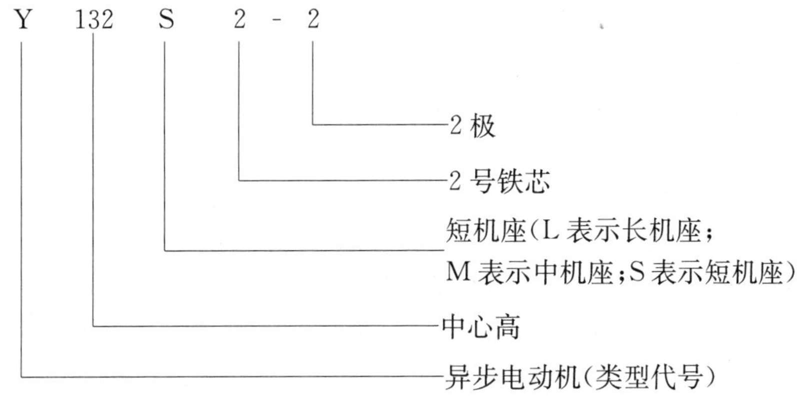

2. 额定值

(1) 额定容量 P_N：表示电动机在额定条件下运行时，转轴输出的机械功率，又称额定功率，单位为 kW。

(2) 额定电压 U_N：表示电动机正常运行时定子三相绕组应施加的线电压，单位是 V。

(3) 额定频率 f_N：表示电动机适用的电源频率，单位是 Hz。

(4) 额定电流 I_N：表示在额定电压、额定频率下，其负荷达到额定功率时的线电流，单位是 A。

(5) 接法：表示电动机在正常运行时三相定子绕组的联结方法，一般为星形和三角形两种。

(6) 额定转速 n_N：表示在额定工作状态下电动机转子的转数，单位是 r/min（转/分）。

(7) 温升：表示发热部件（铁芯和绕组）高于环境温度的允许温度差。

(8) 工作方式：表示电动机正常使用时，容许连续运转的时间，分为连续、短时与断续三种工作方式。

(9) 效率 η_N：指电动机输出功率与输入功率之比的百分数。电动机在运转中因本身导电回路电阻发热，铁芯磁路有涡流损耗、磁滞耗损，还有机械磨损等，均为电动机内部的功率损耗，所以输出的机械功率总是小于输入的功率的。η 小于 1。

(10) 功率因数 $\cos\varphi_N$：指电动机在规定条件下输出额定功率运行时的功率因数。其数值应等于额定功率 P_N 与视在功率 S_N 之比。

(11) 绝缘等级。绝缘等级是指电动机所采用的绝缘材料的耐热能力，它表示电动机允许的最高温度，绝缘等级和最高温度的对应关系见表 3 - 1。

表 3-1 电动机的绝缘等级和最高允许温度

绝缘等级	A	E	B	F	H	C
最高允许温度（℃）	105	120	130	155	180	180 以上

第二节 三相异步电动机的使用与维护

一、三相异步电动机的选择

选择电动机时应考虑技术要求和使用环境的特点，保证安全可靠、维修方便、节省投资和运行费用。

1. 电动机型号的选择

不同型号的异步电动机是针对不同的使用要求而设计生产的，因此，不同类型的电动机其用途不同，选择电动机的类型时，应当了解不同类型的电动机的特点及其主要用途。

（1）安装型式的选择。电动机的安装型式用轴线方向和固定构件的状况加以表述。电动机的轴线方向可以与地面平行，称为卧式安装。轴线方向与地面垂直，称为立式安装。异步电动机与基础的固定，可以靠地脚安装；也可靠凸轮缘端盖的法兰安装。

安装型式的选择应当根据电动机本身所能提供的安装型式和实际情况来确定。一般情况下应优先选用卧式，而立式电动机的价格高，只在需要简化传动装置，又必须垂直运转时采用。

（2）防护型式的选择。电动机的防护型式可分为开启式、防护式、封闭式几种。防护型式的选择，应当根据电动机使用环境来确定。开启式电动机只能用于干燥及清洁的环境。防护式适用于比较干燥、灰尘不多、无腐蚀性和爆炸性气体的场所。封闭式电动机又分为自冷式、强迫通风式和密闭式。前两种适用于潮湿、尘土多、易受风雨侵蚀、易引起火灾、有腐蚀性蒸气或气体的场所。密闭式电机一般使用在液体（水或油）中工作的生产机械，这种电动机价格高。

2. 电动机电压选择

电动机的额定电压应与所使用的电源电压相符。电动机只能在铭牌上规定的电压条件下使用，允许工作电压的偏差为额定电压的＋10%～－5%。如果铭牌上标有 220V/380V，说明此电动机有两种额定电压。当电源电压为 380V 时，将电动机绕组接成Y形；当电源电压为 220V 时，将绕组接为△形。

3. 电动机容量的选择

电动机的容量（额定功率）必须根据被拖动的生产机械所需的功率来决定。如果容量选得太小，负载超过它的额定功率，则会使电动机难以启动，即使勉强启动成功，也会因电流超过额定值而使电动机过热甚至烧毁。反之，如果容量选得太大，就不能充分发挥电动机的作用，不仅会造成资金和材料的浪费，而且电动机在轻载时效率和功率因数都降低，造成电力浪费。对于采用直接传动的电动机，容量以 1～1.1 倍负载功率为宜；对于采用皮带传动的电动机，容量以 1.05～1.15 倍负载功率为宜。

选择电动机容量时，还要考虑到配电变压器容量的大小。一般直接启动的最大一台电动机容量，不应超过变压器容量的三分之一。

4. 电动机转速的选择

电动机和生产机械都有各自的额定转速。电动机拖动生产机械后，两者都应在各自的额定转速下运转。如果采用联轴器直接传动，电动机的额定转速应与生产机械的额定转速相同，如果采用皮带传动，电动机的额定转速不应与生产机械额定转速相差太多，其变速比一般不宜大于3。采用皮带传动时，一般可选用同步转速为1500r/min的电动机，这种电动机的转速比较容易与一般机械的转速匹配。

选择电动机的转速时，应注意转速不宜选得过低，这是因为电动机的额定转速越低，则极数越多、体积越大、价格越高。反之，电动机的转速不宜选得过高，否则会使传动装置过于复杂。

二、异步电动机的安装

电动机的安装正确与否，不仅影响电动机能否正常工作而且关系到安全运行的问题。

1. 安装地点的选择

电动机应安装在干燥、通风、灰尘较少和不致遭受水淹的地方。电动机周围应比较宽敞，应考虑电动机运行、维护、检修、拆卸和运输的方便。在屋外安装的电动机，还要采取防止日晒雨淋的措施。

2. 电动机的安装方法

电动机的基础应坚实牢靠，以保证电动机启动和运行的平稳性。

电动机的基础有永久性、流动性和临时性的等多种形式。电力排灌站、农机修配厂、农副产品加工厂等处的电动机，宜采用永久性基础。这种基础可用混凝土、砖、石条或石板等做成。基础顶部应高出地面100～150mm左右，基础每边应比机组大100～150mm左右。

穿电动机引线用的钢管要在浇注混凝土前埋好。

3. 电动机安装好后必须校正水平和校正传动装置

（1）校正基础水平。可用水平仪校正电动机的基础水平。校正时应进行横向和纵向的水平校正。若基础不平时，可用薄铁片把机组底座垫平，然后拧紧地脚螺母。

（2）校正皮带传动装置。对于开口式皮带传动，必须使两皮带轮的轴互相平行，并使两皮带轮宽度的中心线在一条直线上。校正方法如图3-9所示。

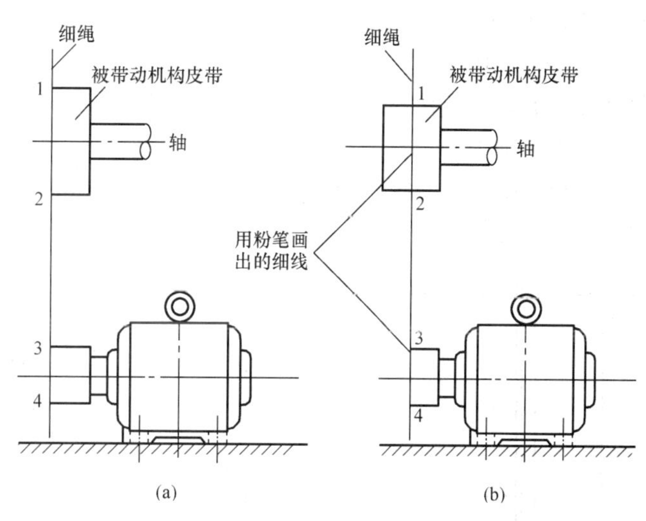

图3-9　皮带轮轴平等校正示意图
（a）皮带轮宽度相同时；（b）皮带轮宽度不同时

（3）校正联轴器传动装置。应使两轴同心（即两轴中心线在一条直线上），并且在两个联轴器之间保持一定的间隙（为2～4mm，以防止两轴窜动时互相影响）。检查同心度的方法如图3-10（a）所示，用钢尺在上下左右四点测量。如果都贴紧并测得数值相同，说明两轴同心。若有偏差时，则最大偏差不得超过0.1mm。检查轴向间隙的方法如图3-10（b）

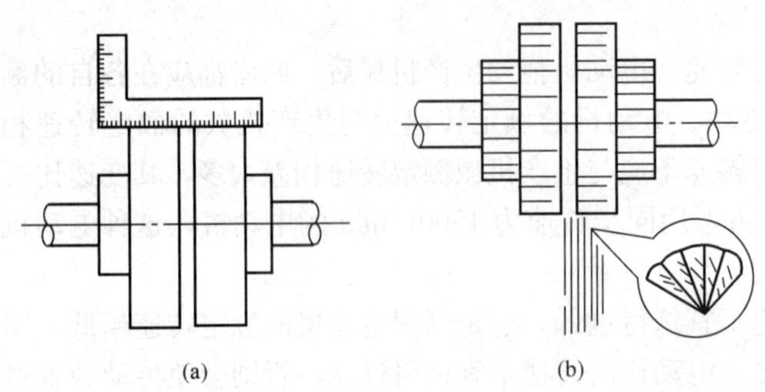

图 3-10 测量联轴器的同心度和轴向间隙
(a) 测量同心度；(b) 测量轴向间隙

所示，先用钢尺校正，如有条件还可进一步用塞尺在上下左右四点测量，其偏差要求不得超过 0.3mm。

三、三相异步电动机的接线

三相异步电动机接线时必须按照铭牌规定的电压和接法，同时要安装接地装置。

电动机的接地装置如图 3-11 所示，它包括接地体和接地线两部分。接地体一般用钢管、钢筋、角铁或扁铁制成并埋入地下，接地线将接地体与电动机机壳连接起来。接地线一般紧固在电动机的地脚螺栓或接线盒的接地螺丝上，另一端最好焊在接地体上，若用其他方法固定，一定要保证接触良好。

接地装置能否起到保护作用关键在于接地电阻。接地电阻的大小与接地体和接地线的材料、尺寸以及土质有关，一般情况下接地电阻不能大于 10Ω。

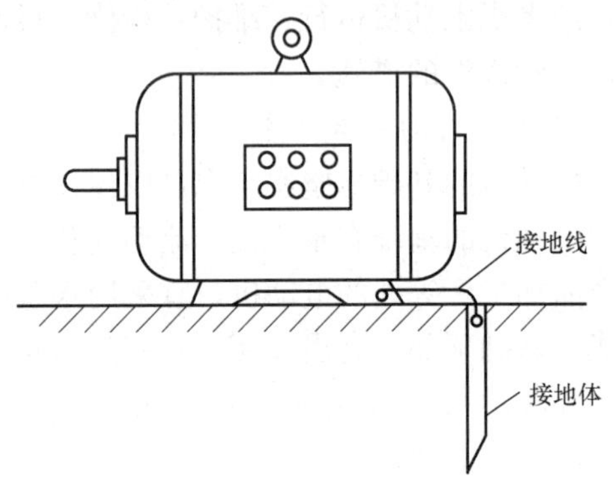

图 3-11 电动机的接地装置

对接地装置的要求如下：

(1) 接地体。钢管的厚度不小于 3.5mm；钢筋的直径不小于 6mm；角铁或扁铁的厚度不小于 4mm，截面积不小于 $48mm^2$。接地体长度在 2.5～3m 之间，垂直埋入（打入）地下。为了能顺利打入地下，接地体下端应做成尖形。若地下水位较低或土壤为砂石性土壤，可以增加接地体的数量（相邻接地体的距离要大于 2.5m），并把接地体附近的土壤换成黏土，再加入少许食盐和木炭的混合物，以降低接地电阻，如图 3-12 所示。

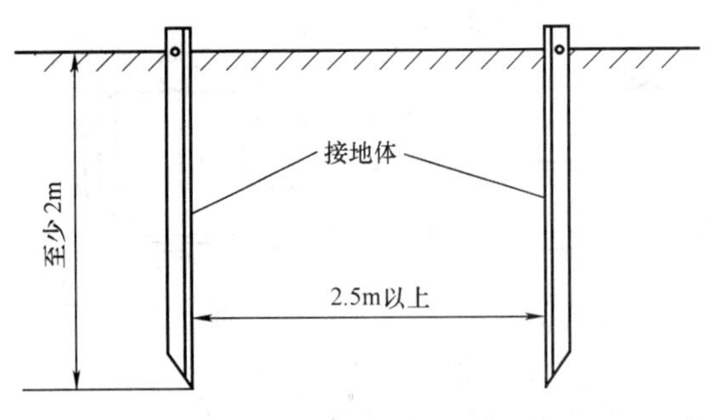

图 3-12 接地体的安装尺寸

(2) 接地线。接地线一般用铜芯绝缘软导线，其截面积不小于 $4mm^2$，并要加保护以防止碰断。

在日常维护时要经常检查电动机接地装置是否良好，如接地线有无断开，接头是否松脱等。若发现问题要及时处理，以免引发安全事故。

四、三相异步电动机的运行管理

加强电动机的运行管理，可以减少事故，并延长其使用寿命。

(1) 新安装或停止运行时间较长的电动机，在使用前应检查电动机的启动设备是否良好，传动装置转动是否灵活，接线是否正常。

(2) 通电源后若电动机出现不能启动、启动缓慢、发出异常声音等不正常情况，应立即停机检查。

(3) 要经常检查电动机的温升情况，如果电动机的温度超过了铭牌上标注的最高允许温度（有的电动机铭牌上仅标注绝缘等级，可按表 3-1 确定其最高允许温度），应立即停机检查。

(4) 要保持电动机的清洁，特别是接线端和绕组表面必须清洁，不要让水滴、油污和污物进入电动机。

(5) 要经常检查熔断器的接触情况，防止电动机缺相运行。

(6) 要经常检查电动机的接地装置是否良好。

(7) 对于有热继电器、过流继电器、自动开关等过负荷保护装置的电动机，要定期检查其动作是否可靠，以免误动作而造成事故。

(8) 对于不可逆转的设备，如电动机启动后转动方向相反，应立即停机检查其接线是否正确。

(9) 采用全压启动的电动机，连续启动的次数不宜过多。在冷态时，电动机连续启动的次数不宜超过 4 次，两次启动的间隔时间一般不小于 5min。在热态时，连续启动的次数不宜超过两次，间隔时间应更长一些。

五、三相异步电动机的定期检查

三相异步电动机的定期检查可分日常检查、月度检查和年度检查。

1. 日常检查

(1) 听声音。用听诊棒与电动机机壳、轴承外盖相接触，听磁噪声、通风声、机械摩擦声及轴承运转声是否正常。

(2) 闻气味。若电动机过载、通风不畅或有其他故障而过热，便会发出绝缘烧焦的臭味。

(3) 检查温升。用手触摸电动机机壳、轴承等部位，检查电动机是否过热。

(4) 外观检查。检查电动机各部件有无损坏、螺丝是否松动、振动是否过大、通风是否良好等。

2. 月度检查

(1) 测量电动机绝缘电阻是否正常。

(2) 检查电动机接地装置是否良好。

(3) 检查润滑油（脂）变质情况。

(4) 检查各个紧固件是否松动。

(5) 检查有无损坏部位（件）。

(6) 检查接线是否完好。

(7) 检查电动机的清洁情况。

3. 年度检查

(1) 清洗轴承和精密度检查。除去轴承盖及钢珠上的旧润滑脂，进行轴承的精密度检查。若发现轴承有毛病或精密度达不到要求，应及时更换。对于完好的轴承，要用汽油或煤油清洗，然后用布或棉纱擦干或者直接放在纸上让汽油或煤油挥发干燥，再加入新的润滑脂。

(2) 静止部分的检查。如果铁芯和绕组上有油污或灰尘，应予以清除。有锈的地方要把铁锈去掉。若导线或引出线破损，应予以修补或更换。

(3) 拆开修理。若发现电动机故障较严重，就要拆开电动机进行修理。

第三节 三相异步电动机的控制与故障排除方法

一、三相异步电动机的启动及控制

(一) 三相异步电动机的启动及控制线路

电动机从接通电源到匀速转动的过程叫做启动过程。电动机的启动性能，实用中主要有两点要求：①启动电流小；②启动转矩大。减小启动电流有两种途径：①增大转子阻抗。这对绕线型电动机来说，可以在转子回路中接入附加电阻的方法来限制启动电流。②降低外施电压。对笼型电动机来讲只能这样做。下面介绍笼型异步电动机的几种启动方式。

1. 直接启动

直接启动即全压启动，是一种最简单的启动方法，可大大减少设备投资和维修费用。启动时，不需特殊的装置，只需用普通的开关（如刀开关、铁壳开关、空气开关、磁力启动器）将电源的全部电压直接加在电动机的定子绕组上。

允许直接启动的电动机容量大致可按下述原则确定：电动机由变压器供电时，不经常启动的电动机，容量不宜超过变压器容量的 30%；经常启动的电动机，容量则不宜超过变压器容量的 20%。

(1) 用铁壳开关或刀熔开关实现的手动直接启动。对于 10kW 以下的电动机，如不频繁启动，可用铁壳开关或刀熔开关手动直接启动，采用熔断器作短路保护。控制线路如图 3-13 所示。

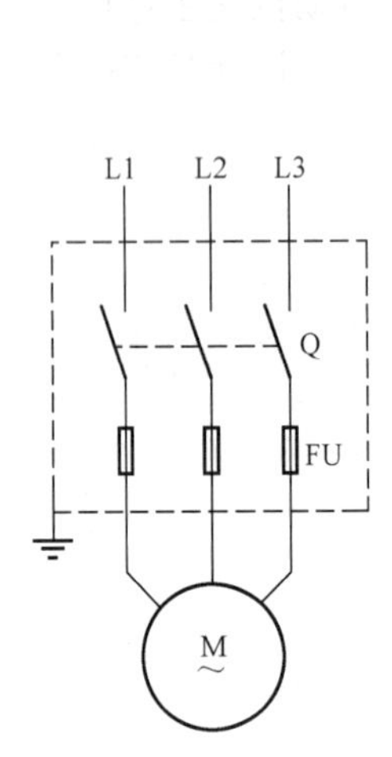

图 3-13 铁壳开关接线示意图

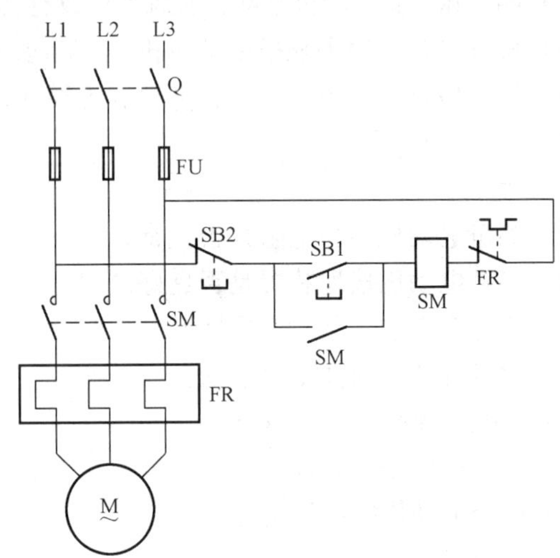

图 3-14 不可逆磁力启动器控制线路

(2) 用接触器实现不可逆启动控制电路。图 3-14 为接触器实现的不可逆启动控制电路。由组合开关 Q、熔断器 FU、交流接触器 SM、热继电器 FR 和电动机组成主电路。由按钮 SB1、SB2、接触器线圈 SM 及辅助动合触点、热继电器动断触点 FR 组成控制电路。当按下启动按钮 SB1 时，接触器线圈 SM 励磁，使其三相主触点 SM 闭合，电动机启动。同时，接触器辅助动合触点闭合，因此触点与 SB1 并联，所以松开 SB1 时 SM 线圈不会失励，使之自保持。按下停止按钮 SB2，使接触器线圈 SM 失励，电动机停止运转。其中 Q 为检修方便用，FU 作短路保护。

2. 降压启动

在启动时用降低电压的方法来减小启动电流，简称为降压启动。由于电动机的转矩与端电压的平方成正比，所以，用降压启动时，启动电流虽然下降了，但启动转矩会下降得更快一些。例如，如果电机的启动电流降低了一半，则启动转矩将下降到原来的 1/4，由于这个原因，降压启动适用于电动机允许空载或轻载启动的场合。

常用的降压启动方法有：自耦变压器启动、星—三角（Y-△）启动和延边三角形启动三种。

（1）自耦变压器启动。这种方法是利用自耦变压器来降低加在电动机定子绕组的电压以达到降低启动电流的目的。它的线路图如图 3-15 所示。

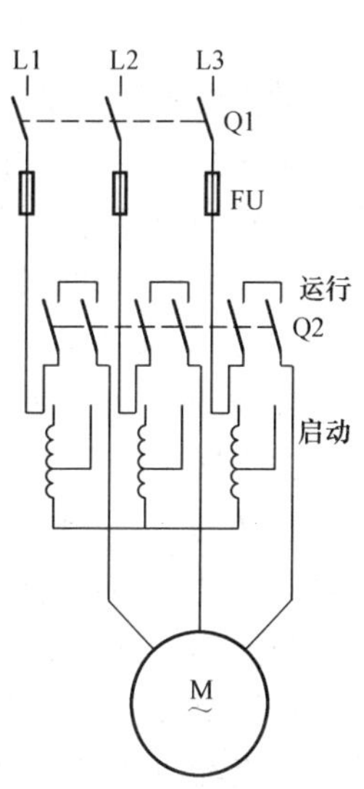

图 3-15 自耦变压器降压启动接线图

启动时开关 Q2 投向“启动”位置，自耦变压器将电源电压降低后再加到电动机绕组上，从而使启动电流得到限制。电动机转速升高后，开关 Q2 投向“运行”位置，将自耦变压器切除，电动机就在额定电压下正常运行了。

这种降压启动的原理是：假设自耦变压器的变比为 K，电网电压为 U_1，那么加到定子绕组上的电压为 U_1/K，这时电动机的启动电流 I_{st} 只是全压启动时的 $1/K$，由于自耦变压器的作用，对自耦变压器的一次侧，也就是电网而言，启动电流变为全压启动时的 $1/K^2$ 倍。

自耦变压器启动装置通常称为启动补偿器，它多用于中型和大型异步电动机的启动。

（2）Y-△启动。Y-△启动用于正常运行时定子绕组是三角形接法的电动机，图 3-16 是它的接线图。启动时先合上电源开关 Q1，再把换接开关 Q2 投向“启动”位置，这时定子绕组接成Y形，加在定子每相绕组的电压为额定电压的 $1/\sqrt{3}$ 倍。当电动机转速升高到接近额定转速时，再将 Q2 投入“运行”位置，这时定子绕组换接成△接法，每相绕组承受额定电压，则启动结束，电动机进入正常运行状态。

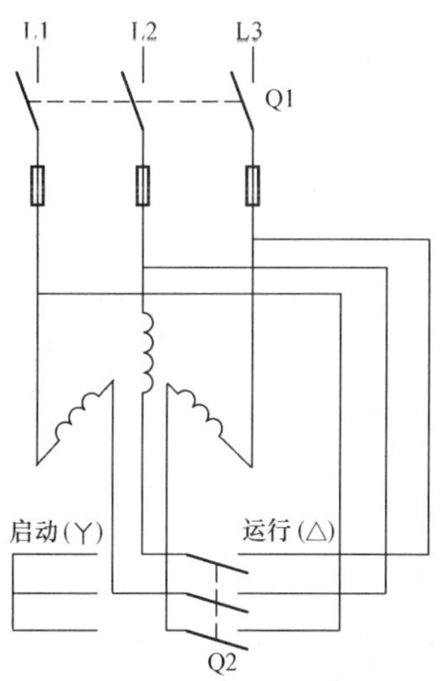

图 3-16 星—三角启动接线图

应用Y-△启动时，由电网所供给的启动电流为全压启动时的 1/3，这时的启动转矩也减小到全压启动时的 1/3。

Y-△启动所需要的设备简单，成本较低，所以，Y系列和老的 JO2 系列的电动机，功率在 4kW 以上时，定子绕组都是按照△联结设计的，这样就能方便的采用Y-△启动法完成电动机的启动。

（3）延边三角形启动。采用延边三角形启动，对电动机的绕组有一定的要求，它的线路图如图 3-17 所示。

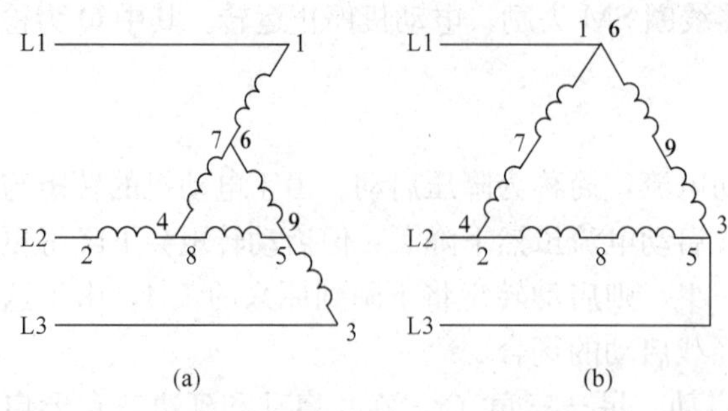

图 3-17 延边三角形降压启动接线图
(a) 启动时接法；(b) 运行时接法

这种电动机有 9 个出线端，每相绕组多引出一个抽头，启动时，每相绕组的一部分接成△，另一部分接成Y形，就好像△的三条边延长了，所以称为延边三角形，启动结束后，电动机接成△，抽头空着不用。

采用延边三角形启动，抽头两边的绕组匝数比例不同，所得到的相电压也就不同，从而得到了不同的启动转矩和启动电流，满足了不同的使用要求。这种启动方法的缺点是定子绕组相对比较复杂。

采用全压启动，往往要受到电网因素的限制；采用降压启动，虽然能够限制启动电流，但启动转矩也随之下降了，所以它只适用于轻载或空载时的启动。如果既要限制启动电流又要求有较大的启动转矩，就需要使用绕线型电动机了。

（二）三相异步电动机的其他控制

1. 电动机的制动控制

由于转子本身及被拖动机械设备存在惯性，当电动机与电源断开后，要经过一段时间才能停止转动，在一些场合，为了提高生产效率或从安全角度考虑，要求电动机能及时准确地停转，为此就必须对电动机进行制动。

按照制动方式不同，异步电动机的制动通常分为电气制动和机械制动。

（1）机械制动。机械制动是利用附加的机械装置，当电动机在电源切断后使转子停止旋转的制动方式，常用的装置是电磁抱闸制动。

电磁抱闸制动由闸瓦制动器和制动电磁铁两部分组成。电动机通电启动同时给电磁抱闸的电磁铁线圈通电，电磁铁的动铁芯被吸与静铁芯合拢，使闸瓦可自由转动，电动机正常运转。当切断电动机电源时，电磁铁芯线圈的电源同时被切断，动铁芯与静铁芯分离，在弹簧作用下，使闸瓦把闸轮紧紧抱住，闸轮迅速停止转动。电动机同时停止转动。

由于电动机和电磁铁共用一个电源和控制电路，只要电动机不通电，闸瓦总是把闸轮紧紧抱住，电动机总是被制动。电动抱闸接线图如图 3-18 所示。

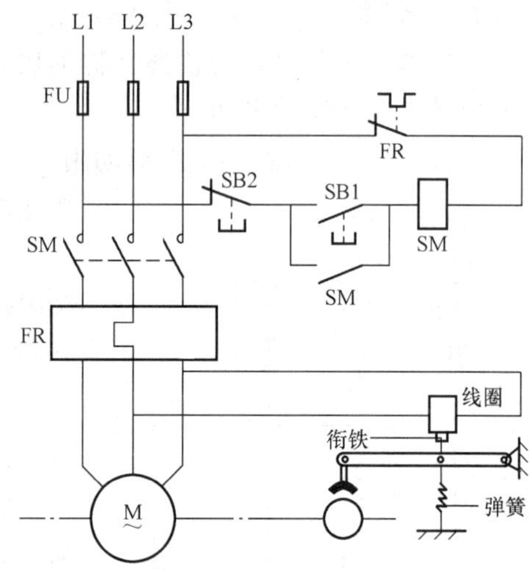

图 3-18 电磁抱闸接线图

（2）电气制动。电气制动有再生发电制动和能耗制动两种。

1）再生发电制动。异步电动机的再生发电制动主要用在起重设备上。例如，提升机在下降重物时，当重物下放开始时，转子转向和定子旋转磁场转向相同，如图 3-19（a）所示。在电动机的电磁转矩和重物的重力产生的转矩双重作用下，重物以越来越快的速度下降，当转子的转速由于重力的作用超过同步转速时，异步电动机转子导线与旋转磁场的相对运动方向改变，根据电磁感应定律，电动机的转子电动势、电流和电磁转矩的方向都改变了，如图 3-19（b）所示。这时的电磁转矩 M 的方向与转子旋转方向相反，变为制动转矩。由于制动转矩的产生，限制了重物的下降速度。

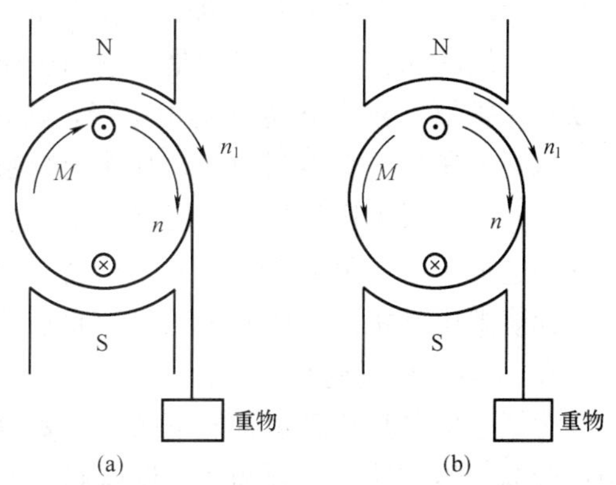

图 3-19　再生发电制动时的转矩与转速关系
（a）转速低于同步转速；（b）转速高于同步转速

2）能耗制动。能耗制动控制图如图 3-20 所示。当断开电源开关 Q1 时，使电动机脱离三相交流电源后，转子因惯性按原方向（假设此时为顺时针方向）旋转。如此时合上 Q2，则会在定子两相绕组中加入一直流电源，在定子中产生一个静止的磁场，因为旋转磁场的转速 $n_1=0$，根据电磁感应原理，仍在转动的转子导体中会产生感应电势和电流，其方向用右手定则判别为流入纸面，此时的转子电流在静止磁场中会受到力的作用，其方向为 F 所示方向。

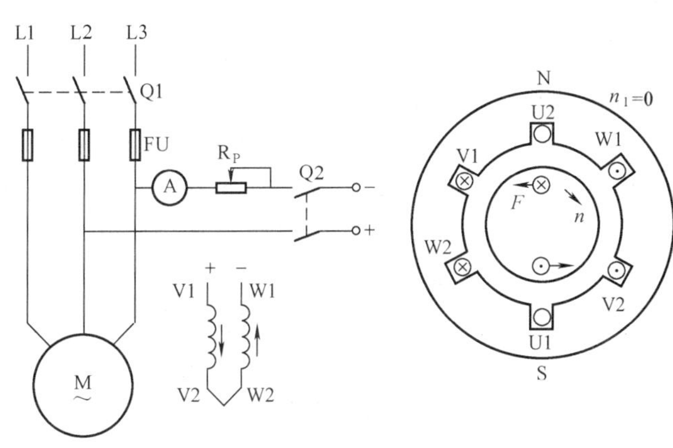

图 3-20　能耗制动原理图

F 所形成的力矩始终与转子惯性转动的方向 n 相反。可消耗其惯性动能，从而达到制动的目的。

2. 异步电动机的保护控制

电动机保护的目的，是使电动机不会因为过热而烧毁。电动机的保护可以分为机械保护和电气保护两大类。

电动机的机械保护主要是指大容量电动机运行时的轴承保护。电气保护主要有短路保护、过负荷保护、缺相保护、失压或欠压保护、接零或接地保护。并非所有电动机，都全部设有这些保护，视具体情况这几种保护措施可以单独运用，也可以互相配合使用。

（1）短路保护。短路保护一般用于异步电动机定子绕组的相间短路保护。对于电压在 500V 以下的低压电动机，一般采用熔断器和速断保护。

当采用熔断器保护时，熔体的选择方法如下：

1）单台全压启动的小型电动机，熔体额定电流大于或等于 2～2.5 倍的电动机额定电流。

2）多台全压启动的电动机，熔体额定电流大于最大一台电动机的 2～3 倍的额定电流与其余电动机额定电流之和。

3）降压启动的笼型电动机，熔体额定电流大于或等于 1.5～2 倍电动机的额定电流。

4）绕线型异步电动机，熔体额定电流大于或等于 1.25 倍电动机额定电流。

（2）过负荷保护。过负荷保护是为了避免电动机因过载而出现的过电流烧毁电动机所实施的保护。过负荷保护常采用热继电器，其动作电流一般整定为电动机的额定电流，它的动作时限应等于或者大于电动机带负载启动的时间。

（3）缺相保护。缺相保护是在电动机缺相运行时对电动机实施的一种保护，有专用的电机缺相保护器。异步电动机缺相运行，往往是由于熔断器接触不良或熔丝熔断造成的。所以，国际电工委员会专门规定，凡使用熔断器保护的电动机，应同时设有缺相保护装置。

（4）失压或欠压保护。失压保护是为了防止突然停电后，在恢复电源电压时电动机自行启动而造成事故所采取的保护。同时也是为了避免电动机因外部电源电压下降过多造成电流过大而烧毁电动机。失压或欠压保护通常多采用低电压继电器。

3. 电动机的调速控制

为了适应各种负载运行的机械，需要对电动机进行调速控制。三相异步电动机的调速控制可分为变极调速、变频调速、调压调速和转子回路串电阻调速等方式。现简单介绍变极调速的原理。

电动机的转速可表示为

$$n = n_1(1-s) = \frac{60f_1}{p}(1-s) \tag{3-3}$$

式（3-3）表明要改变电动机的转速，可以采用以下几种方法：改变电源频率 f_1、改变磁极对数 p、改变电压以改变电动机的转差率 s。

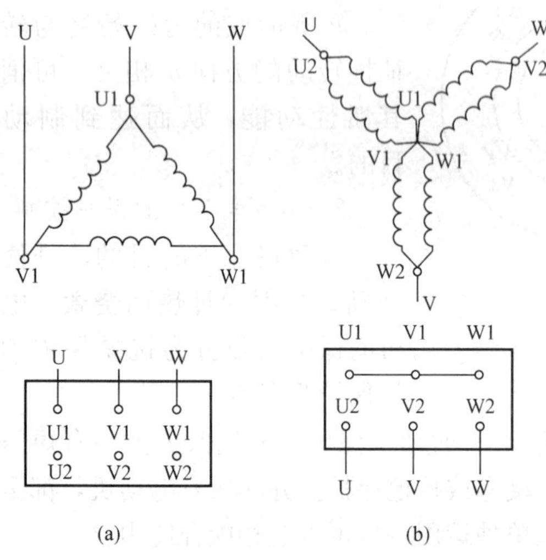

图 3-21 改变磁极对数实现电动机调速原理图
（a）相绕组串联；（b）相绕组并联

变极调速的方法是把定子绕组由Y形（或△形）接法改为Y/Y形接法，此时极数由 p 变成 $p/2$，因而电机转速近似由原转速 n 变为 $2n$。

图 3-21 为改变磁极对数实现电动机调速的原理图，它的定子各相绕组由两个相同部分组成。图 3-21（a）为两部分绕组串联，电动机三相绕组为三角形连接，产生四极磁极，转速为低速 1500r/min。

图 3-21（b）为两部分绕组并联，把 3 个出线端 U1、V1、W1 连接在一起，U2、V2、W2 分别接电源 U、V、W，即Y/Y联结，产生的旋转磁场是二极的，故并联时转速为串联时的两倍，为高速运转。同步转速为 3000r/min。

应注意的是，变极调速时，由于旋转磁场方向的改变，电动机的转向也随之改变，若要保持电动机转向不变，在改变极数的同时应改变电源的相序。

二、电动机控制回路的故障排除方法

（一）控制回路的故障类型

电动机控制回路的故障大致有控制回路断线（断路）、短路、接地及误动等类型。

（二）控制回路故障的查找方法

控制回路的故障查找可以使用万用表和试灯的检查方法进行，下面简单介绍两种方法查找故障的步骤。

1. 万用表检测法

(1) 测量电压。使用万用表测量电压主要是测量控制回路中各种电气元件输出端电压(动作状态)，以判断其工作状态是否正常。以使用交流接触器直接启动的笼型电动机控制线路为例。说明其测量检查的操作步骤。

1) 将万用表档位开关置于交流 500V 量程档（依据控制回路的电源电压确定档位，如果是直流电压应使用直流电压档)。

2) 先断开主电路（电动机电源回路)，接通控制线路电源。

3) 首先检查电源电压，将黑笔接到图 3-22 (a) 中的端点 1 上（如果是直流电则接在电源负极公共地线上，俗称接地)，用红笔去测量点 2。若端点 2 无电压或电压不正常就说明了电源部分有故障，不是熔断器熔断就是电源线路断路，可进一步检查电源回路和熔断器。如果点 2 电压正常，则可以进行控制回路的检查了。

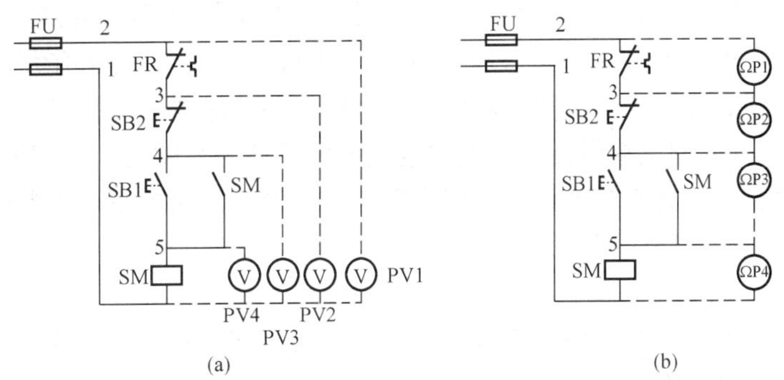

图 3-22　用万用表测量电压、电阻
(a) 测量电压；(b) 测量电阻

4) 按下启动按钮 SB1，若接触器 SM 能正常吸合并自保持，表明了控制回路无故障，故障可能出在主电路（如接触器触点、热继电器等)，应检查主电路。若 SM 不能吸合或自锁，则说明控制回路有故障。

5) 用红笔测量端点 3，若无电压或电压不等于电源电压，可能是主电路中的热继电器动作，或其他原因使热继电器的动断触点 FR 不能闭合或接触不良，可检查热继电器并排除故障。如果热继电器没有问题，那就是控制回路中这一部分的接线断路或接线端接触不良。

6) 用红笔测量端点 4 若电压不正常，说明停止按钮 SB2 存在机械卡阻，触点不能闭合或触点接触不良，或者端点 3 至端点 4 的连线断线或接触不良。

7) 按住 SB1 测量端点 5，若无电压，就可能是 SB1 的触点接触不良或接线松脱断线；若电压正常，故障就可能是接触器 SM 线圈接线松脱或者线圈本身断路。

8) 若各端点电压正常，接触器 SM 可以吸合但不能自保持，则表明了接触器 SM 的辅助动合触点由于机械卡阻不能闭合或接触不良。

测量控制线路的电压寻找故障时，要掌握以下几点：

1) 在正常情况下，主令电器的动合触点出线端应无电压，动断触点出线端电压应与电源电压相一致。若有外力使触点动作，则测得电压情况与未动作状态下的电压情况相反。

2) 接触器和继电器的控制触点在前面电路导通的情况下，其动合触点出线端电压值和主令电路的出线端电压值一致，而动断触点则相反。

3) 对于导电元件（如电磁线圈)，仅测量电压还不足以说明其故障原因。

(2) 测量电阻。测量电阻可以准确地反映控制回路的通断情况，测量导电元件电阻可以较准确地反映它是否存在故障。一般进行测量电阻检查时，应断开被测控制回路的电源，并断开与其并联的其他回路，避免并联电路对其产生影响。

1）将万用表档位开关置于电阻档（Ω档）适当量程上（一般使用1×kΩ档，测量电气元件，可按被测元件额定值确定）。

2）断开被测电路的电源，断开与被测回路并联的其他回路。

3）用万用表两支笔测量图3-22（b）点2、3间的电阻，正常时是导通的，电阻为零。若电阻无穷大，表明热继电器FR已动作断开触点或接线松脱、断路。

4）测量点3、4间电阻，如无穷大，表明SB2触点已断开或接线断线、松脱。

5）测量点4、5间电阻，正常时，按下SB1时应导通电阻为零，松开释放SB1时应断开，电阻无穷大。如果按下和释放SB1，测得电阻均无穷大，说明SB1触点复位不良或接线断线、松脱；若测得电阻均为零，则说明接触器SM的辅助动合触点粘连未断开。

6）测量接触器或继电器这类电磁元件的线圈时，测得阻值应与其铭牌上标明的直流阻值相符；如果过大说明线圈内部接线接触不良或断路，如果偏小或为零，则说明线圈内部存在匝间短路或线圈完全击穿短路。

2. 试灯检测法

所谓试灯（俗称通灯）检测法，是用灯泡的“亮”与“不亮”来检测电路的通断情况。

这种方法简单而直观，即取2～4节干电池，一个3～6V的手电筒用小灯泡，用导线把电池和灯泡都串联起来，并把它们捆扎在一起。在电池的负极引出一根较长的导线，灯泡未与电池正极连接的一端也引出一根导线（为了便于接触探测电路的测试点，引线最好用硬一点单股粗铜导线，做成与万用表的两支触笔相似的两根引线）。试灯制作如图3-23所示。

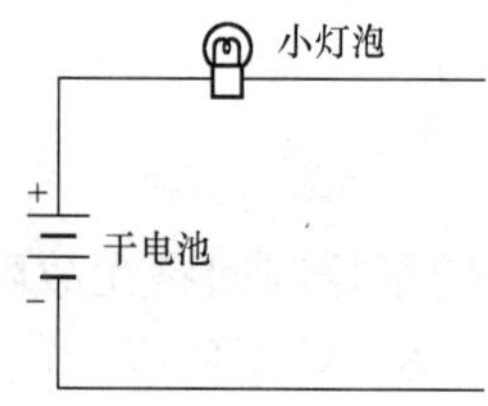

图3-23 试灯的制作

使用试灯测量控制电路的方法步骤与使用万用表测量电阻的方法步骤一样，先断开被测回路相并联的其他回路。然后用试灯的两根引线分别接触被测回路段的两端，如果试灯“亮”，表明所测的这一段回路是导通的，如果“不亮”或灯光暗淡，则表明这段回路开路或接触不良。

（三）电动机控制线路的故障排除和处理

对于电动机控制线路的故障，查找出来后，可以采用下列方法来排除和处理。

（1）接线错误，应对照图纸予以更正。

（2）接线导线断线或者绝缘破损、老化，应按原规格导线重新更换。

（3）接线端松脱，应重新拧紧，接线端锈蚀或灰尘，油垢造成接触不良或短路，可以用小刀刮净或用细砂纸打磨干净，然后重新紧固。

（4）电器触点锈蚀或因灰尘，油垢造成接触不良或粘连，可以使用无水酒精清洗（注意需待酒精挥发干净后方可通电），或用细砂纸仔细研磨干净。

（5）触点熔焊，烧毛，可以用小刀或螺丝刀将其分开，然后用细砂纸仔细研磨平整，如果熔焊严重，则应更换新触点。

（6）触点弹簧压力不足，可以调整。

（7）触点发生机械卡阻，可以仔细修理，无法修理，则应更换电器元件。

（8）电气无件性能变坏，应更换新元件。

（9）电器元件整定参数不对，应根据技术要求重新计算整定。

（10）接触器，继电器及其他电器的电磁线圈断路，内部短路或绝缘老化、击穿，烧毁，可以按照参数（如漆包线型号和规格、匝数、绝缘要求等）重新绕制或更换同样型号规格的新线圈）。

第四节　三相异步电动机常见的故障与检修

三相异步电动机的故障一般分为电气故障和机械故障两大类。电气故障包括定子绕组、转子绕组、电刷等的故障，机械故障包括轴承、风扇、机壳、端盖、转轴和联轴器等的故障。由于电动机的故障情况有多重性，同一故障现象可能由多种原因引起，而同一故障原因又可能出现不同的故障现象。熟悉电动机的结构和工作原理，掌握它的运行规律和故障特点，经过检查、分析，就可准确判断电动机的故障特性，查处故障部位予以处理。

一、三相异步电动机的常见故障及处理方法

1. 检查、分析故障的步骤

（1）现场检查。对电动机的外观和周围环境进行检查，察看电动机的外壳、端盖、机座等是否损坏、启动设备是否完好，控制设备上的电压表、电流表指示值是否超出规定范围，线路上的指示、信号装置（例如熔断器的信号器等）是否正常等；然后用手转动转子，检查电动机转动是否灵活，有无卡涩现象。

1）看。观察电动机和所拖带的机械设备转速是否正常，看控制设备上的电压表、电流表指示数值有无超出规定范围，看控制线路中的指示、信号装置是否正常。

2）听。熟悉电动机启动、轻载、重载的声音特征，能辨别电动机单相、过载等故障时的声音及转子扫膛、笼型转子断条、轴承故障时的特殊声响，可帮助查找故障部位。

3）摸。电动机过载及发生其他故障时，温升显著增加，造成工作温度上升，用手摸电动机外壳各部位即可判断温升情况以确认是否为故障。

4）闻。电动机严重发热或过载时间较长，会引起绝缘受损而散发出特殊气味；轴承发热严重时也可挥发出油脂气味。闻到特殊气味时，便可确认电动机有故障。

（2）了解情况。查看电动机的铭牌和产品的说明书，了解电动机的型号、规格和运行特点，向操作人员询问故障前电动机和配套生产机械的运行情况、故障发生过程及故障现象。

（3）检查绝缘。用绝缘电阻表测量绕组的绝缘电阻，检查绕组是否接地，有无相间短路现象。

（4）试车鉴别。上述检查完成后，如果未发现电动机及其附属设备的严重缺陷，则可以空载试车，仔细观察电动机的运行情况，据此作出进一步判断。同时，还可以在试车过程中断电，大致判断出电动机的故障性质。例如，切断电源后，若故障消失，则可判定是电磁方面的故障；若故障仍然存在，则可判定是机械方面的故障。

在试车过程中，一旦出现严重震动、异常声音或有焦糊味等异常现象，应立即切断电源，以免故障进一步扩大。

2. 常见故障及处理方法

下面将三相鼠笼型电动机的定子绕组故障和其他常见故障列于表 3-2。

表 3-2 三相鼠笼型电动机常见故障分析与处理

故障现象	可能原因	处理方法
合闸后电动机无任何动静	(1) 电源未接通; (2) 熔断器熔体熔断两相以上; (3) 电源线有两相或三相断线或接触不良; (4) 开关或启动设备有两相以上接触不良	(1) 接通电源; (2) 更换熔丝; (3) 找出故障处，重新刮净、接好; (4) 查出接触不良处，予以修复
合闸后电动机不动，但有嗡嗡声	(1) 电源线有一相断线; (2) 熔丝熔断一相; (3) Y形接法电机绕组有一相断线，△形接法绕组有一相或两相断线; (4) 定、转子相擦; (5) 负载机械卡死; (6) 轴承损坏; (7) 电压太低	(1) 查出断线处，重新接好; (2) 更换熔丝; (3) 检查绕组断线处，重新修好; (4) 找出相擦原因，予以排除; (5) 检查负载机械及传动装置; (6) 更换轴承; (7) 电源线太细，启动压降太大，应更换粗导线，设法提高电压
电动机启动时熔丝熔断	(1) 定子绕组一相反接; (2) 定子绕组有短路或接地故障; (3) 负载机械卡住; (4) 启动设备操作不当; (5) 传动皮带太紧; (6) 轴承损坏; (7) 熔丝过细	(1) 分清三相首尾，重新接好; (2) 检查绕组短路和接地处，重新修好; (3) 检查负载机械和传动装置; (4) 纠正操作方法; (5) 把皮带调整得松紧适当; (6) 更换轴承; (7) 合理选用熔丝
启动困难，启动后转速严重低于正常	(1) 电源电压过低; (2) 定子绕组有短路; (3) 转子笼条或端环断裂; (4) 电动机过载; (5) 将△形接法的电动机错接为Y形接法电源电压严重偏低	(1) 调整电压或等线路电压正常时再使用电动机; (2) 检查绕组短路处，重新修好; (3) 另换转子; (4) 减轻负载; (5) 按正确接法改接过来
电动机三相电流不平衡，且温度过高，甚至冒烟	(1) 电源电压不平衡; (2) 绕组有短路和接地; (3) 重换绕组后，部分绕组接线错误; (4) 电动机单相运转	(1) 查出线路电压不平衡的原因，予以排除; (2) 检查短路、接地处，并予以修复; (3) 查出接错处，改接过来; (4) 检查线路或绕组的中断或接触不良处，并重新接好
电动机三相电流同时增大，温度过高，甚至冒烟	(1) 电源电压过高; (2) 电动机过载; (3) 接法错误; (4) 启动频繁	(1) 调整线路电压或等电压正常时再工作; (2) 减轻负载; (3) 改接过来; (4) 减少启动次数或改用其他合适类型的电动机
电流没有超过额定值，但电动机温度过高	(1) 环境温度过高; (2) 电动机受太阳直接曝晒; (3) 通风不畅; (4) 电动机灰尘、油泥过多，影响散热	(1) 设法降低环境温度或降低电机容量使用; (2) 应增加遮阳设施; (3) 清理风道或搬开影响通风的障碍物; (4) 清除灰尘、油泥
电动机有不正常的振动	(1) 电动机基础不稳固或校正不好; (2) 风扇叶片损坏造成转子不平衡; (3) 轴弯或有裂纹; (4) 传动皮带接头不好; (5) 电动机单相运转; (6) 绕组有短路或接地; (7) 并联绕组有支路断路; (8) 转子笼条或端环断裂	(1) 加固基础或重新校正; (2) 更换风扇或设法校正转子; (3) 更换新轴或校正弯轴; (4) 重新接好; (5) 查找线路或绕组的断线和接触不良处，并予以修复; (6) 查找短路和接地处，并予修复; (7) 查出断线处，予以修复; (8) 更换转子

续表

故障现象	可能原因	处理方法
电动机运行时声音不正常	（1）轴承损坏或润滑油严重缺少、油中有杂质等； （2）定转子相擦； （3）风罩或转轴上零件（风扇、联轴器等）松动； （4）风罩内有杂物； （5）轴承内圈和轴配合太松； （6）电动机单相运转； （7）绕组有短路或接地； （8）绕组有接错； （9）并联绕组中有支路断路； （10）电源电压过低； （11）电动机过载； （12）转子笼条和端环断裂	（1）更换或清洗轴承并换新油； （2）找出相擦原因，予以排除； （3）紧固风罩或其他零件； （4）清除杂物； （5）堆焊转轴轴承档，并按规定尺寸车好，使其配合紧密； （6）检查线路、绕组断线或接触不良处，予以排除； （7）检查短路、接地处，重新修好； （8）改接过来； （9）检查断路点，重新接好； （10）设法调整电压或等线路电压正常时再使用； （11）减轻负载； （12）更换转子
轴承过热	（1）传动皮带过紧； （2）轴弯； （3）端盖松动或没有装好； （4）润滑油太脏或变质； （5）润滑油过多或过少； （6）润滑油牌号不符； （7）轴承损坏； （8）端盖轴承室太紧	（1）调整皮带使之松紧适当； （2）校正弯轴或更换新轴； （3）上紧螺栓合严止口； （4）清洗轴承更换新油； （5）润滑油应加到油腔的 2/3； （6）按要求牌号更换润滑油； （7）更换轴承； （8）按正常尺寸扩大轴承室
机壳带电	（1）引出线或接线盒接头的绝缘损坏接地； （2）定子槽两端的槽口绝缘损坏； （3）内有铁屑等杂物未除尽，导线嵌入后即接地； （4）外壳没有可靠接地	（1）套一绝缘套管或包扎绝缘布； （2）耐心找出绝缘损坏处，然后垫上绝缘纸再涂上绝缘漆； （3）拆开每个绕组接头，用淘汰法找出接地绕组，进行局部修理； （4）将外壳可靠接地
绝缘电阻降低	（1）潮气浸入或雨水滴入电动机内； （2）绕组上灰尘污垢太多； （3）引出线和接线盒接头的绝缘损坏； （4）电动机过热后绝缘老化	（1）绝缘电阻表检查后，进行烘干处理； （2）清除灰尘、油污后，浸渍处理； （3）重新包扎引出线接头； （4）7kW 以下电动机可重新浸渍处理

二、绕组故障检修

笼型电动机的常见故障大量表现在定子绕组上，定子绕组常见故障有绕组断路、绕组接地、绕组短路及绕组接错、嵌反等。

1. 绕组修理常用工具的制作

（1）划线板。划线板又叫理线板，用于嵌线时将导线划入铁芯槽，同时又是将已入槽的导线划直理顺的工具，常用楠竹、胶绸板、不锈钢等磨制。其长约 150～200mm，宽约 10～15mm，厚约 3mm，前端略呈尖形，一边偏薄，表面光滑，如图 3－24 所示。

（2）清槽片。清槽片是用来清除电动机定子铁芯槽内残存的绝缘物或锈斑的工具，一般用废钢锯条在砂轮上磨成尖头或钩状，尾部用布条或绝缘带包缠而成，如图 3－25 所示。

（3）压脚。压脚是把已嵌入铁芯槽内的导线压紧使其平整的专用工具，用黄铜或不锈钢制成，其大小可按不同的铁芯槽制成不同的规格，如图 3－26 所示。

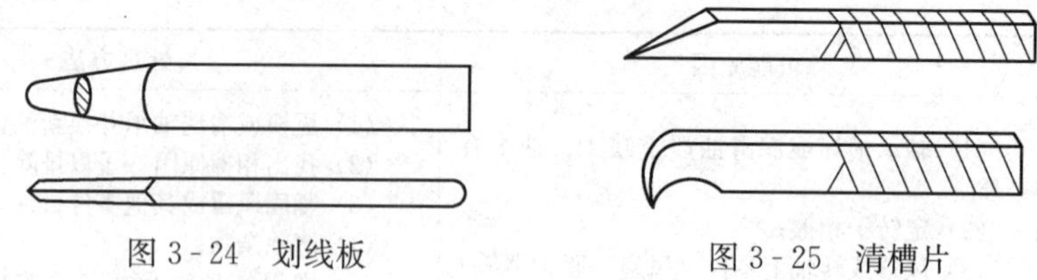

图 3-24 划线板　　图 3-25 清槽片

(4) 划针。划针是在一槽导线嵌完后，用来包卷绝缘纸的工具。有时也可用来清槽，铲除槽内残存的绝缘物、解瘤或锈斑。划针用不锈钢制成，一般直线部分长 200～250mm，直径 3～4mm，尖端部分略薄而尖，表面光滑，如图 3-27 所示。

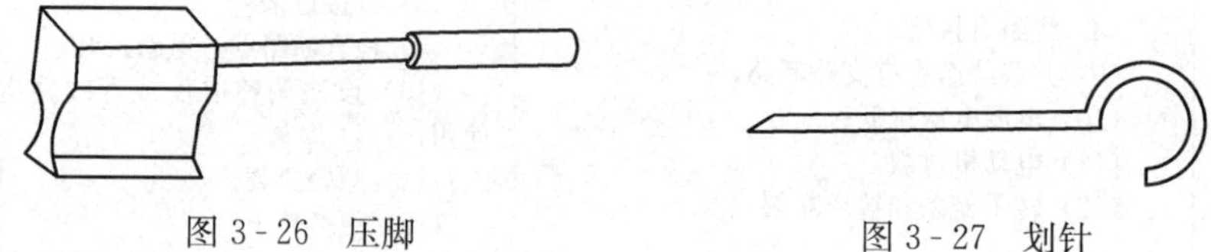

图 3-26 压脚　　图 3-27 划针

(5) 刮线刀。刮线刀用来刮掉将要焊接的线头绝缘层，它的刀片可用铅笔刀的刀片，刀架用 1.5mm 厚的铁皮制成，将刀片用螺钉紧固在刀架上，外形如图 3-28 所示。

(6) 垫打板。垫打板是在绕组嵌完后，用于进行端部整形的工具，用硬木或楠竹制成。在端部整形时，将它垫于绕组端部，再用榔头在其上敲打整形，这样不致破坏导线绝缘，也不会损伤导线，其形状如图 3-29 所示。

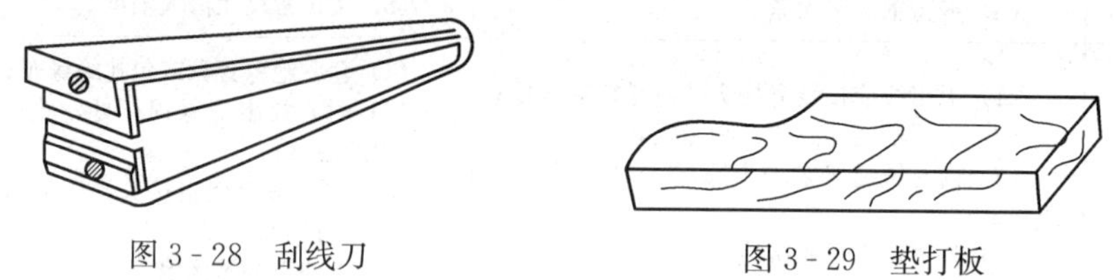

图 3-28 刮线刀　　图 3-29 垫打板

2. 绕组绝缘不良的检修

电动机长期不用，周围环境潮湿，电动机受日晒雨淋，长期过载运行及灰尘、油污、盐雾、化学腐蚀性气体等侵入，都可能使绕组的绝缘电阻下降。

(1) 检查方法。

1) 测量相与相之向的绝缘电阻。把接线盒内三相绕组的连接片全部拆开，用绝缘电阻表测量每两相间的绝缘电阻。

2) 测量相对机座的绝缘电阻。把绝缘电阻表的 L 端接在电动机绕组的引出端上（可分相测量，也可以三相并在一起测量），把 E 端接在电动机的机座上，测量绝缘电阻。

3) 如测出的绝缘电阻小于 0.5MΩ，但又不等于零（此时，用万用表 R×100 档或 R×1k 档测量，而且万用表有一定读数），则说明电动机定子绕组已严重受潮或被油污、灰尘等杂物侵入。

(2) 故障排除。绕组受潮的电动机，需要烘干处理后才能使用。因绝缘电阻很低，不宜用通电烘干法，应将电动机两端盖拆下，将绕组表面擦抹及吹刷干净，然后用灯泡、电炉板烘干或将其放在烘箱中烘干，当烘到绝缘电阻达到要求时，加浇一层绝缘漆，以防止回潮。

3. 绕组接地故障的检修

电动机定子绕组与铁芯或机壳间因绝缘损坏而相碰，称为接地故障。出现这种故障后，会使机壳带电，引起触电事故。造成这种故障的原因有受潮、雷击、过热、机械损伤、腐蚀、绝缘老化、铁芯松动或有尖刺，以及绕组制造工艺不良等。

绕组接地后，会造成绕组过电流发热，从而造成匝间短路及电动机外壳带电，容易造成人身触电事故。

（1）检查方法。

1）用绝缘电阻表检查。将绝缘电阻表的两个出线端分别与电动机绕组和机壳相连，以120r/min的速度摇动绝缘电阻表手柄，如果所测量的绝缘电阻在0.5MΩ以上，说明被测电动机绝缘良好；若绝缘电阻在0.5MΩ以下或接近零，说明电动机绕组已受潮或绕组绝缘很差。如果被测量绝缘电阻值为“0”，同时有的接地点还会发出放电声或微弱的放电现象，则表明绕组已接地；如有时指针摇摆不定，说明绝缘已被击穿。

2）用校灯检查。拆开各绕组间的连接线，按图3-30所示用灯泡与36V低压电源串联，逐相测量相与机座的绝缘情况。若灯光不亮，说明绕组绝缘良好；若灯泡微亮，说明绕组已击穿。

图3-30 用校验灯检查绕组接地

3）接地故障确定后，拆开电动机端盖，检查绕组端部及槽口部分的绝缘是否有破裂和焦黑的痕迹。如果有，则接地点就可能在该处。若端部绕组完好无损，则可采用分组淘汰法，把每相绕组拆开，查出哪一相绕组对地短路，再用观察法和分组淘汰法找出某个接地线圈。

（2）修理方法。如果接地点在槽口或槽底线圈出口处，可用绝缘材料垫入线圈的接地处，再检查故障是否已经排除，如已排除则可在该处涂上绝缘漆。如果发生在端部明显处，则可用绝缘带包扎后涂上绝缘漆，再进行烘干处理。如果发生在槽内，则需更换绕组或用穿绕修补法进行修复。

用穿绕修补法修复故障线圈的过程是：先将定子绕组在烘箱内加热到80～100℃，使线圈外部绝缘软化，再打出故障线圈的槽楔，将该线圈两端剪断，并将此线圈的上、下层从槽内一根一根地抽出，原来的槽绝缘是否更换可视实际情况而定；用原来规格的导线，量得与原线圈相当的长度（或稍长些），在槽内来回穿绕到原来的匝数，一般而言，穿到最后几匝时很困难，此时可用比导线稍粗的竹签（如织毛线所用的竹针）做引线棒进行穿绕，直到无法再穿绕时为止，比原线圈稍少几匝也可以；穿绕修补后，再进行接线和烘干、浸漆等绝缘处理。

4. 绕组短路故障的检修

电源电压过高、电动机拖动的负载过重、电动机使用过久或受潮受污等造成定子绕组绝缘老化与损坏，从而产生绕组短路故障。

定子绕组的短路故障按发生地点划分可分为绕组对地短路、绕组匝间短路和绕组相与相之间短路（称为相间短路）等三种，其中对地短路故障的检修前面已叙述，本段只叙述匝间短路及相间短路的检修。

（1）检查方法。

1）直观检查法。首先使电动机空载运行一段时间（一般约10～30min），然后拆开电动机端盖，抽出转子，用手触摸定子绕组。如果有一个或几个线圈过热，则这部分线圈可能有匝间或相间短路故障。也可用眼观察线圈外部绝缘有无变色或烧焦，或用鼻闻有无焦臭气味，如果有，则该线圈可能短路。

2）用绝缘电阻表（或万用表的欧姆档）检查相间短路。拆开三相定子绕组接线盒中的连接片，分别测量任意两相绕组之间的绝缘电阻，若绝缘电阻阻值为零或很小，说明该两相绕组相间短路。

3）用钳形电流表测量三相绕组的空载电流，以此来检查是否存在匝间短路。其中，空载电流明显偏大的一相定有匝间短路故障。

4）直流电阻法。利用低阻值欧姆表或电桥分别测量各相绕组的直流电阻，阻值较小的一相有可能发生了匝间短路。

5）用短路测试器（短路侦察器）检查绕组匝间短路。通过采用测量空载电流或直流电阻的方法来判断绕组是否有匝间短路，有时准确度不很高，可能会出现误判断，而且也不容易判断到底是哪个线圈有匝间短路。因此，在电动机检修中常常用短路测试器来检查绕组的匝间短路故障。

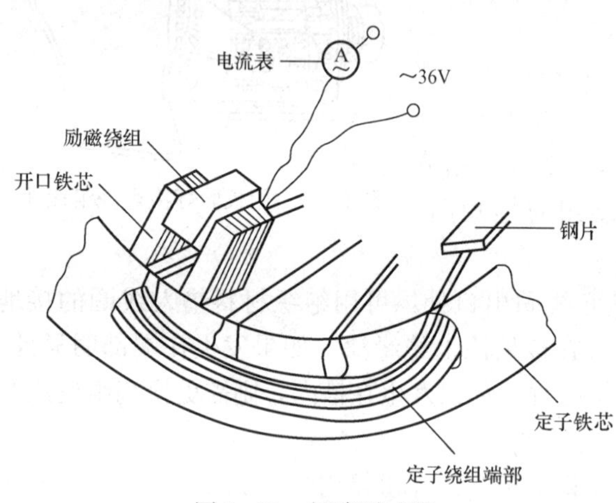

图 3 - 31 短路测试器

短路测试器实际上是一个特殊的开口变压器，即其铁芯不是自成闭合回路，而是呈 U 形，如图 3 - 31 所示。铁芯也用硅钢片叠压而成，励磁绕组与变压器一次侧一样，由漆包线绕成再经过绝缘处理后套装在铁芯上，匝数约 1000 多匝，用直径 0.2mm 左右漆包线绕制，接 36V 低压交流电。铁芯开口处的形状应能与被测绕组所在的铁芯有较紧密的配合，空隙不宜过大。

测试时，将短路测试器励磁绕组接 36V（或稍高于 36V）交流电压，沿铁芯槽口逐槽移动，当经过短路的线圈时，相当于变压器二次绕组短路，电流表读数会明显增大，从而判断出匝间短路的线圈。此时，也可用一片废锯条或一条硅钢片放在被测线圈的另一边所在的槽口处，如图 3 - 31 所示。若被测线圈有匝间短路，则短路电流周围的磁场形成的磁力线经铁芯和钢片形成闭合回路，钢片就会产生振动并发出响声。

用短路测试器进行测试时，应注意以下几点：首先应注意安全；其次，对于三角形连接的电动机，应先拆开定子绕组引出线端，绕组若为多路并绕，应将各并联支路断开。若绕组是双层绕组，则一个槽内嵌有不同线圈的两条边，要确定究竟是哪个线圈匝间短路，可分别将锯条放在左、右两边相隔一个节距的槽口上进行测试后才能确定，如图 3 - 32 所示。

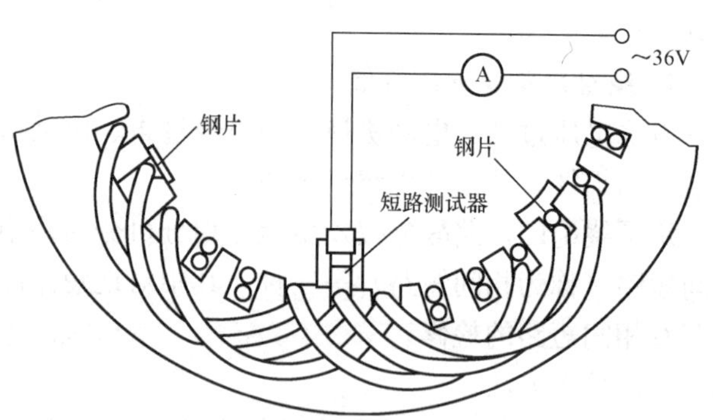

图 3 - 32 双层绕组匝间短路测试方法

（2）修理方法。若绕组出现匝间短路故障，一般不易发现，往往均是在绕组烧损后才知道，因此遇到这类故障往往需根据故障情况全部或部分更换绕组。绕组相间短路故障如发现得早，未造成定子绕组烧损事故时，可以找出故障点，用竹楔插入两线圈的故障处（如插入有困难时可先将线圈加热），把短路部分分开，再垫上绝缘材料，并加绝缘漆使绝缘恢复。如已造成绕组烧损时，则应更换部分或全部绕组。

5. 绕组断路故障的检修

电动机定子绕组内部连接线、引出线等断开或接头松脱所造成的故障称为绕组断路故障，这类故障大多发生在绕组端部的槽口处，检查时可先查看各绕组的连接线处和引出头处有无烧损、焊点松脱和熔化等现象。

绕组断路的主要原因通常是：绕组受机械力或碰撞发生断裂；接头焊接不良在运行中脱落；绕组发生短路，产生大电流烧断导线。在并绕导线中，因其中导线断路，电流过于集中于未断导线而发高热将其烧掉。绕组断路后将无法，若在运行中发生断路，将造成三相电流不平衡，绕组发热，机身振动，嗡嗡声增大，转矩下降，转速降低等现象，时间稍长电动机将冒烟烧毁。

（1）检查方法。

1）用万用表检查法。将万用表置于 R×1 或 R×10 档上，分别测量三相绕组的直流电阻值。对于单线绕制的定子绕组而言，则电阻值为无穷大或接近该值时，说明该相绕组断路。如无法判定断路点时，可将该相绕组中间一半的连接点处剖开绝缘，进行分段测试，如此逐步缩小故障范围，最后找出故障点。也可以不用万用表而改用校验灯检查，其原理和方法是一样的。

2）用电桥检查法。如电动机功率稍大，其定子绕组由多路并绕而成，当其中一路发生断路故障时，用万用表和校灯则难以判断，此时需用电桥分别测量各相绕组的直流电阻。断路相绕组的直流电阻明显大于其他相，再参照上面的办法逐步缩小故障范围，最后找出故障点。

3）伏安法。对多路并绕的电动机，如没有电桥则可用伏安法，分别给每相绕组加上一个数值很小的直流电压 U，再测量流过该绕组电流 I，则该绕组的直流电阻 $R=U/I$。对故障相而言，其电阻 R 较正常相为大，故在相同的电压 U 作用下，流过直流电流表的电流较小，因此只需从电流表的读数中即可判断出读数小的一相为故障相。如不用直流电源而改用交流调压器输出一个数值较低的交流电压，同理，交流电流表读数小的一相为故障相。

（2）修理方法。对于引出线或接线端扭断、脱焊等引起的断路故障，在找到故障点后只需重焊和包扎即可。如果断路发生在槽口处或槽内难以焊接时，则可用穿绕修补法更换个别线圈。如故障严重难以修补时，则需重新绕线。

6. 绕组接线错误或嵌反

绕组接线错误或某一线圈嵌反时会引起电动机振动，发出较大的噪声，电动机转速降低甚至不转。同时会造成电动机三相电流严重不平衡，使电动机过热，而导致熔体熔断或绕组烧损。

绕组接线错误或嵌反故障通常分两种情况，一种是外部接线错误，另一种是某一极相绕组接错或某几个线圈嵌反。

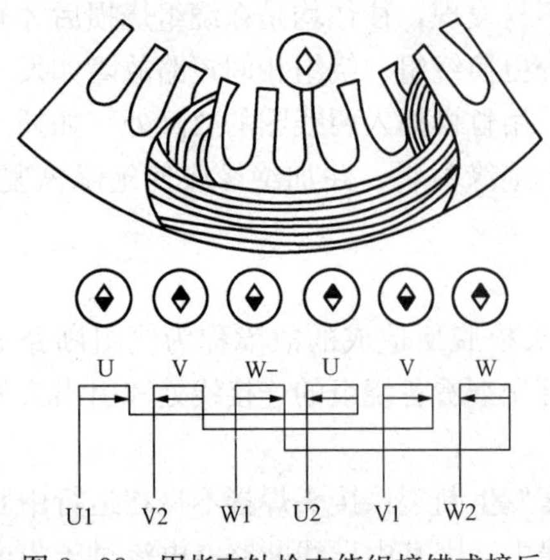

图 3-33 用指南针检查绕组接错或接反

(1) 检查方法。先拆开电动机，取下端盖和转子。将低压直流电源（一般在 10V 以内，注意输出电流不要超过绕组的额定电流）逐步加在三相定子绕组的每一相上（如电动机定子绕组采用星形接法，则将直流电源两端分别接到中性点和某相绕组的出线端；如系三角形接法则必须拆开三相绕组的连接点），用指南针沿定子内圆周移动，如绕组接线正确，则指南针顺次经过每一极相绕组时，就会发生南北极交替变化，如图 3-33 所示。若指南针在某一个极相绕组的指向与图 3-33 所示方向相反，则表示该极相绕组接反。如果指南针经过同一极相绕组不同位置时，南北极指向交替变化，则说明该极相绕组中有个别线圈嵌反。

(2) 修理方法。找出错误后，可将错误部位的连接线加以纠正后再重做上述试验。

三、三相异步电动机机械故障的检修

1. 机轴的检查和修理

机轴的故障主要包括机轴弯曲、轴颈磨损、机轴断裂以及键槽磨损等。产生故障的主要原因有三种：第一种是由不正确的拆卸产生的，如不使用专用工具，强敲硬打等；第二种是由电机安装质量不佳产生的，如负载、电机和皮带轮（联轴节）不在同一条直线上；第三种是由机轴受到外力冲撞产生的。

(1) 机轴弯曲。电动机脱离电源后，转速变慢，此时可以看到弯曲严重的轴伸端的“轴头跳”现象。严重弯曲的机轴只能更换。对于一般弯曲的机轴，可装卡在车床上，校准中心后，用千分表或划针检查弯曲的程度和弯曲的部位。如果弯曲超过 0.2mm，应进行矫正。可以采用压力机矫正，也可以请有经验的人进行人工敲击矫正。矫正后要对机轴表面进行车削磨光。

(2) 轴颈磨损。电动机的轴承经过多次拆换或者拆换的方法不正确，很容易使轴颈磨损。轴颈磨损会使轴承内环和机轴之间产生相对运动，如果不及时修理会使轴颈磨损更加严重。

轴颈轻微磨损的补救办法是在磨损处镀铬。镀后应进行磨削加工，使轴颈达到规定的尺寸。如果轴颈磨损较严重，可在磨损处进行堆焊，如图 3-34 (a) 所示，然后再车磨加工。也可以将机轴的轴承台及轴颈处车小 2～3mm，再车一合适的套筒，采用热套法镶入轴颈，然后用精车加工，如图 3-34 (b) 所示。

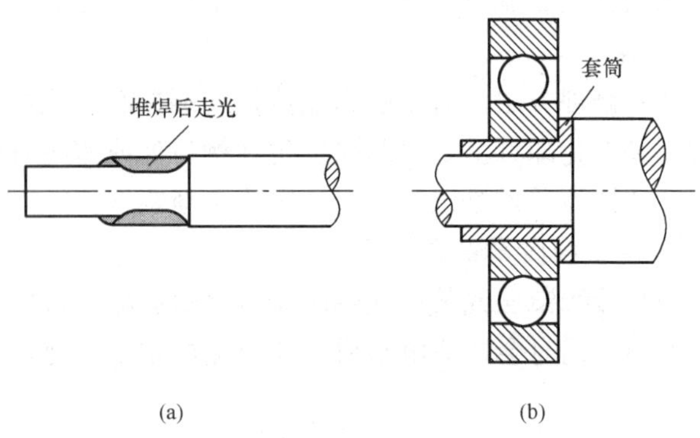

图 3-34 用热套法补救轴颈的轻微磨损
(a) 堆焊；(b) 镶入套筒

(3) 机轴断裂。发生机轴折断故障，一般应更换新机轴。用与原机轴钢号相同的棒料按规定的尺寸、公差及粗糙度加工即可。小型电动机也可以采用45号优质碳素钢替代。

若机轴有裂纹，可用电焊堆焊的方法进行补救，补救的方法如图3-35所示。堆焊后应将焊接处进行磨削加工处理。

(4) 键槽磨损。如果原键槽磨损不大，可将原键槽的宽度适当扩大，并将皮带轮的键槽也适当扩大，以配合新键使用。

如果原键槽磨损严重，可在磨损键槽的对面重新加工一个键槽，加工尺寸应与原键槽相同，并将原键周围的毛刺用挫刀打光备用。

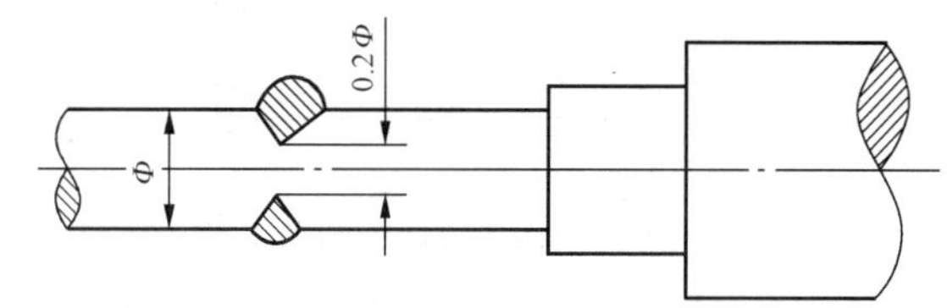

图3-35　用堆焊法修补有裂纹的机轴

2. 定子铁芯损坏的检修

(1) 故障原因。若电动机长期处于潮湿、有腐蚀气体的环境中，会使电动机铁芯表面锈蚀、铁芯压装扣片开焊、铁芯与机壳配合松动，铁芯冲片高低不齐等。另外，若拆卸旧绕组时没有加热软化绕组，会造成铁芯齿部弹开度过大。

如果铁芯外圆不齐，会造成铁芯与机壳接触不良，影响封闭式电动机的热传导，使电动机温升过高。如果铁芯内圆不齐，有可能使定子、转子相擦。如果铁芯槽壁不齐，则会造成嵌线困难，并且容易损坏槽绝缘。另外，若铁芯压装扣片开焊，铁芯齿部弹开度过大，就相当于气隙有效长度增大，会使电动机励磁电流增加，功率因数降低，铁损耗增加，温升过高。

(2) 检修方法。对于表面有锈迹或毛刺的铁芯，可去除锈迹或毛刺后再浸渍绝缘漆，如果定子铁芯与机壳配合不紧，可以在机壳上增加电焊点数，或者在机壳外部向定子铁芯钻螺丝孔，加固定螺栓。如果铁芯齿部弹开度过大，可以用碗形压板压紧铁芯两端，并与扣片焊牢。对于内圆不齐的铁芯，可以机壳端盖止口为基准精磨铁芯内圆，但必须注意磨量，否则会使铁耗过大，若转子与定子相擦，定子铁芯严重损坏无法修理，则只能作报废处理。

四、转子故障检修

三相异步电动机的转子分为笼型转子和绕线型转子。它们的结构和故障特点不相同。

(一) 笼型转子的故障检修

1. 故障原因

笼型转子的常见故障是导条断裂（断条）和端环断裂（断环）。产生转子断条的原因有制造质量差、电动机启动频繁、操作不当、频繁作正反转运行等。

2. 检查方法

(1) 观察检查法。仔观察检查转子铁芯表面，特别是导条与端环连接处。若有裂纹或过热变色痕迹，说明该处断条。

(2) 电流检测法。用三相调压器对定子绕组施加低压电源进行检查（额定电压为380V的电动机可施加100V左右的电压）。在一相中串入一只电流表，用手使转子慢慢转动，如果转子笼条是完好的，则电流表只有均匀的微弱摆动；如果转子断条，则电流表就会出现指针突然下降的现象。

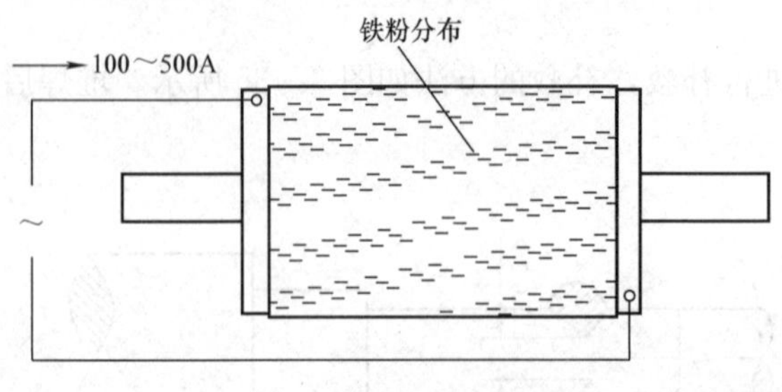

图 3-36　铁粉检查转子断条

(3) 铁粉检查法。用升流器或电焊机从转子两端端环通入低压大电流（约150～500A，逐渐增大到使撒在转子表面的铁粉排列成行即可），通过导条的电流不会在导条周围产生磁通，将铁粉撒在转子表面，导条周围的铁芯便吸引住铁粉。电流足够大时，铁粉便会清晰地沿着导条方向向直线排列，如图 3-36 所示。如果某导条断裂，就没有电流通过，其周围吸引的铁粉便很少甚至没有。

(4) 断路侦察器检查。用硅钢片做一个截面约 6～8cm² 的“门”形铁芯 1，在铁芯上用直径约 0.17mm 的高强度漆包线绕制约 900 匝线圈，做成转子断路侦察器。用升流器从转子两端端环通入 200～400A 大电流，将侦察器线圈接上万用表，并调节万用表交流低压档。如图 3-37 所示，侦察器铁芯开口处对着转子铁芯圆柱表面上，逐槽移动侦察器，如果导条是完好的，万用表读数较大。如果槽内导条断裂，万用表读数就会很小或为零。

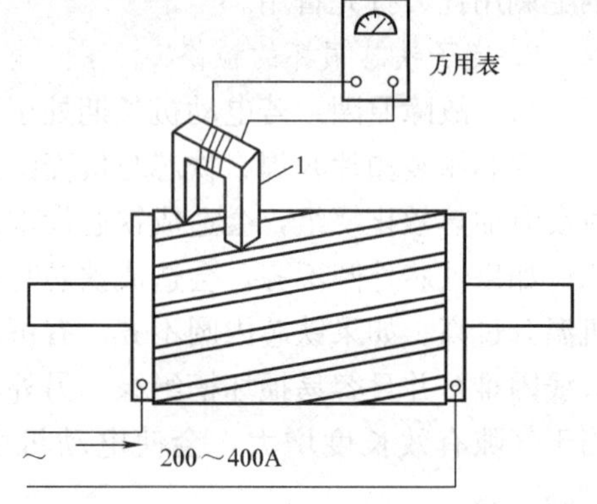

图 3-37　断路侦察器检查转子断条

3. 修理方法

根据断条的不同情况，采取不同的修理方法。

(1) 如果是铜条，并且断条发生在端部（槽内部分不易断裂），可在断裂处打成坡口，用银焊焊接。焊接前应用经水浇湿后的耐火石棉等物将铁芯保护好，以免高温烧伤铁芯。

(2) 如果是铸铝转子，且断条较多不能使用，可将铝条熔化后再重新铸铝或换为紫铜条。如果铸铝转子导条断裂处不多，可以用下面两种方法修补：

1) 焊补：将导条断裂处挖大，然后把转子加热到 450℃左右；再用 63%的锡、33%的锌和 4%的铝合金合成的焊料，用气焊法进行补焊。

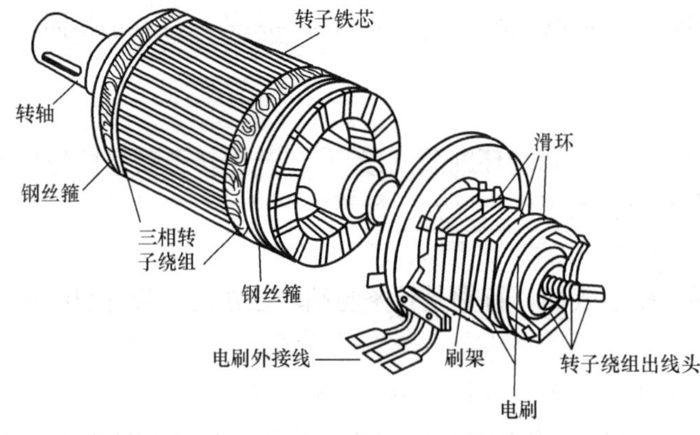

图 3-38　绕线型转子的结构

2) 冷接法：在导条断裂处，用钻头打一个与槽宽相近的圆孔。然后攻丝，再拧上一个合适的铝螺钉，用车床或铲刀除去多余部分。

(二) 绕线型转子的故障检修

绕线型转子如图 3-38 所示。绕线型转子绕组的结构、嵌线等都与定子绕组相同，所有与定子绕组相似的故障，其检查方法可参考定子绕组故障的检查方法。

除此之外尚有两种特别的常见故障，即端部并头套开焊及绑扎钢丝故障。

（1）端部并头套开焊的修理。并头套开焊是焊接不良引起的。通常可以通过肉眼观察到。如观察不到，可用电桥测量三相绕组电阻，找出电阻偏大的一相或两相。将电桥指针调至零位，用木板或竹片逐个撬动该相的并头套。若撬动某一个并头套时，电桥指针偏离零位，则表明了该并头套接触不良已开焊。找到开焊的并头套后，用松香酒精液作焊药，将300～500W的电烙铁扁平烙铁头插入相邻的两并头套之间进行加热，松香液沸腾时，把锡焊条碰触开焊的并头套与导条的缝隙，填满焊锡。

（2）绑扎钢丝故障的修理。绑扎钢丝的故障有两种：一种是由于转子绕组端部绑扎钢丝处的绝缘层老化脆裂脱落或损伤，使钢丝与绕组导体短路；另一种是由于钢丝焊接不牢，绝缘层收缩或绑扎时拉力不适宜（绑扎过松或钢丝受拉过度）及钢丝本身损伤，导致钢丝松动、脱出或断裂，从而造成事故。对于这两种故障的处理方法是，加热后拆去绑扎钢线，重新垫好绝缘层，再按照下面的方法重新绑扎好。

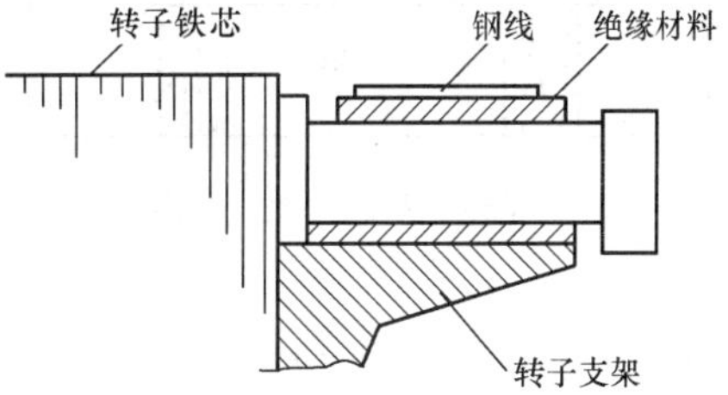

转子铁芯　钢线　绝缘材料　转子支架

图3-39　转子端子绑线的结构

转子端部绑线的结构如图3-39所示。绑扎线与绕组之间填有绝缘材料，以免由于膨胀收缩或机械力作用而擦伤绕组绝缘。

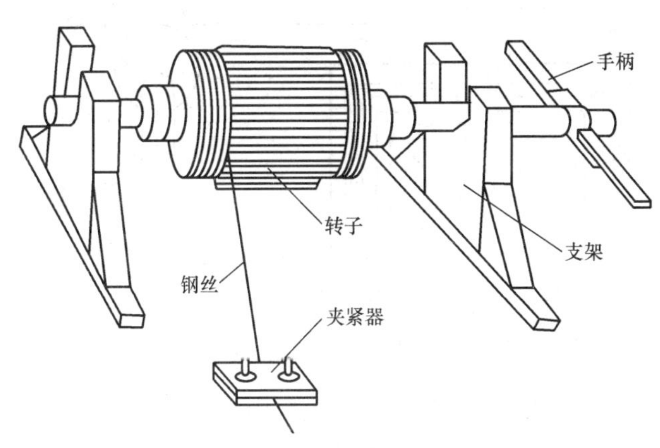

图3-40　简易扎钢丝打箍示意图

转子绕组端部扎钢丝打箍工作可以在车床上进行，也可以在简易木制机械上进行，如图3-40所示。

选择钢丝时应尽量和原来的直径相同，匝数、宽度和排列布置也应尽量和原来的一样。

在扎钢丝前应先在绑扎部位包扎2～3层白纱带，再卷上1～2层青壳纸和一层云母。纸板宽度应比扎线宽10～30mm。为了使钢丝扎紧，在钢丝下面每隔一定间距放置一块铜片。当该段钢丝扎好后，将铜片两端弯到钢丝上，用锡焊牢。钢丝的首端和尾端均应放在此处，以便由铜片卡紧焊牢。

五、三相异步电动机的干燥处理

异步电动机的绕组受潮或浸漆后，都必须进行干燥，将绕组内的潮气烘出。常用的干燥方法分为外部干燥和内部干燥两大类。根据检修现场的条件不同，外部干燥又可分为灯泡干燥法和烘房干燥法；内部干燥又分为铜损耗干燥法和铁损耗干燥法。

（一）外部干燥

1. 灯泡干燥法

如图3-41所示，将电动机定子放置在灯泡之间，最好使用红外线灯泡，因为这种灯泡发热效率比普通灯泡高得多，热辐射能力也较强。干燥时要注意用温度计监视箱内温度，应

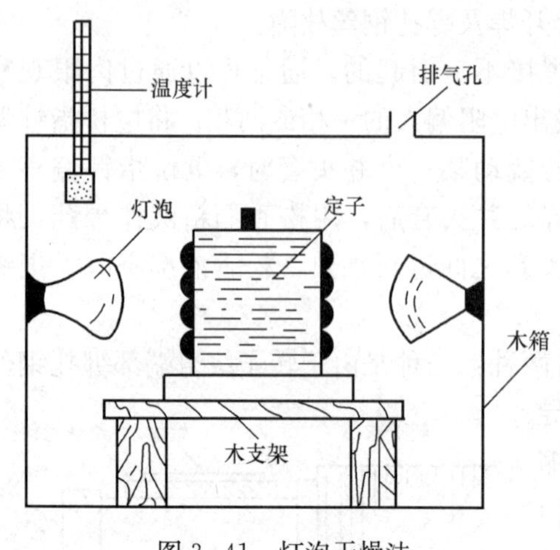

图 3-41 灯泡干燥法

保持排气畅通，以便排出潮气。箱内温度较高时可关掉一部分灯泡。灯泡不可过于靠近定子绕组，以免烤焦。灯泡的功率可按 5kW/m³ 左右选用。

灯泡干燥法所用装置简单、工艺方便、耗电少，适用于小型电动机的干燥。

2. 烘房干燥法

烘房一般都采用热风循环式，用电、煤气或蒸汽加热。近年来，采用了远红外线干燥新技术，取得了良好的技术经济效果。

图 3-42 为热风循环式烘房结构示意图，烘房本体内层用耐温砖砌成，中间用石棉粉或硅藻土等做成绝热层，外层则用普通砖砌成。加热器宜装在烘房顶部或背面，便于维修。电热器发热元件用镍铬合金电热丝绕成。为防止溶剂的挥发物与灼热的电热丝相接触发生爆炸或火灾，应将电热丝装在充满石英砂的铁管内，并将接头处加以密封。电热器的功率可按 6～8kW/m³ 计算。

利用蒸汽或煤气（天然气）加热时，需将电热器换成蒸汽管或煤气管加热元件。蒸汽式烘房比较安全，不易发生火灾事故；煤气式烘房则比较经济。

远红外线加热时，应将加热元件装在烘房内，利用远红外线的辐射作用，将热量传递到被干燥的绕组上。

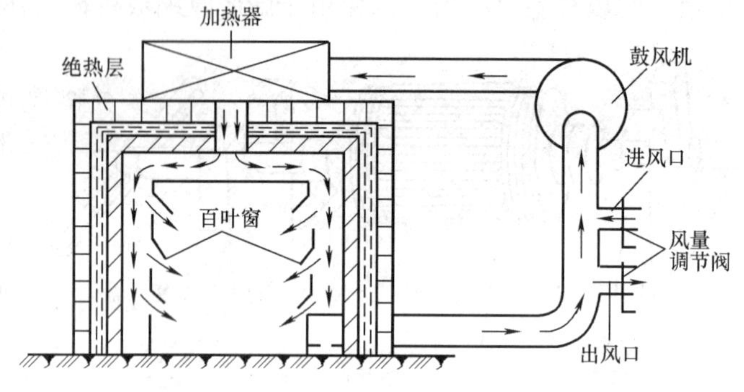

图 3-42 热风循环式烘房示意图

采用烘房干燥法时，用鼓风机将热空气吹入烘房内部加热绕组，排气、进气均用阀门控制，烘房内的空气流通快，加热温度均匀，干燥效率高，能源消耗少。因此，这种干燥法应用较广。

（二）内部干燥

1. 铜损耗干燥法

这种方法是将定子绕组按一定的接线方式通入低压电流，利用绕组本身的铜损耗发热进行干燥。定子绕组的接线方式可根据所加电源的电压大小和相数来决定，通常采用的接线方式有并联加热式、串联加热式和星形加热式、三角形加热式等。但不管哪种方式，每相绕组所分配到的加热电流都应控制在其额定电流的 50%～70%。干燥时，应通过断续送电控制绕组的加热温度，一般在 70～80℃为宜。

图 3-43（a）为并联加热法，用电焊变压器次级等低压交流电源向并联的三相绕组送电，电焊变压器次级电流可连续调节，低压电流能均匀地分配到三相绕组。这种方式适用于干燥 25～75kW 及以下电动机的绕组。

图 3-43（b）为串联加热法。它适用于三相绕组的六根引线端都接到接线盒上的电动

机。这种加热方式的优点也是三相绕组受热均匀，在干燥过程中不需改动接线，而且有些小型电动机可以直接通入220V交流电，省去另备低压电源。

在检修现场具备三相调压器时，可采用星形加热和三角形加热两种方法。它的优点是不必拆开电动机的三相引出线，可直接将三相低压电源接到接线盒内的三相引线端上，而且三相绕组受热也是均匀的。

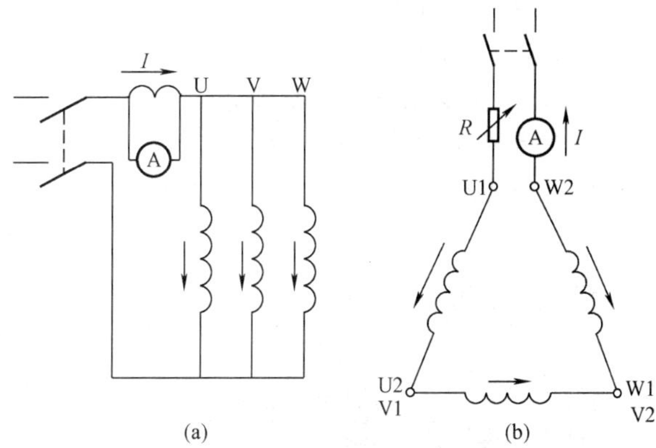

图3-43 串联和并联加热法

(a) 并联加热法；(b) 串联加热法

2. 铁损耗干燥法

此法适用于干燥大型电动机，它是利用临时缠绕在定子铁芯和外壳上的励磁线圈，通入交变电流产生交变磁通，在铁芯和外壳中产生涡流和磁滞损耗来加热绕组的。

第五节 三相异步电动机的拆卸与组装

一、三相异步电动机的拆卸

(一) 拆卸前的准备

对三相异步电动机进行维护和检修时，常需要拆卸和组装电动机，为了保证拆卸工作的顺利进行，在拆卸电动机之前应做好必要的检查记录和工具、设备等的准备。

1. 备齐拆卸工具

拆卸工具包括大小扳手、铁锤、木锤、螺丝刀、套筒、拉模、起重设备等。

2. 做好技术准备

首先应熟悉被拆电动机的结构特点、拆装要领以及它所存在的缺陷。然后拆除电源线和保护接地线，拆下地脚螺栓和联轴器螺栓等，将电动机搬到检修场地。为了防止装配时把位置弄错，在拆卸前还应做好如下标记。

1) 标出电源线在接线盒中的相序。

2) 标出联轴器或皮带轮与轴台的距离。

3) 标出机座在基础上的详细位置。

4) 标出绕组引出线在机座上的出口方向。

5) 标出端盖、轴承盖的负荷端与非负荷端，并在端盖与轴承盖之间、端盖与机座之间的接缝处用钢冲打上记号。

做好上述准备工作后，方可拆卸电动机。

(二) 电动机的拆卸步骤

(1) 拆下皮带轮或联轴器。

(2) 拆卸风罩、风扇。

(3) 拆卸轴承盖和端盖。

（4）从定子膛内抽出转子。

（5）拆卸前后轴承及轴承内盖。

（三）几个主要零部件的拆卸方法

1. 皮带轮或联轴器械的拆卸

将皮带轮或联轴器的定位螺钉或销钉旋松取下，装上拉模如图 3-44 所示，使拉模的拉钩对称地钩住皮带轮或联轴器内圈，两钩爪要受力一致，拉模螺杆顶端对准电动机转轴的中心，转动螺杆手柄，把皮带轮或联轴器慢慢拉出。当皮带轮或联轴器与转轴配合较紧时不要硬拉，可在定位螺孔内注入煤油，待煤油沿轴浸润后再拉。如仍拉不出，可用喷灯或气焊火焰等急火快速而均匀地将皮带轮或联轴器加热，使其膨胀，便可拉出。加热温度不能太高，为防止转轴变形可用石棉布将外露的转轴包住。

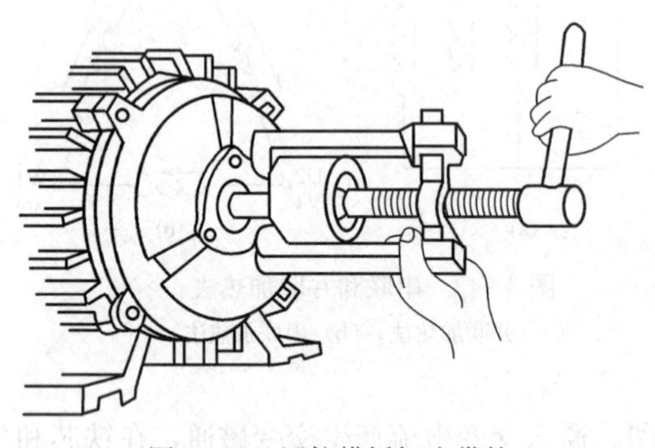

图 3-44　用拉模拆卸皮带轮

在拆卸过程中，应注意不能用手锤直接敲出皮带轮或联轴器，以免将其敲碎或使转轴变形、端盖受损等。

2. 风罩和风扇的拆卸

旋松风罩的紧固螺丝，就可取下风罩。拆卸风扇时，应先松脱或取下转轴尾端风扇上的定位螺钉或销钉，然后用木锤在风扇四周均匀轻敲，风扇就松脱下来。若风扇是塑料制成的，可将风扇浸入热水中，待塑料风扇膨胀后即可取下。

小型异步电动机的风扇一般可不用拆下，在抽转子时随转子一起抽出。

拆卸风扇时应注意不要使扇叶变形，以免影响转子动平衡。

3. 轴承盖和端盖的拆卸

拆卸端盖前应先检查紧固件是否齐全，并预先在端盖与轴承盖和机座接合处做好对正记号，前后两端的记号应有明显区别。

拆卸时，先把轴承盖螺栓拧下，取下轴承盖后再拆卸端盖。拆卸端盖的方法是，拧下端盖与机座的固定螺栓，对于大、中型电动机，可用端盖上的顶丝均匀加力，将端盖从机座止口中顶出；对于端盖上没有顶丝螺孔的小型电动机，可用撬棍或螺丝刀在端盖与机座的接缝中均匀用力，将端盖撬出止口。如图 3-45 所示。

4. 抽出转子

小型异步电动机的转子可用手直接抽出，但应注意不要擦伤铁芯和绕组。风扇与转子一起抽出时，若风扇直径大于定子内膛，应将转子从风扇侧取出。

大中型异步电动机的转子较重，必须用起重设备抽出转子。抽转子的方式有多种，一般选用接假轴抽转子法，如图 3-46 所示。在转轴一端套入假轴（比轴颈大 10～20mm 的钢管）将转轴接长，在另一侧放一块与转子底沿同样高的垫木。用钢丝绳套住转子两端的轴颈，如图 3-46（a）所示，将转子微微吊起，经检查牢固可靠后，移动起吊设备，使转子慢慢地从定子内膛移出，暂时搁放在垫木上。然后将钢丝绳改套住转子，如图 3-46（b）所示，再慢慢将转子全部移出，吊至检修场地的垫木上放好。

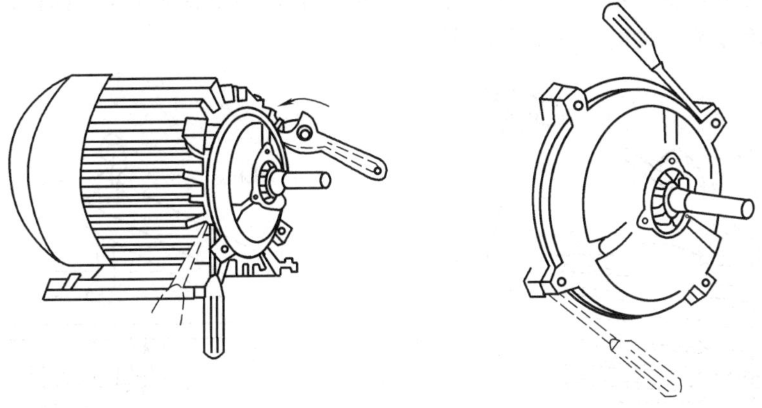
图 3-45　端盖的拆卸

抽转子（或装回转子）时应注意以下几点。

（1）为防止钢丝绳直接接触轴颈，使轴颈碰伤，应在起吊处用棉纱或纸板把轴颈保护好。

（2）抽出转子的过程中，应特别注意不能使转子碰及定子铁芯和绕组。

（3）钢丝绳改套转子时，应注意不要将钢丝绳套在铁芯风道内，同时应在钢丝绳和转子间衬垫纸板，以防止损伤转子铁芯。

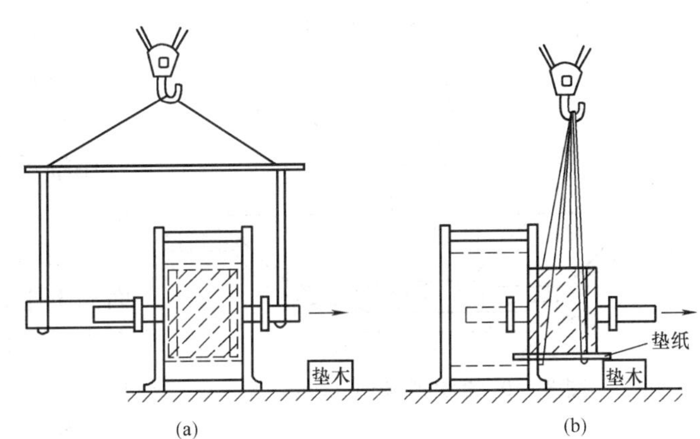

图 3-46　接假轴抽转子法

（a）钢丝绳套住转子两端的轴颈；（b）钢丝绳改套住转子

5. 轴承的拆卸

轴承的拆卸常遇到两种情况：一种是在转轴上拆卸，另一种是在端盖内拆卸。下面分别介绍这两种情况下的轴承拆卸工艺。

（1）在转轴上拆卸轴承。常用的拆卸方法有三种。

1）用拉模拆卸轴承。这种方法与用拉模拆卸皮带轮或联轴器的工艺相同，但应根据轴承的大小，选用适宜的拉模。拆卸时应使拉模的钩爪紧扣在轴承内圈上，扳动螺杆手柄时要慢，用力要均匀，以免损坏轴承。

2）用铜棒拆卸轴承。在没有拉模的条件下，可用端部呈楔形的铜棒来拆卸轴承。如图 3-47 所示，用铜棒在倾斜方向顶住轴承内圈，用手锤敲打铜棒，边敲打边把楔形端沿轴承内圈均匀移动，直到敲下轴承。敲下轴承的过程中，应注意不可偏敲一边，用力不能过猛，以免将轴承敲坏。

3）放置在圆筒上拆卸轴承。如图 3-48 所示，在轴承内圈下面用两块铁板夹住转轴，放置在一只内径略大于转子外径的圆桶上面，在转轴上端面垫上厚木板或铜板，用手锤敲打，着力点要对准转轴中心。为防止轴承脱下时转子和转轴被摔坏，圆桶内应放一些棉纱头。当敲到轴承逐渐松动时，用力要减弱。

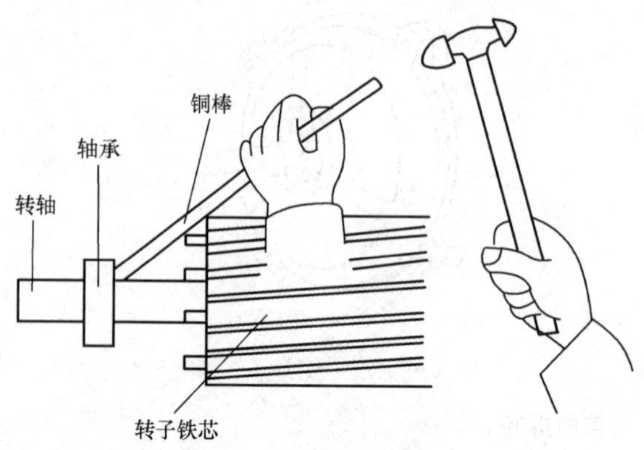

图 3-47 用铜棒拆卸轴承

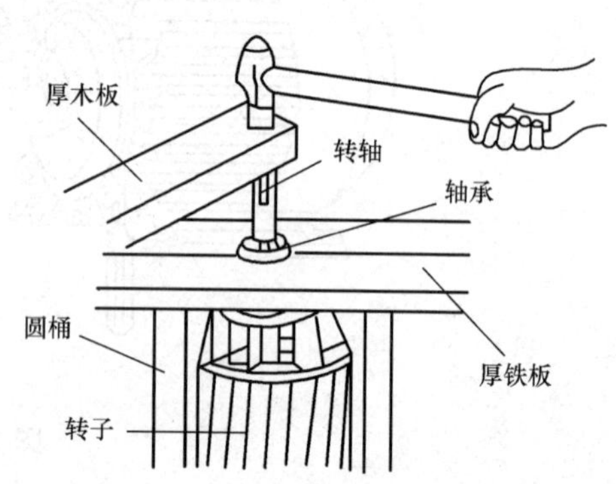

图 3-48 放置在圆筒上拆卸轴承

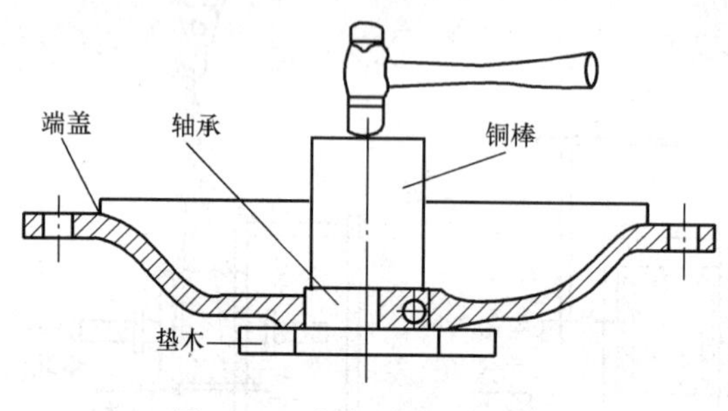

图 3-49 拆卸端盖内孔轴承

(2) 在端盖内拆卸轴承。

有时电动机端盖内孔与轴承外圈的配合比轴承内圈与转轴的配合更紧，在拆卸端盖时，轴承将会留在端盖内孔中。这时可采用图 3-49 所示的方法，将端盖止口面向上平稳地放置，在轴承外圈的下面垫上木板，但不能抵住轴承，然后用一根直径略小于轴承外沿的铜棒或其他金属棒，垫在轴承外圈上面，用手锤敲打铜棒，使轴承从下方脱出。

(3) 轴承的清洗与检查。

1) 将轴承放入煤油桶内浸泡 5～10min。待轴承上油膏落入煤油中，再将轴承放入另一桶比较洁净的煤油中，用细软毛刷将轴承刷洗干净，最后在汽油中清洗一次，用布擦干即可。

2) 检查轴承有无裂纹、滚道内有无生锈等。再用手转动轴承外圈，观察其转动是否灵活、均匀，是否有卡住或过松的现象。小型轴承可用左手的拇指和食指捏住轴承内圈并摆平，用另一只手轻轻地用力推动外钢圈旋转，如图 3-50 所示。如轴承良好，外钢圈应转动平稳，并逐渐减速至停止转动，转动过程中没有振动和明显的停滞现象，停止转动后的钢圈没有倒退现象。如果轴承有缺陷，转动时会有杂音和振动，停止时像刹车一样突然，严重的还会倒退反转。这样的轴承应及时更换。

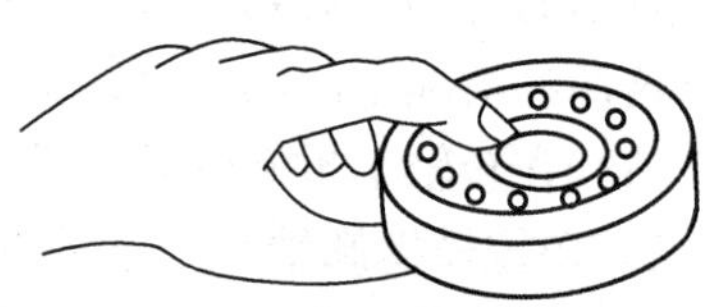
图 3-50 轴承的检查方法

3) 用塞尺或熔丝检查轴承间隙。将塞尺插入轴承内圈滚珠与滚道间隙内并超过滚珠球心，使塞尺松紧适度，此时塞尺的厚度即为轴承的径向间隙。也可用一根直径为 1～2mm 的熔丝将其压扁（压扁的厚度应大于轴承间隙），将这根熔丝塞入滚珠与滚道的间隙内，转动轴承外圈，将熔丝进一步压扁，然后抽出，用千分尺测量熔丝弧形方向的平均厚度，即为该轴承的径向间隙，如图 3-51 所示。

二、三相异步电动机的组装

异步电动机的各零部件检修完毕，做好必要的准备工作后，即可进行组装。

（一）组装前的准备

（1）认真检查装配工具是否齐备、适用。

（2）检查装配环境、场地是否清洁、合适。

（3）彻底清扫定子、转子内部表面的尘垢，最后用沾汽油的棉布擦拭（汽油不能太多，以免浸入绕组内部破坏绝缘）。

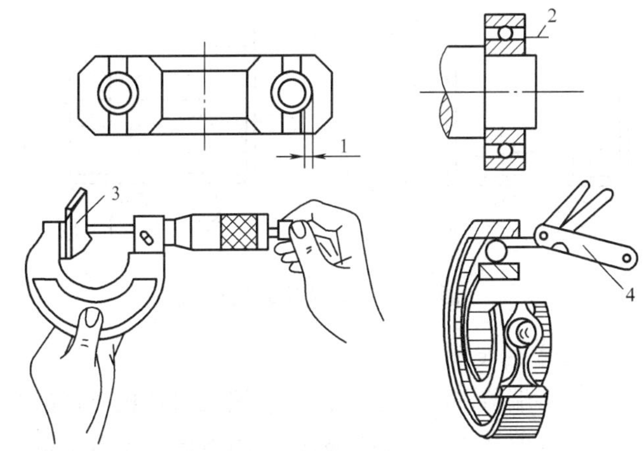

图 3-51　检查轴承间隙

1—径向间隙；2—熔丝；3—压扁后的熔丝；4—塞尺

（4）用灯光检查气隙、通风沟、止口处和其他空隙有无杂物、漆瘤。如有，则必须清除干净。

（5）检查槽楔、绑扎带和绝缘材料是否到位，是否有松动、脱落，有无高出定子铁芯表面的地方，如有，应清除掉。

（6）检查各相定子绕组的冷态直流电阻是否基本相同，各相绕组对地绝缘电阻和相间绝缘电阻是否符合要求。

（二）电动机的组装方法

异步电动机的装配顺序原则上可按拆卸时的相反步骤进行。组装时，应按拆卸前所作标记将各部件原位装复。

1. 轴承的装配

（1）敲打法。在干净的轴颈上抹一层薄薄的润滑油。把轴承套上，按图 3-52 所示方法，用一根内径略大于轴颈直径、外径略大于轴承内圈外径的钢管，将钢管的一端顶在轴承的内圈上，用锤子敲打钢管的另一端，将轴承敲进去。最好是用压床压入。

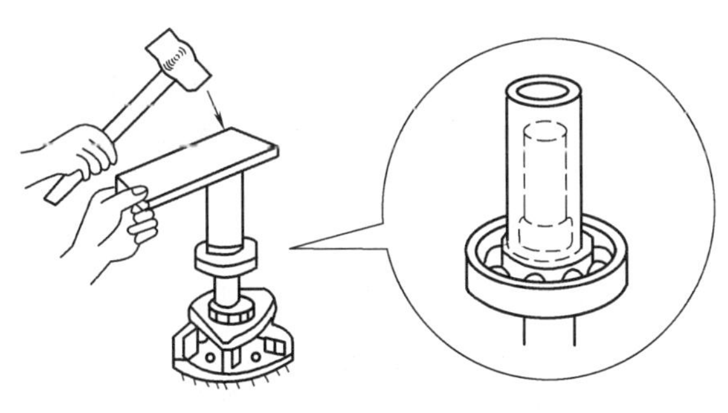
图 3-52　敲打法安装轴承

（2）热装法。如轴承配合较紧，为了避免把轴承内环胀裂或损伤配合面，可采用热装法。将轴承放在油锅里（或油槽里）加热，油的温度保持在 100℃左右，轴承必须浸没在油中，又不能与锅底接触，可用铁丝将轴承吊起并架空（见图 3-53），要均匀加热，浸入 30～40min 后，把轴承取出，趁热迅速将轴承一直推到轴颈，适当时可用（1）中介绍的钢管轮打或推入。

在装好的轴承内加足润滑脂。一般二极电动机应装满 1/3～1/2 的空腔容积，四极及以上电动机应装满轴承空腔容积的 2/3。

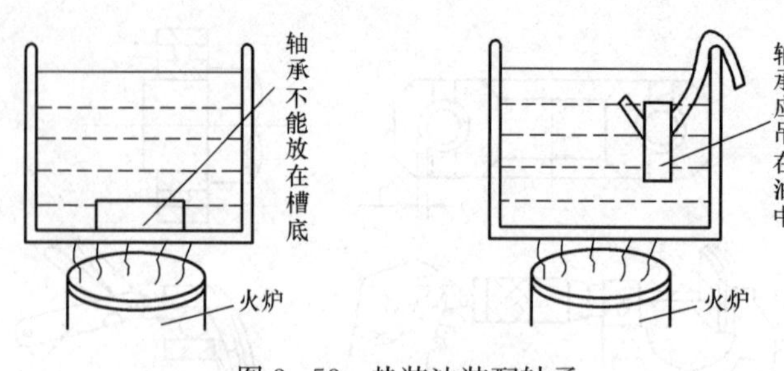

图 3-53 热装法装配轴承

2. 转子的穿入

小型电动机的转子可以用手直接穿入定子膛内；较大的转子需用起重设备将转子平行地送入定子膛内。安装时转子要对准定子的中心，小心往里送放，端盖要对准机座的标记，旋上后盖的螺栓，但不要拧紧。

3. 端盖的装配

（1）将端盖洗净、吹干，铲去端盖口和机座口的脏物。

（2）将前端盖对准机座标记，用木棰轻轻敲击端盖周围。套上螺栓，按对角线一前一后把螺栓拧紧，切不可有松有紧，以免损坏端盖。

（3）装前轴承外盖。可先在轴承外盖孔内插入一根螺栓，用手缓慢转动转轴，当轴承内盖孔转到与外盖孔对齐时，即可将螺栓拧入轴承盖的螺孔内，再装另外两根螺栓。也可先用两根硬导线通过轴承外盖孔插入轴承内盖孔中，旋上一根螺栓，挂住内盖螺钉扣，然后依次抽出导线，旋上螺栓。

4. 刷架、扇叶、风罩的安装

绕线型异步电动机的刷架要按所做的标记装好，安装前要做好滑环、电刷表面和刷握内壁的清洁工作。安装时，滑环与电刷的吻合要密切，弹簧压力要调匀。风扇的定位螺钉要拧到位，且不松动。

上述零部件安装完毕后，要用手转动转子，检查其转动是否灵活、均匀，无停滞或偏重现象。

5. 带轮或联轴器的安装

（1）将抛光布缠绕在圆木上，把带轮或联轴器的轴孔打磨光滑。

（2）用抛光布把转轴的表面打磨光滑。

（3）对准键槽把带轮或联轴器套装在转轴上。

（4）调整好带轮或联轴器与键槽的位置后，将木板垫在键的一端，轻轻敲打，使键慢慢进入槽内。安装大型电动机的带轮时，可先用固定支持物顶住电动机的非负载端和千斤顶的底部，再用千斤顶将带轮顶入。

6. 装配后的检验

（1）检查电动机的转子转动是否轻便灵活，如转子转动比较沉重，可用纯铜棒轻敲端盖，同时调整端盖紧固螺栓的松紧程度，使之转动灵活。检查绕线型转子电动机的刷握位置是否正确，电刷与滑环接触是否良好，电刷在刷握内是否卡死，弹簧压力是否均匀等。

（2）检查电动机的绝缘电阻，摇测电动机定子绕组中相与相之间、各相对地之间的绝缘电阻。

（3）按铭牌要求接好电源线，在机壳上接好保护接地线，接通电源，用钳形电流表检测三相空载电流，看是否符合允许值。

（4）用转速表测量电动机的转速。

(5) 检查电动机温升是否正常，运转中有无异响。

第六节 三相异步电动机绕组的重绕

一、定子绕组的基本原则和概念

(一) 定子绕组分布的对称性

为了使定子绕组分布对称性，要求做到以下几点：

(1) 每相绕组线圈的形状、尺寸、个数以及嵌放和连接方法必须完全相同。

(2) 三相绕组排列顺序相同，相与相之间要间隔 120°电气角。

(二) 定子绕组的术语

1. 线圈、极相组、绕组

线圈是以绝缘导线（如漆包线）按一定形状绕制而成，线圈可由一匝或多匝导线组成，如图 3-54 所示。同一相中多个线圈构成的一组单元称为极相组，而由多个线圈或极相组构成的一相或整个三相电路的组合称绕组。

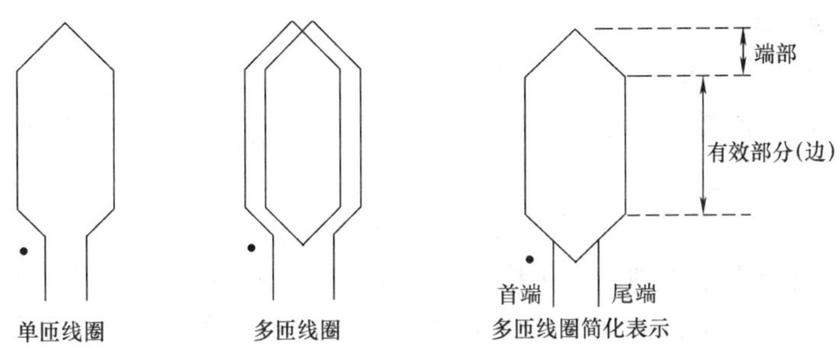

图 3-54 线圈的表示方法

线圈有两个直线边，它们嵌入铁芯槽内，进行电磁能量转换，是线圈的有效部分（边）；线圈两端伸出铁芯槽外，不参加能量转换，仅起连接两个有效边的作用，这部分称为端部，为了便于绘制绕组图，一般用简化方法来表示一个多匝线图。

2. 极矩

极矩是指沿定子铁芯内圆每极所占的圆周长度或槽数。用槽数的表达式为

$$\tau = \frac{Z}{2p} \tag{3-4}$$

式中 Z——定子总槽数；

p——磁极对数。

例如：一台 24 槽的 4 极（$p=2$）三相异步电动机的极距为

$$\tau = \frac{Z}{2p} = 24/4 = 6(\text{槽})$$

3. 节距

节距是指一个线圈两个有效边之间的距离，也就是线圈两个有效边所跨的槽数，用 y 表示。如果线圈的一个有效边在第一槽，另一个有效边在第八槽，则节距 $y=7$。

节距又分整节距（或称全节距），短节距和长节矩，节距与极距相等（即 $y=\tau$）称整节

距，节距小于极距（即 $y<\tau$）称短节距，节距大于极距（即 $y>\tau$）称长节距，为了使线圈的感应电势尽可能大些，一般要求节距等于或接近等于极距。

4. 每极每相槽数

每极每相槽数是指每相绕组在一个磁极下所占的槽数，用 q 表示，即

$$q=\frac{Z}{2pm} \tag{3-5}$$

式中　m——相数。

所以 24 槽 4 极三相异步电动机的每极每相槽数即为 2。

5. 机械角度和电角度

一个圆周所对应的几何角度为 360°，该几何角度称为机械角度。而一对磁极占有的是 360°电角度。若电机有 p 对磁极，则相应的电角度为 $p\times 360°$。因此

$$\text{电角度}=p\times\text{机械角度} \tag{3-6}$$

6. 绕组的分类

定子绕组的分类按绕组相数可分单相绕组和三相绕组；按槽内层数可分单层绕组和双层绕组；按绕组形状可分同心式绕组、交叉式绕组、叠绕式绕组和波绕式绕组。

二、三相单层绕组

1. 三相单层绕组的安排原则与展开图

现以三相四极 24 槽等元件式单层整距绕组为例来说明。可按下列步骤画出其接线展开图。

（1）画槽并编号，求出每极槽数 τ 和每极每相槽数 q。

1）分极：按定子槽数 Z 画出定子槽，并编上序号，按磁极数 $2p$ 等分定子槽 Z，磁极按 N、S、N、S……的顺序交错排列。该例中 $Z=24$，$2p=4$，相数 $m=3$，故

$$\text{每极槽数}=\frac{Z}{2p}=24/4=6(\text{槽})$$

2）分相：每个磁极下的槽数均匀分成 3 个相带，每个相带占 60°电角度，每极每相槽数为

$$q=\frac{Z}{2pm}=24/2\times 2\times 3=2(\text{槽})$$

（2）按 U1、W2、V1、U2、W1、V2 顺序标出相带。若 U 相的起端 U1 在第 1 槽，则 V 相的起端 V1 应在第 5 槽，W 相的起端 W1 应在第 9 槽，由于每极相槽数为 2，故 U 相在各极相带的槽号是 1、2、7、8、13、14、19、20，V 相在各极相带的槽数号是 5、6、11、12、17、18、23、24，W 相在各极相带的槽号是 9、10、15、16、21、22、3、4。

（3）根据 $y=\tau$（整节距）将两个有效边连成一个线圈元件。

（4）把同一相带的 q 个线圈，按前一线圈的末端与后一线圈的首端相连接的规则串联，组成一个极相组。

（5）沿电流方向将同一相的极相组线圈串联成一相绕组。如图 3-55 所示为 U 相绕组的连接顺序图。

按上述步骤可画出三相单层整距绕组的展开图，如图 3-56 所示。

2. 三相单层绕组的分类

三相单层绕组可分为链式绕组、交叉链式绕组和同心式绕组。

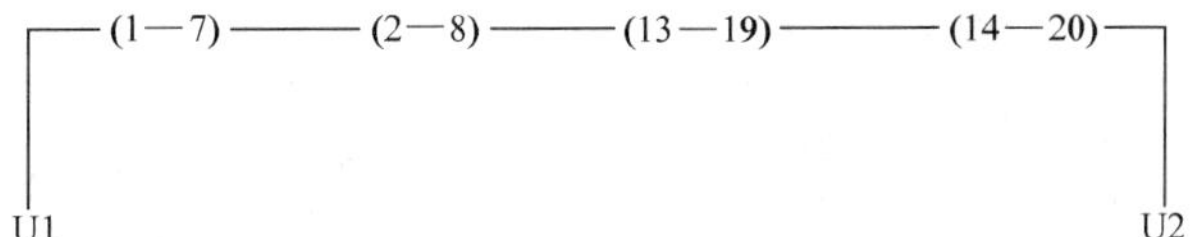

图 3-55　U 相绕组的连接顺序

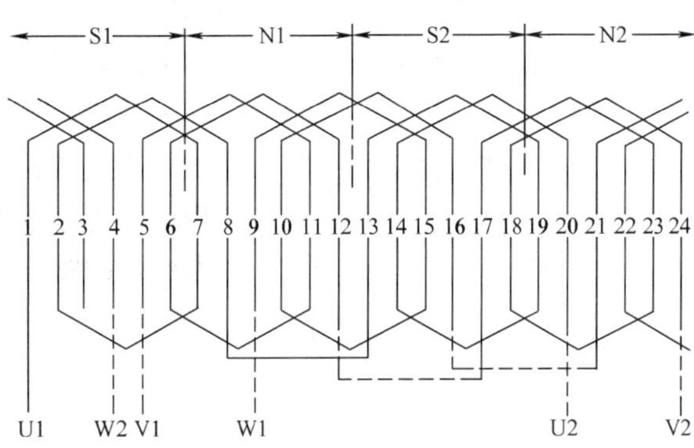

图 3-56　三相等元件式单层整距绕组展开图

(1) 链式绕组。链式绕组是由相同节距的线圈组成的。它的线圈连接形状像链子一样一环连着一环。一台三相四极 24 槽异步电动机展开图的绘制步骤如下：

1) 求出每极槽数 τ 和每极每相槽数 q。

$$\tau = \frac{Z}{2p} = 24/4 = 6(\text{槽})$$

$$q = \frac{Z}{2pm} = 24/2 \times 2 \times 3 = 2(\text{槽})$$

所以，节距 $y=5$ 槽（取 $y=5/6\tau$）。

2) 展开图上划分极、相带并画电流方向。将 24 槽分成 4 个极，每个极下有 6 个槽，极距 $\tau=6$ 槽，而每个极占有 180°电角度，分属于三相，即为 60°相带；每极每相有 2 个槽，每个槽占有 30°电角度。按 U1、W1、V1、U2、W2、V2 相带排列，则各槽号所属磁极和相带如表 3-3 所示。

表 3-3　槽号所属磁极和相带

极距	τ (S)			τ (N)		
相带	U1	W2	V1	U2	W1	V2
第一对磁极槽号	1、2	3、4	5、6	7、8	9、10	11、12
第二对磁极槽号	13、14	15、16	17、18	19、20	21、22	23、24

假设电流参考方向从线圈首端 U1、V1、W1 流入，尾端 U2、V2、W2 流出，对应展开图 3-57 中的电流方向应该是 U1、V1、W1 相带向上，U2、V2、W2 相带向下。所以，一个相带中有效边的电流方向应相同，而相邻相带的有效边电流方向相反。

3) 根据相带和电流方向连接线圈及相绕组。由表 3-3 可知，U 相绕组含第 1、2、7、8、13、14、19、20 八个槽，从节省端部接线考虑，应取节距 $y=5$，则 U 相绕组由

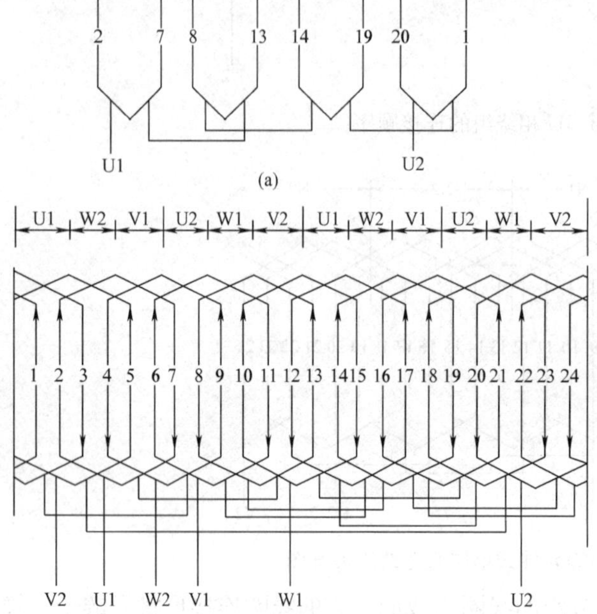

图 3-57　三相四极链式绕组展开图
(a) U 相；(b) 三相绕组

(2-7)、(8-13)、(14-19) 和 (20-1) 4 个线圈组成，如图 3-57 所示。同理 V、W 相绕组也在图 3-57 画出。

4) 画出各相绕组的引出线。各相绕组的电源引出线端位置没有严格的规定，通常相隔 120°电角度。假若 U 相绕组的首端 U1 定为第 1 槽，则 V 相绕组的首端 V1 应为第 5 槽，W 相绕组的首端 W1 应为第 9 槽，其他引出线如图 3-58 所示的三相绕组的连接顺序。

(2) 三相单层同心式绕组。同心式绕组的结构特点是各相绕组均有不同节距的同心线圈（大线圈套在小线圈外面）经适当连接而成，这种绕组的端部较长，常用于两极电动机中。一台三相两极 24 槽异步电动机展开图的绘制步骤如下：

1) 求出每极槽数 τ 和每极每相槽数 q

$$\tau = \frac{Z}{2p} = 24/2 = 12(\text{槽})$$

$$q = \frac{Z}{2pm} = 24/2 \times 3 = 4(\text{槽})$$

2) 划分极和相带，标出电流方向。将 24 槽分成 2 个极，每个极下有 12 个槽，每个极占有 180°电角度，分属于三相，即为 60°相带；每极每相有 4 个槽，每个槽占有 15°电角度。按 U1、W1、V1、U2、W2、V2 相带排列，则各槽号所属磁极和相带如表 3-4 所示。

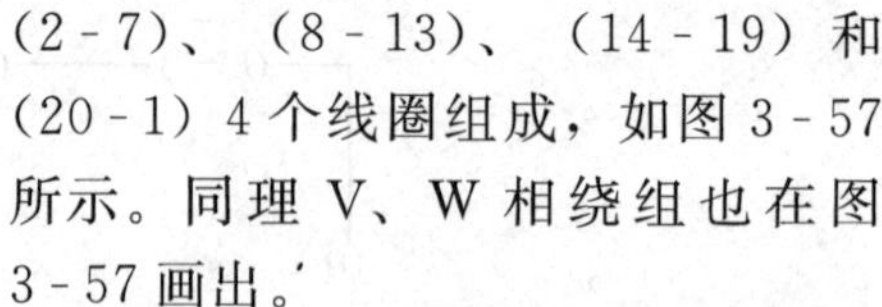

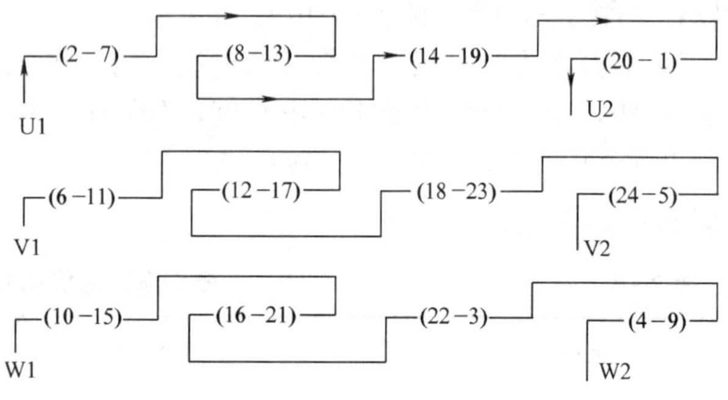

图 3-58　三相绕组的连接顺序

表 3-4　槽号所属磁极和相带

极距	τ (S)			τ (N)		
相带	U1	W2	V1	U2	W1	V2
槽号	1、2、3、4	5、6、7、8	9、10、11、12	13、14、15、16	17、18、19、20	21、22、23、24

3) 根据相带和电流方向连接线圈组及相绕组。由表 3-4 可知，U 相绕组含第 1、2、3、4、13、14、15、16 八个槽，从节省端部接线考虑，节距 y 取短距，因此大线圈节距为 11

槽（3 与 14），小线圈节距为 9 槽（4 与 13）。嵌线时小线圈套在大线圈内，则 U 相绕组由（3-14）、（4-13）、（2-15）和（1-16）4 个线圈组成。同理 V 相绕组由（11-22）、（12-21）、（10-23）和（9-24）4 个线圈组成。W 相绕组由（19-6）、（20-5）、（18-7）和（17-8）4 个线圈组成。根据参考电流方向，U 相绕组连接顺序如图 3-59 所示。

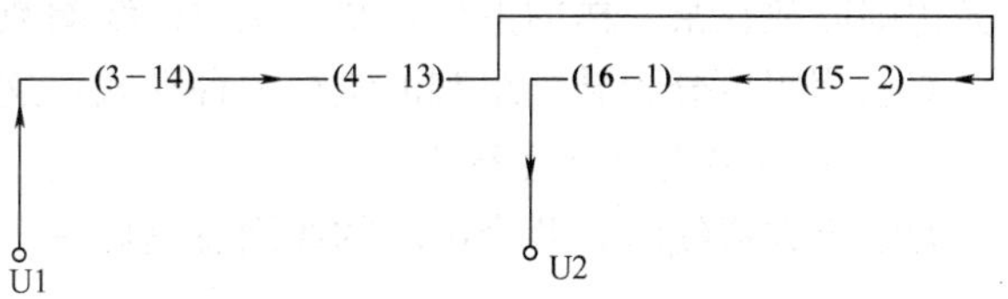

图 3-59　U 相绕组的连接顺序

4）画出各相绕组的引出线。各相绕组的电源引出线端位置没有严格的规定，通常相隔 120°电角度。假若 U 相绕组的首端 U1 定为第 3 槽，则 V 相绕组的首端 V1 应为第 11 槽，W 相绕组的首端 W1 应为第 19 槽；然后 U、V、W 相的各线圈沿电流方向连接，便形成各相绕组的展开图，如图 3-60 所示。

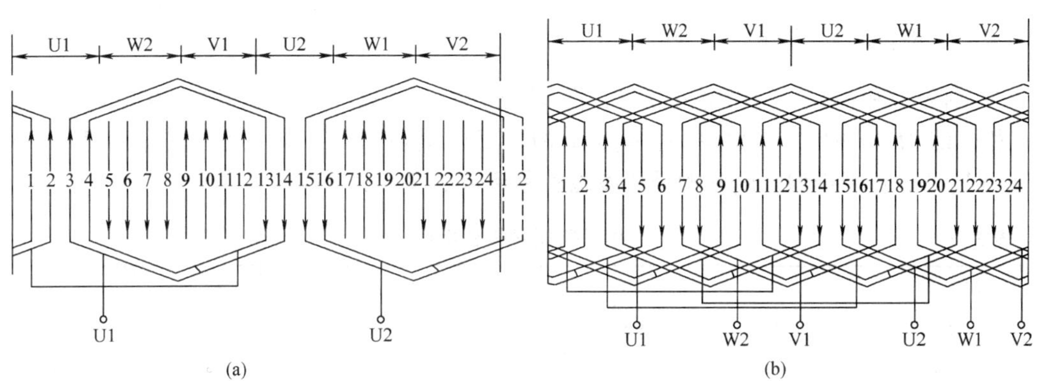

图 3-60　24 槽 2 极单层同心绕组展开图

（a）U 相绕组；（b）三相绕组

（3）交叉链式绕组。电动机每对磁极下有两组大节距线圈和一组小节距线圈，采用不等距线圈连接而成的绕组叫做交叉链式绕组。

根据以上绘制步骤可画出一台三相四极 36 槽异步电动机展开图，如图 3-61 所示。

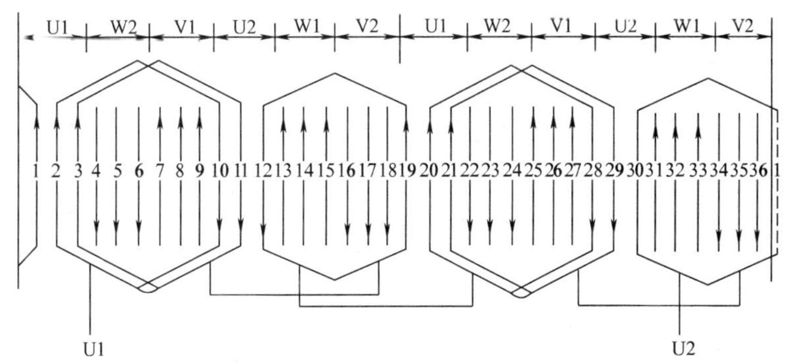

图 3-61　三相四极 36 槽单层交叉链式绕组展开图（U 相）

三、三相双层绕组

双层绕组的每个槽内有上、下两个线圈边，每个线圈的一条边嵌放在某一槽的上层，另一条边则嵌放在某一槽的下层，整个绕组的线圈数正好等于槽数。

双层绕组可分为叠绕组和波绕组两种形式，这里主要介绍叠绕组。

1. 三相双层整数槽叠绕组

叠绕组在嵌线时，两个串联的线圈总是后一个叠在前一个上面，因此叫做叠绕组。双层叠绕组的节距可以任意选择，一般选择短节距 $y=\frac{5}{6}\tau$，以便减小谐波电动势，使电动机的磁场分布更接近正弦波，从而改善电动机性能。一台三相四极 36 槽异步电动机展开图的绘制步骤如下：

1）求出每极槽数 τ 和每极每相槽数 q。

$$\tau = \frac{Z}{2p} = 36/4 = 9(\text{槽})$$

$$q = \frac{Z}{2pm} = 36/4 \times 3 = 3(\text{槽})$$

确定节距：取 $y=\frac{5}{6}\tau=\frac{5}{6}\times 9=7.5$，因此 $y=7$。

2）划分极和相带，标出电流方向。将 36 槽分成 4 个极，每个极占有 180°电角度，分属于三相，即为 60°相带；每极每相有 3 个槽，每个槽占有 20°电角度。按 U1、W2、V1、U2、W1、V2 相带排列，则各槽号所属磁极和相带如表 3-5 所示。

表 3-5　槽号所属磁极和相带

极距	τ (S)			τ (N)		
相带	U1	W2	V1	U2	W1	V2
第一对磁极槽号	1、2、3	4、5、6	7、8、9	10、11、12	13、14、15	16、17、18
第二对磁极槽号	19、20、21	22、23、24	25、26、27	28、29、30	31、32、33	34、35、36

3）根据相带和电流方向连接线圈组及相绕组。以 U 相为例，如图 3-62 所示，第 1 槽的上层边与第 8 槽的下层边连接起来构成线圈 1，第 2 槽的上层边与第 9 槽的下层边连接起来构成线圈 2，……以此类推，即可构成含有 12 个线圈（1、2、3、10、11、12、19、20、21、28、29、30）的 U 相绕组。图 3-62 中，每个线圈都由一根实线和虚线组成，实线表示

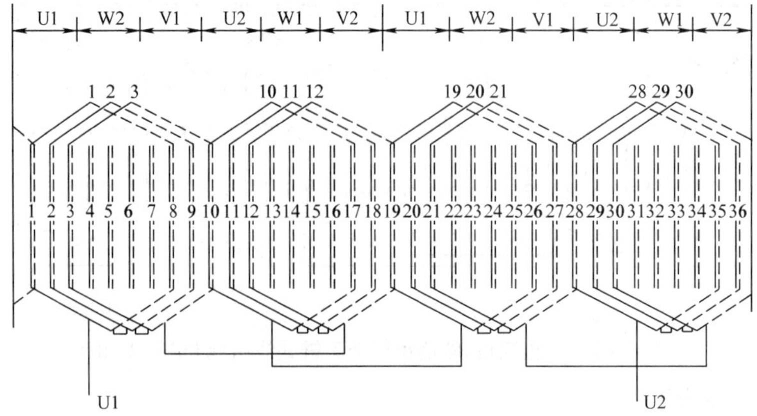

图 3-62　三相双层叠绕组展开图（U 相）

上层边，虚线表示下层边，各线圈的编号都用其上层边所在的槽号表示。

4）画出各相绕组的引出线。定子相邻两槽间的电角度为20°，通常三相绕组相隔120°电角度，则电源引出线相隔6槽。若U相绕组的首端U1定为第1槽，则V相绕组的首端V1应为第7槽，W相绕组的首端W1应为第13槽，U2、V2、W2分别在28槽、34槽、4槽。

2. 多支路数的连接方法

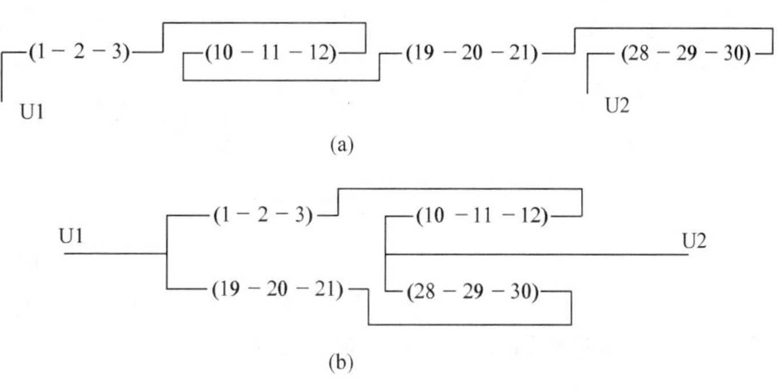

图3-63 两种支路连接

(a) 单支路连接；(b) 双支路连接

上述绕组的连接，是假定绕组的并联支路数$a=1$来分析的，若并联支路数$a=2$时，U相绕组连接方式如图3-63（b）所示。

并联支路数最大等于$2p$，即支路数a最大可能等于每相的极组组数，但$2p$必须是a的整倍数。

3. 圆形接线参考图（简称端部接线图）

由于展开图的绘制比较麻烦，实际工作中往往使用端部接线图，如图3-64所示。端部接线图的作图方法如下：

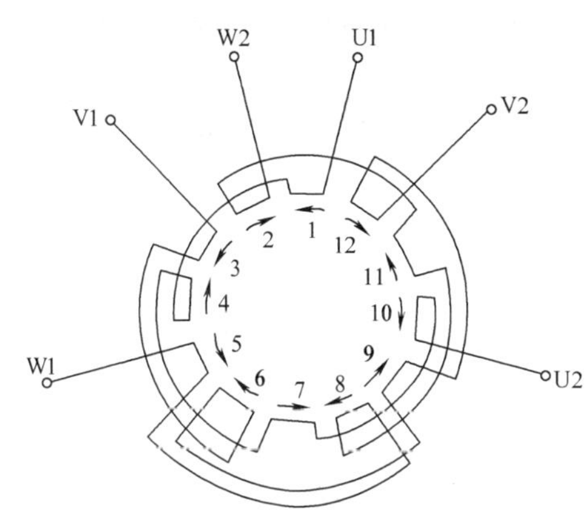

图3-64 定子绕组端部接线图

（1）按极相组总数将定子圆周等分，本例中有$2pm$（即2×2×3=12）个极相组。

（2）根据60°相带分配原则，按顺序给极相组编号。U相绕组由1、4、7、10号极相组构成，V相由3、6、9、12号极相组构成，W相由5、8、11、2号极相组构成。

（3）三相绕组首端（或尾端）之间应相差120°电角度，若U端为1号极相组的头，则V、W相首端应分别为3、5号极相组的头。

（4）根据各极相组之间采用“反串联”连接方式的规则，连接各极相组。相邻极相组电流的方向相反（用箭头表示电流方向），再按电流方向将各极相组引出线连接起来，就构成了三相绕组端部接线圈。

四、定子绕组的重绕

电动机的定子绕组损坏严重，无法进行局部修理时，就必须拆换全部绕组，称为重绕。其方法、步骤简述如下。

（一）绕组的拆除

1. 绕组数据的测量和记录

拆除旧绕组时，必须对电动机的各项技术数据进行测量和记录，以便按原技术数据要求进行重绕，尽量使修复后的电动机恢复原有性能。测量和记录的数据主要有以下几项。

(1) 电动机铭牌全部数据。例如：型号、功率、转速、额定电压、额定电流和接法等。

(2) 定子铁芯内径、长度、槽数、槽形状及尺寸、线圈端部长度等，如图 3-65 所示。

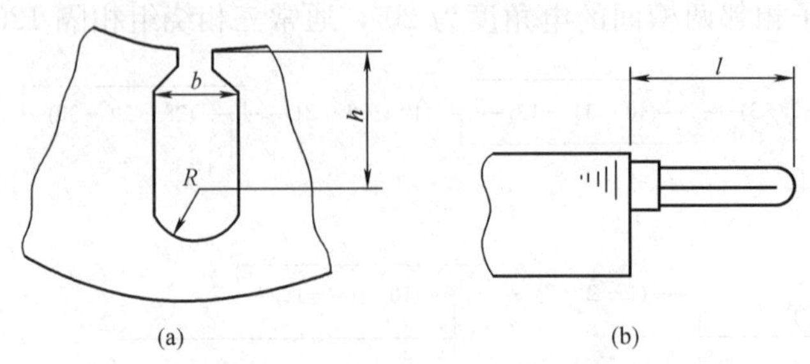

图 3-65　定子绕组尺寸示意图
(a) 槽形尺寸；(b) 绕组端部伸出铁芯的长度

(3) 绕组的型式、节距、匝数、极对数、导线直径及规格，并联支路数或并绕导线根数等。绕组的接线型式最好画出其展开图。导线的直径可用千分尺测量，测量前用微火烧焦绝缘层并用布擦净，测量数据，取其平均值。

(4) 各部分绝缘材料的规格。

(5) 绕组引出线的型号和规格。

2. 旧绕组的拆除方法

拆除旧绕组的方法有多种，一般采用通电加热法最为理想。先将绕组的连接线拆除，给每一相绕组施加 60～80V 交流电压（可由电焊机二次侧获得），使绕组温度逐渐升高，待绕组绝缘软化到一定程度时，立即切断电源并迅速拆除旧绕组。对于开口槽的电动机也可以用小刀将槽楔破开取出，然后逐槽逐次将线圈起出。

拆除绕组时，为了绕制新线圈方便、准确，一般应保留几个完整的旧线圈作为样品线圈。拆除旧线圈后，应将铁芯槽内的残留物清理干净。如果铁芯硅钢片歪斜或有毛刺，应修整清除。

加热拆除旧绕组时，切忌将铁芯用明火烧烤。这样容易烧坏铁芯硅钢片间的绝缘，造成铁芯涡流增大，也容易使铁芯产生变形。

(二) 绕组线圈的绕制与嵌装

1. 绕组线圈的绕制

应根据电动机原有线圈的数据进行绕制，其导线规格和截面大小、线圈的匝数和个数、线圈的大小尺寸等均应和原线圈相同。通常线圈是在线模上进行绕制的，线模可以是自制的木模或专用的线模，线模的大小尺寸以保留下来的样品线圈作参考，也可以通过计算求得。图 3-66 所示的是一种木模结构。

使用的漆包线的规格、型号应符合要求，表面应光洁，无气泡和杂质及起皮、脱落现象。绕线时，应做到匝数准确，导线排列整齐，尺寸要合适，不要扭折和碰伤导线，保证绝缘良好。线圈的头、尾留出足够长度，以便进行线圈间的连接。

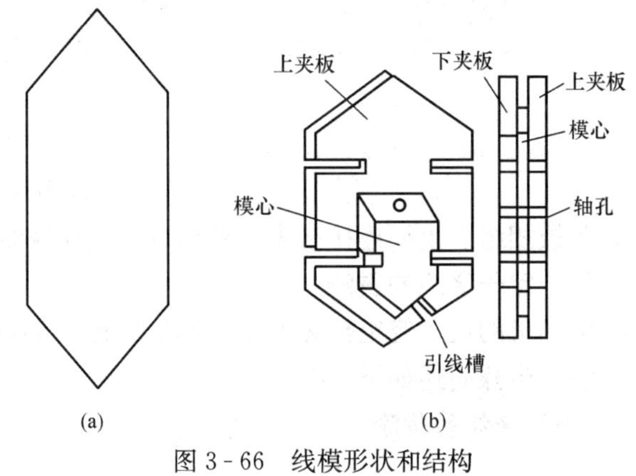

图 3-66　线模形状和结构
(a) 模心；(b) 线模结构

2. 嵌放线圈

线圈的嵌放（俗称下线）是按照一定的规律将线圈的两条直线边导线分别嵌入定子铁芯不同的槽内。嵌线质量的好坏，直接影响电动机的电气性能和使用寿命，因此，必须认真谨慎地操作。嵌线的操作要点如下：

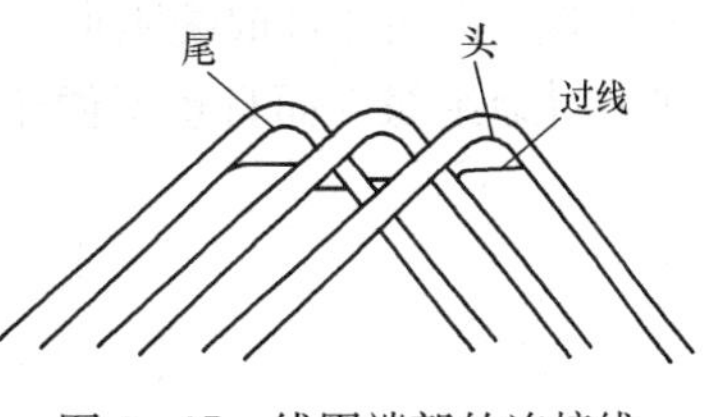

图 3-67　线圈端部的连接线

(1) 引出线处理。先把线圈的引出线理直，套上黄蜡套管。由于一般是右手捏线，所以要求绕线时用右手挂线头。线圈端部的连接线如图 3-67 所示。

(2) 线圈捏法。将绕好的线圈捏紧，压成扁平状，如图 3-68 所示。然后用右手拇指和食指捏住下层边，左手拇指和食指捏住上层边，并趁势将线圈扭一下，将上层边外侧导线扭在上面，下层边内侧导线扭在下面。

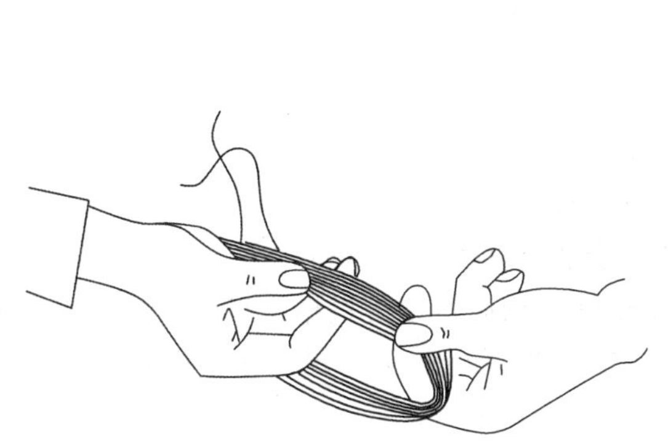
图 3-68　线圈的捏法

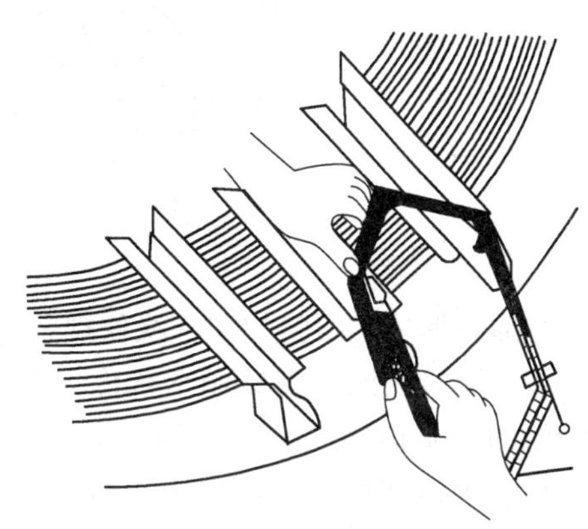
图 3-69　线圈嵌入槽内

(3) 嵌放和划线。如图 3-69 所示，将捏扁的线圈放到定子铁芯槽口的槽绝缘中间，将线圈朝里拉，使导线进入槽内，少数未入槽的导线可用刮板划入槽内。待导线全部进入槽内后，顺着槽来回轻轻拉动线圈，使其平整服贴，再用同样的方法嵌好同一节距其余线圈的下层边。在嵌放下层边时，要用纸垫好或吊起线圈的上层边，防止导线绝缘被铁芯槽口刮伤。待一个节距内所有线圈的下层边都嵌好后，再将线圈的上层边逐一嵌入相应的槽内。

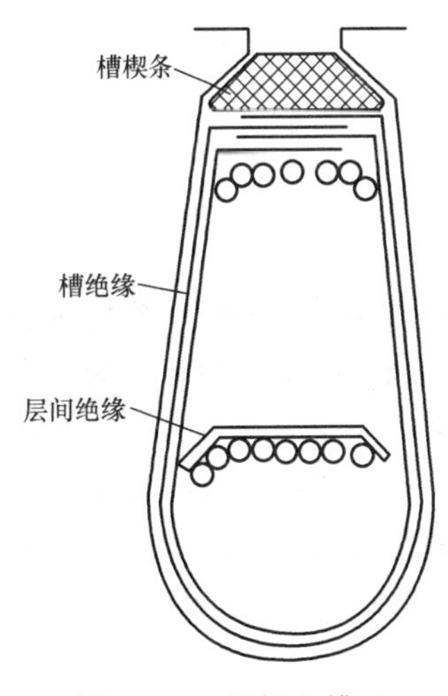

图 3-70　层间和槽口的绝缘处理

(4) 压实导线。导线全部嵌入槽内以后，用压线板压实导线，以便封槽，但不能用力过猛。如果定子较大，可用小榔头轻敲压线板将导线压实。若线圈端部槽口转角处凸起，可垫上竹片再用小榔头轻轻敲打将其压平。

(5) 层间绝缘。嵌好下层边后，将绝缘纸折好放入槽内，盖住下层边，如图 3-70 所示。要注意绝缘纸需用压线板压实，或用小榔头轻敲压线板将其压实。

(6) 封槽口。先将导线压实，然后用刮板折起槽绝缘包住导线，用压线板压实后，再从一端打入槽楔条封住槽口。槽楔条长度应比槽绝缘短 3mm，厚度不小于 2.5mm，进槽后松紧要适当。

（7）端部成形。嵌好线圈后，检查线圈外形、端部排列和相间绝缘是否符合要求，然后用橡皮锄头将端部打成喇叭形，如图 3-71 所示。喇叭口的大小要适宜，否则会影响电动机散热和对地绝缘，而且也不便于放置转子。

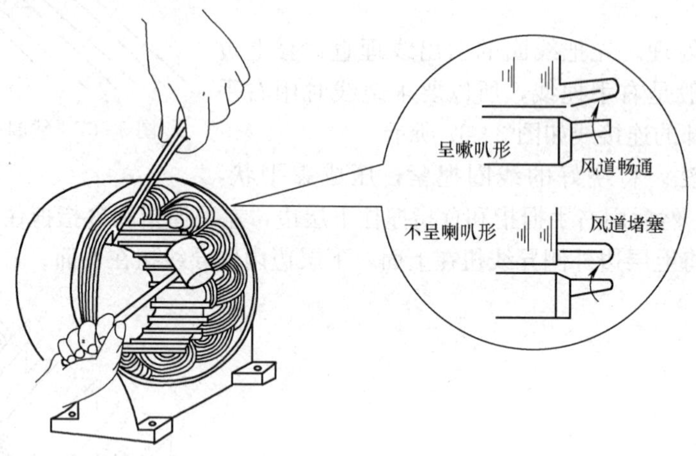

图 3-71　端部成形

端部整形后，要将端部绝缘修理整齐，使绝缘纸高出导线 5～8mm。

（8）连接线圈。将线圈全部嵌入电动机定子铁芯槽后，便可根据绕组的连接规律把各相绕组的线圈连接成三相绕组，并通过引出线把三相绕组的头、尾引接至电动机的接线端，把引出线绑好。绕组引出线线端的绑扎如图 3-72 所示。

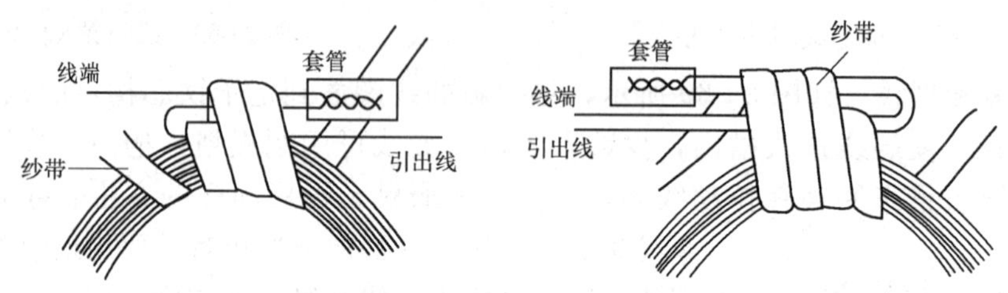

图 3-72　绕组引出线线端的绑扎方法

3. 嵌接线后的检查

接线后应进行下述检查，确认无误后方可进行浸漆烘干处理。

（1）外观检查。检查绕组端部长度是否一致整齐，喇叭口的大小是否适中；槽楔是否松动或高出槽口；槽绝缘应无破裂；端部相间绝缘是否垫好，有无凸出松动现象；导线应无折痕和漆膜无刮伤脱落；接线头是否焊牢，绝缘套管是否将焊接部位完全套住等。

（2）仪表测试。用绝缘电阻表测试其绕组相间绝缘及绕组对地绝缘是否符合要求（低压电动机应≥0.5MΩ），有无断路、短路或接地故障。用短路侦察器检查绕组有否匝间短路。用小指南针或其他方法检查绕组的极相组或线圈有否接错或嵌反。若有缺陷应进行修整处理。

（三）浸漆与烘干

电动机绕组浸漆与烘干的目的是提高绕组的绝缘强度，耐热性能、耐潮性能和散热能力，增加绕组的机械强度和耐腐蚀能力，还可以使绕组端部比较光滑，减小杂物和油污进入绕组的机会。因此，对于浸漆烘干的基本要求是浸透、烘干、填满、粘牢，并在外表形成一层化学性能稳定、坚韧而富有弹性的保护膜。

对于A级绝缘的电动机，常用1010号黑色沥青绝缘漆浸漆；对于E级或B级绝缘的电动机，一般采用1032号三聚氰胺醇酸树脂漆，或采用1034环氧聚酯快干无溶剂漆。绕组的浸漆与烘干一般都经过预烘、浸漆和烘干几道工序。

1. 预烘

预烘的目的是驱除绕组内的潮气和挥发物，以便于绕组浸漆。绕组预烘时温度要逐渐增加，一般升温速度应控制在20～30℃/h，或者先加热至50～60℃保持3～4h，待大部分潮气驱除后再加热至100～110℃。一般预烘时间为4～8h，待绕组的绝缘电阻稳定后才可浸漆。

2. 浸漆

预烘后要让铁芯冷却到60～70℃才能浸漆。通常应进行1～2次浸漆，一次浸漆时间不少于15min，直到不冒气泡为止。浸漆时漆面要盖过绕组100mm以上。

如果没有浸漆条件，也可以采用浇漆的方法，浇灌绝缘漆时，把电动机定子垂直架好，顺着绕组圆周均匀浇灌。浇好一端且待绝缘漆慢慢渗下后，再翻过来浇另一端，直到浇透为止。浇漆时应在电动机下面放一盛漆盘，以免浪费绝缘漆。浇漆后应把电动机架起，滴干半小时左右，然后用白布蘸汽油或甲苯擦净铁芯和机壳表面的多余绝缘漆，完成浸漆后即可进行烘干。

3. 烘干

烘干的目的是挥发绝缘漆中的溶剂、气体和水分，使绕组表面形成坚固的漆膜。

烘干的方法可采用本章第五节介绍的方法。温度掌握在130±5℃，时间约7～15h，待绝缘电阻稳定在5MΩ以上，且漆膜坚韧不黏手时，便可取出进行第二次浸漆（漆的黏度稍大于第一次），方法与第一次浸漆相同。然后再烘焙约9～17h，待绝缘电阻连续3h内稳定不变（5MΩ以上）便可结束。最后在绕组端部喷（刷）一层薄的1231晾干醇酸漆或164（H312）环氧树酯灰磁漆，干后即形成一层防潮耐油的光滑保护膜。

（四）试验

重绕定子绕组后，还需对绕组进行试验，测定直流电阻和绝缘电阻，进行耐压和空载试验等。具体方法可参见本章第七节。

第七节　三相异步电动机修复后的试验

一、电动机修理后的检查

对电动机重换绕组等大的修理后，要进行维修后的性能检查，通常是做一些简易的试验来评定电动机的性能。但是，在做试验前首先应检查电动机的装配质量，如转子转动是否灵活、轻快、引出线的标记是否正确等。

1. 引出线的标记

引出线的标记可用下述方法检查，检查前先用万用表或绝缘电阻表来确定每相绕组的二根引出线。

(1) 直流法。如图3-73(a)所示，将定子三相绕组中任意一相接万用表，另一相与1.5V以上直流电源或干电池接成直流电源回路。当SA接通电源瞬间，由于定子绕组产生感应电动势，此时万用表(mA档)的指针摆向大于零的一边，否则应将两表笔调换，使指针正向摆动。这时，干电池的"+"极和表头"-"极为同名端(同为头或同为尾)；同理，把表接到另一未测相绕组，如图3-73(b)所示。经过两次测试，找出三相绕组的首尾端，作好正确的引出线标记。

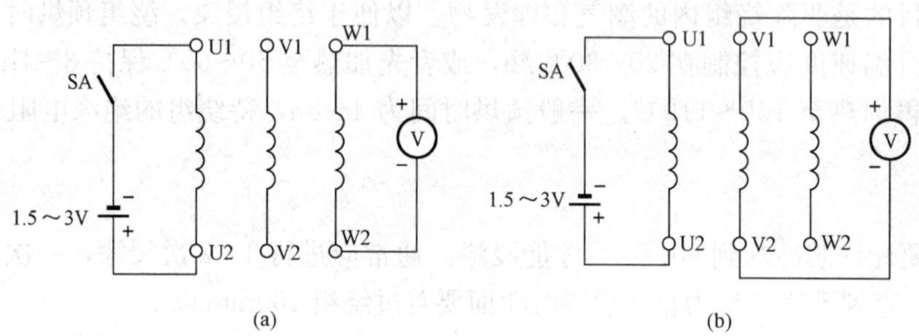

图3-73 用干电池判别绕组首尾端示意图

(a) 首端；(b) 尾端

(2) 交流法。如图3-74(a)所示，先把36V交流电通入其中一相，另外二相接万用表(交流电压端)，记下有无读数。然后换接成图3-74(b)所示接法，再记下有无读数。若两次均无读数，表示绕组首尾端正确；若两次都有读数，表示两次中没有接电源的那一相绕组首尾端反接；若两次中有一次有读数，而另一次无读数，表示无读数那一次接电源的那一相绕组首尾端接反。如果万用表有电压指示，则两相绕组的感应电动势为矢量之和，说明三相绕组首尾端是正确的。

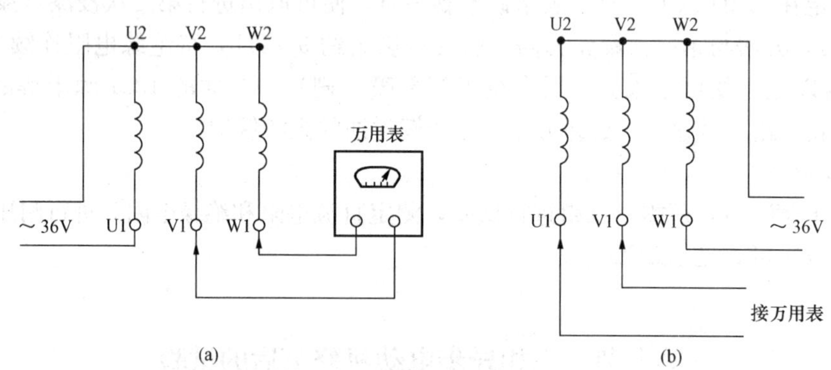

图3-74 用万用表判别绕组首尾端示意图

(a) 首端；(b) 尾端

2. 电动机修理后容易出现的故障及处理

电动机修理后容易出现的故障主要有空载电流大、定子绕组绝缘电阻降低、定子绕组接地和匝间短路等。刚修好的电动机故障主要集中在端盖和槽口，检查时应先查看这两个部位。故障的原因及处理方法参见表3-6。

表 3-6　**电动机修理后容易出现的故障及处理方法**

故障现象	可能原因	处理方法
电动机无法启动	(1) 电源未接通或电源电压不正确； (2) 接线错误； (3) 接线头未接牢； (4) 定子线圈连接不良	(1) 检查电源电压、熔断器、断路器以及电动机引出线，找出原因消除； (2) 参照电动机线路图改接正确； (3) 将接线头接牢； (4) 打开终端盒，用测试灯确定连接不良的部位重新接好
启动时电源熔丝熔断	(1) 定子绕组一相反接； (2) 定子绕组存在短路或接地点	(1) 分清三相绕组首尾端，重新接好； (2) 检查绕组短路和接地处，重新修好
空载电流大	(1) 电源电压太高； (2) 定转子铁芯未对齐、端盖偏斜或松动； (3) 绕组接法错误； (4) 绕组匝数少； (5) 轴承和轴装配不当； (6) 未按规定加润滑油	(1) 调整电源电压或等电压正常时再试； (2) 检查装配质量，找出原因消除； (3) 改接正确； (4) 重新按规定匝数绕制； (5) 重新装配，使其配合紧密； (6) 按要求牌号更换润滑油，并加到油腔的2/3
绝缘电阻降低	(1) 烘干后受潮或烘干处理不好； (2) 引出线接头绝缘处理不好	(1) 进行烘干处理； (2) 重新包扎引出线接头
定子绕组接地	(1) 安装时损坏引出线或接线盒接头的绝缘造成接地； (2) 安装时损坏定子槽两端的槽口绝缘； (3) 安装时电动机内有铁屑等杂物未除尽，导线嵌入后存在接地点； (4) 安装时外壳没有可靠接地	(1) 重新套一绝缘套管或包扎绝缘布； (2) 找出绝缘损坏处，重新垫上绝缘纸再涂上绝缘漆； (3) 拆开每个绕组接头，用淘汰法找出接地绕组，清除铁屑等杂物； (4) 将外壳可靠接地
定子绕组匝间短路	嵌线或装配时损伤漆包线绝缘层	找出绝缘损坏处，涂上绝缘漆烘干；防止定子绕组匝间短路，嵌线前线圈应逐只进行检验，防止匝间绝缘不良的线圈嵌入铁芯；嵌线后（接线前）线圈也应逐只进行检验，检查嵌线过程对匝间绝缘的影响，防止维修后出现的绕组匝间短路

二、试验项目及方法

大修后的电动机和绕组重绕后的电动机均应进行试验，合格后方可投入运行。试验项目根据具体情况酌情而定。试验项目、标准及试验方法如下所述。

1. 测量绝缘电阻

就是测量三相绕组之间和绕组对地的绝缘电阻。对于额定电压500V以下的电动机，一般用500V绝缘电阻表进行测量；500～3000V之间的电动机用1000V绝缘电阻表；3kV及以上的电动机用2500V绝缘电阻表。

对于新嵌线的电动机，低压电动机的绝缘电阻不低于5MΩ，3～6kV的高压电动机不低于20 MΩ。对于100kW以上的大型电动机或高压电动机，还应测吸收比R_{60}/R_{15}，以判断绕组是否受潮。要求吸收比R_{60}/R_{15}不小于1、3，其中R_{60}、R_{15}分别表示绝缘电阻表摇60、15s时的绝缘电阻值。

2. 测量直流电阻

电动机绕组直流电阻的测定一般在冷态下进行。直流电阻在1Ω及以下应使用双臂电

桥，大于1Ω可使用单臂电桥。所测得各相电阻值之间的误差与三相平均值之比，不得大于5%，即

$$(R_{max}-R_{min})/R_{ep}<5\%$$

其中，$R_{ep}=(R_U+R_V+R_W)/3$。

式中 R_U、R_V、R_W——分别为U、V、W相的直流电阻。

对于100kW以上的电动机或高压电动机各相直流电阻之间的差别不应大于2%。

测得转子回路变阻器电阻值应与制造厂出厂值比较，其误差不应大于10%。

3. 空载试验及结果分析

空载试验是指电动机不带负荷在三相平衡的额定电压下试运行1h。该试验的目的是求取额定电压和额定频率下的空载电流和空载损耗，检查电动机气隙绕组参数、铁芯质量以及装配是否正常。

(1) 三相空载电流不平衡。电动机的技术条件规定，当三相电源对称时，额定电压下的三相空载线电流间的差别不应超过5%。一般合格的电动机都能满足此要求。可是在试验中，往往发现三相空载电流不平衡率大于5%，很可能是试验电源电压不平衡率超过1%。通常电源电压不平衡率为1%时，电动机的铁损耗可增大6%，空载电流不平衡率可能达到15%左右。

(2) 空载电流和空载损耗过大。电动机空载电流和空载损耗的大小与其容量和极数有关。电动机在额定电压下的空载电流，约为额定电流的16%～55%，2极电动机的百分数偏小，6、8极电动机的百分数偏大。空载损耗约为额定功率的3%～8%，2极电动机的百分数偏大，6、8极电动机的百分数偏小。同规格电动机空载电流的波动幅度约为5%～15%，空载损耗的波动幅度约为5%～20%。

空载电流和空载损耗过大的原因是：①绕组匝数少；①铁芯质量差或定转子铁芯未对齐。直接采用动力电源做空载试验时，因为电源电压过高，也会使空载电流和空载损耗过大。

(3) 异步电动机空载电流与额定电流百分比的参考值。异步电动机空载电流与额定电流百分比的参考值见表3-7。

表3-7 异步电动机空载电流与额定电流百分比（参考值）

级数＼容量	0.125kW	0.5kW以下	2.4kW以下	10kW以下	50kW以下
2	70～95	45～70	40～55	30～45	23～35
4	80～96	65～85	45～60	35～55	25～40
6	85～98	70～90	50～65	35～65	30～45

4. 交流耐压试验

交流耐压试验是电动机绕组对机壳及其相互间绝缘的介电强度试验，它是判别绕组绝缘状况最有决定意义的试验项目。交流耐压试验只有在绝缘电阻及吸收比合格的情况下才允许进行，以免耐压时造成绕组绝缘击穿。

交流耐压试验应在被试绕组和电动机机壳之间施加试验电压，而铁芯和非被试绕组则与机壳连接。试验前，电机的所有部件均应按正常工况安装就位。试验时应从不超过试验电压

全值的一半处开始，然后均匀地或以每步不超过全值的5%逐步增至试验电压全值，此过程所需的时间应不少于10s。全值试验电压值应符合表3-8的规定，然后维持试验电压全值1min，在降压至试验电压全值的一半时切断电源。

表3-8　耐压试验电压值

序号	电动机或部件	试验电压有效值（kV）
1	额定输出小于1kW且额定电压小于100V的电动机绕组	$500+2U_N$
2	额定输出小于10000kW的电动机绕组	$1000+2U_N$，最低不小于1500V
3	额定输出大于10000kW的电动机绕组	$1000+2U_N$，最低不小于1500V

注　U_N为电动机额定电压值。

验收时不应对电动机再重复进行全值电压的耐电压试验，如用户认为必要应进一步烘干后进行，试验电压应为表3-8规定的80%。

对绕组完全重绕的电动机，宜采用全值试验电压。对部分重绕绕组的电动机或经过大修后的电动机进行耐压试验，则宜采用下述方法。

（1）对部分重绕绕组的电动机试验电压值为表3-8规定的75%。试验前，对旧的绕组应仔细地清洗并烘干。

（2）对经过大修的电机，在清洗和烘干后，应能承受$1.5U_N$的试验电压。当额定电压为100V及以上时，试验电压不低于1000V；当额定电压为100V以下时，试验电压不低于500V。

5. 匝间绝缘试验及结果分析

将加入测试电动机的电压提高到电动机额定电压的130%，使电动机空转5min应不发生短路现象，称为匝间绝缘试验。匝间绝缘试验主要是评定匝与匝之间的绝缘性能。

对于绕线型电动机，应使转子绕组开路，在转子静止不动时进行试验。对于多速电动机，应对各种转速分别进行试验；若为单绕组双速电动机，可只对最大转速接线方式进行试验，对于需要进行超速试验电动机，匝间绝缘试验必须在超速试验之后进行。

匝间绝缘试验中若出现三相电流不平衡、冒烟、有焦臭味等，就可能是匝间已击穿、短路。

6. 绕线型电动机开路电压试验

开路电压的试验目的是检验转子绕组的匝数是否正确，以及转子绕组有无匝间短路现象或接线错误。

试验时让转子静止不动，转子三相绕组开路，在定子绕组上施加三相额定电压，测量转子接线桩头之间的电压。任一相的开路电压与三相的平均值之差应不大于平均值的2%；三相平均开路电压与铭牌值之差应不大于铭牌值的3%。

如果转子绕组的三相中有一相电压较低，则表明在这相绕组里有短路或接线错误的现象。

7. 超速试验

超速试验的目的是检查电动机安装质量，以及检验转子各部分承受离心力的机械强度和轴承在超速时的机械强度。

试验时用其他原动力拖动被测电动机或将高频率的电压通入被测电动机，使其转速提高到额定转速的120%，试验2min，应无有害变形。

对于多速电动机，应对最大额定转速进行试验。

8. 短路试验

将转子卡住不转，在电动机的定子绕组上加三相电源电压，并经调压器从零值逐渐升高电压，使定子绕组内的电流达到额定值。这时施加的电压称为短路电压。小容量380V电动机的短路电压值可参考表3-9。

表3-9　小容量380V电动机的短路电压值（参考值）

电动机容量（kW）	0.6～1.0	1.0～7.5	7.5～13
短路电压（V）	90	75～85	75

如果测得的短路电压过高，则说明定子绕组匝数可能过多；若短路电压过低，则说明定子绕组匝数可能过少。短路电压只有在规定范围内，电动机才能正常工作。

如果三相短路电流不平衡，可慢慢地转动转子，若三相电流的大小轮流变化，则可能由转子断条引起的，三相短路电流的不平衡也可能是由定子绕组短路或接线错误引起的。

思考与练习

一、练习

技能训练3-1　三相异步电动机的拆装训练

目的：了解三相异步电动机的结构；学会三相异步电动机的拆装方法。

工具仪表与器材：三相异步电动机、电动机拆装的教学挂图、拉模、活络扳手、扳手或套筒扳手、纯铜棒、锤子、油盒、刷子、汽油、钠基润滑脂等。

训练内容：三相异步电动机（10kW以下）的拆卸与组装。

训练步骤与工艺要点：

（1）用拉模将电动机轴上的带轮拉下。

（2）按电动机拆装的教学挂图拆卸步骤要求进行拆卸。

（3）用压缩空气吹扫电动机内部的灰尘，清洗轴承及端盖，更换润滑脂。

（4）按拆卸的逆顺序装配电动机，并通电试运转。

注意事项：

（1）拆卸带轮或轴承时，要正确使用拉具。

（2）电动机解体前，要打好记号，以便组装。

（3）端盖螺钉的松动与紧固必须按对角线上下左右依次旋动。

（4）不能用锤子直接敲打电动机的任何部位，只能用纯铜棒在垫好木块后再进行敲击。

（5）抽出转子或安装转子时动作要小心，一边送一边接，不可擦伤定子绕组。

（6）清洗轴承时，一定要将陈旧的润滑脂排出洗净，再适量加入牌号合适的新润滑脂。

（7）电动机装配后，要检查转子转动是否灵活，有无卡阻现象。

(8) 电动机试车前，应做绝缘检查。

技能训练3-2　定子绕组故障的检修训练

目的：学习定子绕组故障的检修方法。

工具仪表与器材：故障电动机、绝缘电阻表、万用表、220V/36V变压器、36V低压校验灯、电烙铁、短路测试器、嵌线工具、电工工具、绝缘材料等。

训练内容：定子绕组接地、端部断路、相间短路或匝间短路故障检修。

训练步骤与工艺要点：

1. 拆卸电动机

(1) 拆开接线盒内的绕组连接片。

(2) 将三相异步电动机解体，取出端盖及转子。

2. 定子绕组接地故障的检修

(1) 用绝缘电阻表分别测量各相绕组与机壳之间的绝缘电阻，若测出某相对地绝缘电阻为零，则说明该相为故障相。

(2) 将定子绕组加热，使绝缘软化。

(3) 将接地相绕组分成两半，用校验灯找出接地部分。以此类推，逐步缩小故障范围，直至找出故障点。

(4) 将校验灯接在故障线圈上，此时校验灯亮。由于接地故障一般均发生在槽口边上，因此可用绝缘板撬动故障线圈，或用小木棒敲击该线圈铁芯两端面的齿片，当校验灯闪动或熄灭时，说明该处是接地点。

(5) 打出该槽口的槽楔，用刮板在接地处撬动线圈，待灯不亮后，即在该处垫上绝缘材料，并涂上少量绝缘漆。

(6) 用绝缘电阻表测量绝缘电阻，如合格后即可恢复接线及打上槽楔。

(7) 如时间允许，可对定子绕组进行浸漆、烘干处理。

注意事项：

(1) 用绝缘板或刮板撬动绕组端部时，要注意不能损坏绕组绝缘，且要沿铁芯齿部撬动；

(2) 用木榧和木棒敲击槽口端面齿片时，要轻轻敲击，不能使齿片划损绝缘；

(3) 要仔细操作和观察，正确找出故障点。

3. 定子绕组端部断路故障的检修

(1) 用万用表或校验灯查出断路的一相绕组。

(2) 逐步缩小断路故障范围，最后找出故障所在的线圈。

(3) 将定子绕组放在烘箱内加热，使线圈的绝缘软化，再设法找出故障点，断路故障一般均发生在线圈之间的连接线处或铁芯槽口处。

(4) 视故障实际情况进行处理。如断路点发生在端部则可将断路处恢复加焊后再进行绝缘处理；如断路点发生在槽口处或槽内，则一般可拆除故障线圈，用穿绕修补法进行修理或者重新绕制。

注意事项：

(1) 在找到故障点后，应观察故障现象，分析故障原因，然后再行修复；

(2) 进行锡钎焊时，应注意锡钎焊点处不得有毛刺等尖突部位，焊锡不能掉入绕组内。

4. 定子绕组端部相间短路或匝间短路故障的检修

（1）相间短路检修。

1）用绝缘电阻表测量各相绕组之间的绝缘电阻，若绝缘电阻为零，说明该两相绕组之间有匝间短路。

2）将定子绕组烘热至绝缘软化，拆开一相绕组各线圈的连接处，用淘汰法查找出与另一相绕组短路的线圈。

3）将36V校验灯的两端分别接在故障线圈和另一相绕组的一端，此时灯亮，说明故障点确在该部位。

4）用刮板轻轻拨动故障线圈的前、后端部，当拨到某一点时，灯光闪动或熄灭，则该点即为故障点。

5）用复合青壳纸做相间绝缘材料，垫入故障部位，此时校验灯应完全熄灭。

6）用绝缘电阻表测量故障部位的绝缘电阻应大于0.5MΩ。

7）将各接点恢复，端部包扎并整形。

8）在故障处刷涂或浇注绝缘漆后烘干。

9）最后检查绝缘电阻。

（2）匝间短路检修。

1）先用观察法观察定子绕组各线圈有无明显的绝缘烧损部位，再用短路测试器逐槽检查匝间短路的线圈。

2）将定子绕组烘热至绝缘软化，取出故障线圈的槽楔，用钢丝钳将故障线圈两端逐根剪断，并从槽内抽出导线。

3）将复合青壳纸做成比定子铁芯长20～30mm的圆筒，塞进槽内，作为槽绝缘。

4）用相同规格的漆包线以穿绕修补法穿绕线圈至规定匝数（如最后几匝无法穿入时可以少几匝）。

5）用短路测试器复验，合格后可焊接端部，打入槽楔，恢复绝缘并整形。

6）浇注绝缘漆，烘干定子绕组。

5. 重新装配好电动机

注意事项：

1）若是多路并绕定子绕组，要将各并联支路均拆开；

2）使用短路测试器时，应先将其放在定子铁芯上，然后再接通测试器励磁线圈的电源，使用过程中，尽量不要使测试器铁芯离开定子铁芯；

3）用穿绕修补法穿绕线圈时，要注意不要使漆包线交叠，以尽量保证穿满原匝数，同时注意不要损坏绕组绝缘。

说明：上述三相异步电动机绕组检修的实训项目应尽量创造条件让学生独立进行，如确实有困难，则可由老师进行操作性示范。

技能训练3-3 三相定子绕组末端判别

目的：学会判别三相定子绕组末端的方法。

工具仪表与器材：三相异步电动机、万用表、交流电压表（或万用表）、220V/36V变压器、干电池、开关、电工工具等。

训练内容：三相定子绕组首末端判别。

训练步骤与工艺要点：

1）用万用表找出三相绕组各相的两个线头，做好标记。

2）用 36V 低压交流电源法判别三相定子绕组的首末端。

3）用剩磁感应法或电池法进行校验。

4）校验正确后给三相定子绕组分别标上首末端标记 U1、U2、V1、V2、W1、W2。

二、思考题

3-1 三相异步电动机由哪几部分构成？

3-2 简单说明三相异步电动机的工作原理。

3-3 什么是转差率？转差率与电动机的转速之间有什么关系？

3-4 怎样选择电动机？

3-5 安装电动机包括哪些步骤？

3-6 叙述电动机日常检查的项目与内容。

3-7 三相异步电动机常用的降压启动方法有哪些？各有什么特点？

3-8 电动机常用的降压启动方法有哪些？各有什么特点？

3-9 三相笼型异步电动机运行前的检查项目有哪些？

3-10 三相笼型异步电动机合闸后熔丝立即熔断的原因有哪些？

3-11 若发现三相笼型异步电动机通电后不转动应怎么办？其原因主要有哪些？

3-12 简述三相异步电动机绕组断路故障的检查方法。

3-13 三相笼型异步电动机转子故障的原因有哪些？

3-14 定子绕组重绕后嵌放线圈时，操作要点有哪些？

第四章

单相异步电动机原理与维修

教学目标

(1) 使学生熟悉单相异步电动机基本结构和工作原理。

(2) 培养学生具备判断和处理单相异步电动机常见故障的工作能力。

(3) 培养学生正确使用单相异步电动机正反转控制和调速的方法。

(4) 使学生学会单相异步电动机定子绕组重绕的基本方法。

(5) 使学生学会单相串励电动机常见故障的排除。

第一节　单相异步电动机的基本知识

一、单相电动机的特点及应用

单相异步电动机是利用单相电源供电的一种小容量交流电动机。它具有结构简单、运行可靠、维护方便等优点。由于其运转只需单相交流电源，容量大都在 1kW 以下，因而得到了广泛的应用。如工业上可用于电动工具、鼓风机、控制及传动装置，生活上则尤为普遍地用于电风扇、电冰箱、洗衣机、电吹风、吸尘器及空调器等家用电器中。表 4-1、表 4-2 列出了此类小功率电动机的性能特点及应用。

表 4-1　单相电动机的性能特点

种　类	性能特点			
	启动转矩	力能指标	转速	特点
单相电阻启动异步电动机	中等	不高	变化不大	可逆转，启动电流大
单相电容启动异步电动机	大	不高	变化不大	可逆转，启动电流中等
单相电容运转异步电动机	小	高	可调速	噪声低，可逆转，不宜轻载运行
单相双值电容异步电动机	大	高	可调速	噪声低
罩极异步电动机	小	低	可调速	不能逆转
单相串励式电动机	大	高	转速高，调速范围宽	可逆转，机械特性软

表 4-2　单相电动机的应用

种　类	功率（W）	转速（r/min)	典型应用
单相电阻启动异步电动机	60～370	3000 1500	低惯量、不常启动、转速基本不变的机械，如小车床、鼓风机、医疗器械

续表

种类	功率（W）	转速（r/min）	典型应用
单相电容启动异步电动机	120～370	3000 1500	驱动要求负载启动的机械，如空压机、泵、制冷压缩机
单相电容运转异步电动机	6～1100	3000 1500	直接与拖动机械连接，要求噪声低的场合，如风扇、通风机、洗衣机
单相双值电容异步电动机	180～3000	3000 1500	要求噪声低及负载启动的场合，如小型机床、泵、家用电器
罩极异步电动机	2～40	3000 1500	要求启动转矩小，运行时间短的场合，如排风扇、小型器械
单相串励式电动机	8～750	4000～20000	转速随负载变化或高速驱动，如电动工具、吸尘器等

二、工作原理

单相异步电动机定子是单相供电，当定子绕组通入正弦交流电时，产生一个随电流波形的变化而同步变化的脉振磁场。

某一瞬间脉振磁场的方向如图 4-1 中的虚线所示。这样的脉振磁场，可以分解为大小相等、转速相同，但转向相反的两个旋转磁场，通常把逆时针方向旋转的磁场称为正序磁场，把顺时针方向旋转的磁场称为负序磁场。当转子静止不动时，这两个大小相等、方向相反的磁场在转子上感应出的电流也是大小相等、方向相反。这两个电流和其对应的旋转磁场相互作用而产生正、负序转矩也大小相等、方向相反，其合成转矩为零，因此电动机不能启动。当外力推动转子之后，转子电流对定子正、负序旋转磁场的去磁作用不同，而使气隙中的合成磁场成为椭圆旋转磁场，对转子产生异步转矩，使转子继续转动。

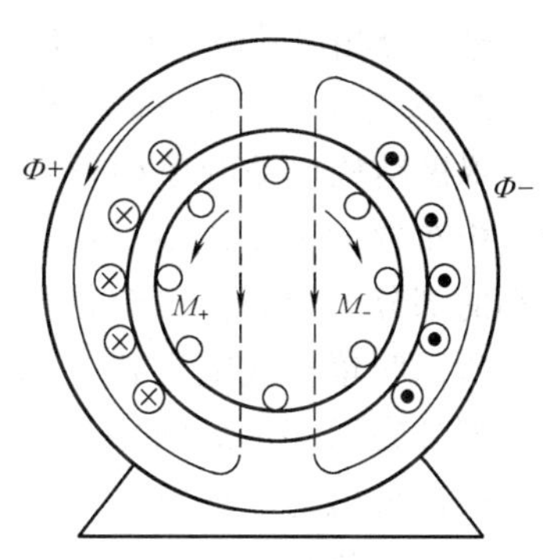

图 4-1 单相异步电动机示意图

为了使单相异步电动机无需外力推动而自行启动，就必须采取一些特别措施，以使电动机启动时能在气隙中形成一个旋转磁场。由电磁感应原理可知，当两个磁通的空间位置不同，在时间上又有相位差时就会产生旋转磁场，通常使用的方法有两种。

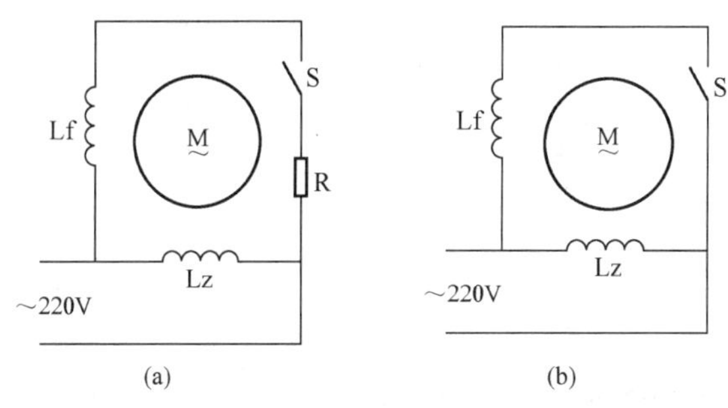

图 4-2 电阻分相启动电动机结构示意图
（a）串接电阻；（b）减小启动绕组的导线截面
Lf—启动绕组；Lz—工作绕组；R—电阻；S—启动开关

1．分相式单相异步电动机

分相电动机是一种结构简单、应用范围较广的单相电动机。分相电动机分为电阻分相启动和电容分相启动，如图 4-2、图 4-3 所示。它们的结构造基本相同，所不同的是，为了取得相位移而使用不同分相元件。电容分相性能虽优，但由于有了启动电容器而增加了成本，电阻分相的成本低，可采用串入电阻和减小启动绕组的导线截面，使两个绕组的电抗和电阻不同来获得分相效果。

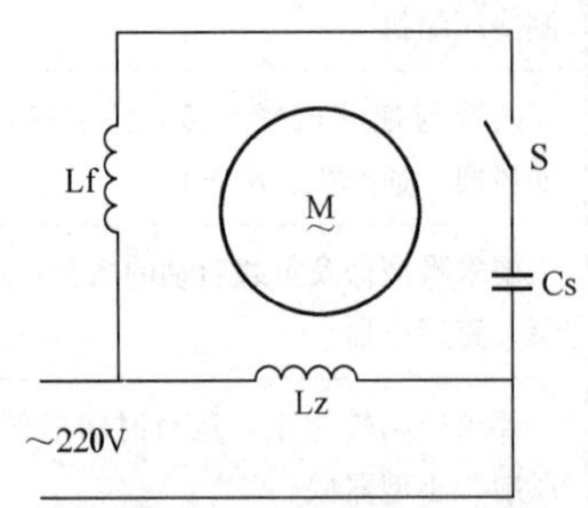

图 4-3 电容分相启动电动机结构示意图

Lf—启动绕组；Lz—工作绕组；

Cs—启动电容器；S—启动开关

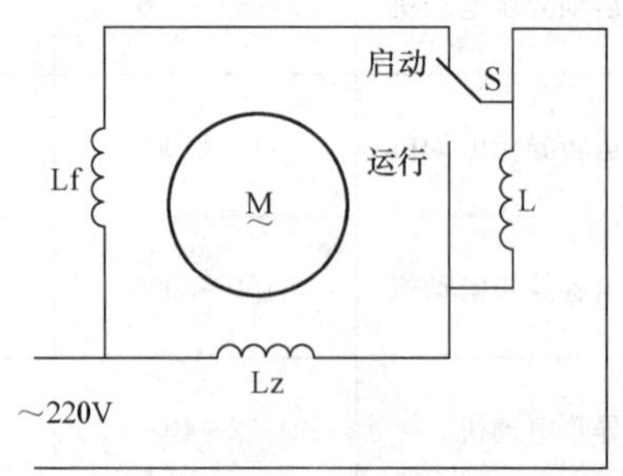

图 4-4 电抗分相启动电动机结构示意图

Lf—启动绕组；Lz—工作绕组；

L—电抗器；S—启动开关

分相电动机的启动绕组与工作绕组在空间上互差 90°电角度。由于启动绕组中串有电阻或电容器，当绕组通入单相交流电压，形成两个绕组磁通的相位差，使之产生旋转磁场，电动机开始启动。还有用电抗器串入工作绕组以增加电感，增大相位差的电抗分相启动电动机。电抗分相启动电动机结构示意图如图 4-4 所示。

2. 罩极式单相异步电动机

罩极结构启动的单相异步电动机的定子铁芯通常采用凸极式，在凸出的磁极上套有一个集中布置的工作绕组，在每个主磁极极面约 1/3 部分开有小槽，把磁极分成两个部分，在小的部分上套装上一个粗铜线做成的短路环或短路线圈，好像把这部分磁极罩起来一样，所以叫罩极式电动机。当工作绕组通入单相交流电时，就产生一个脉振磁场，磁场中一部分磁通穿过短路环，如图 4-5 所示。根据愣次定律，短路环产生的感应电流将阻止罩极部分磁通的变化，且相位落后于未罩部分的磁通相位，从而产生局部定子椭圆旋转磁场（或称扫动磁场），它与转子的感应电流相互作用而产生异步转矩，电动机便可自行启动。

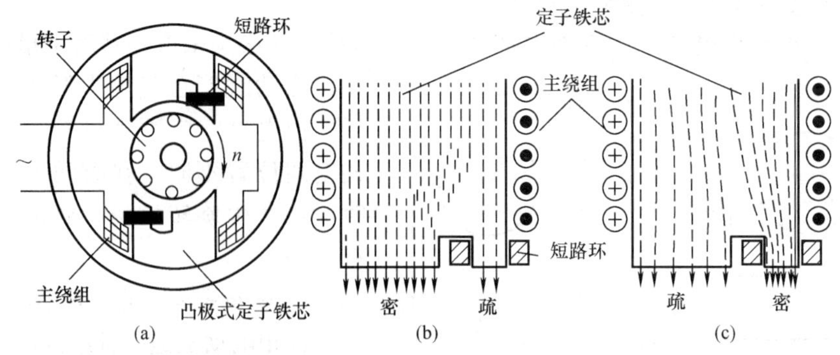

图 4-5 凸极式罩极电动机短路环的工作原理示意图

(a) 基本结构；(b) 主绕组电流增大时；(c) 主绕组电流减少时

采取上述两项措施后，单相电动机实际已成为由单相电源供电的两相电动机。接通电源后，定子两个绕组产生的合成磁场为两相旋转磁场，在两相旋转磁场作用下，电动机便能够产生电磁转矩，并使之启动。启动后，无论启动绕组是否继续通电，电动机仍可运转。因为这时正向的旋转磁场已得到加强，虽然存在反向的旋转磁场，但已被正转的转子电流削弱。

三、单相异步电动机的基本结构

单相异步电动机的结构和三相笼型异步电动机有很多相似之处，它的定子是用硅钢片叠成的，定子绕组嵌装在定子槽内，但绕组是单相的，转子通常为笼型，下面分别介绍各种类型单相异步电动机的基本结构。

1. 电感分相式电动机

电感分相式电动机的主要部件有机壳、定子、转子、端盖、离心开关等。

（1）定子。电感分相式电动机的定子铁芯与三相异步电动机基本相同，都由冲有很多槽的硅钢片叠压而成，不同之处是定子铁芯槽内嵌有两组绕组，即启动绕组和工作绕组。目前，电感分相式电动机的定子绕组一般采用同心式，启动绕组位于定子铁芯槽的上部，工作绕组位于定子铁芯槽的下部。如图 4-6 所示为 8 槽 2 极电感分相式电动机，启动绕组 Ax 和工作绕组 By 在定子铁芯圆周相差 90°电气角。

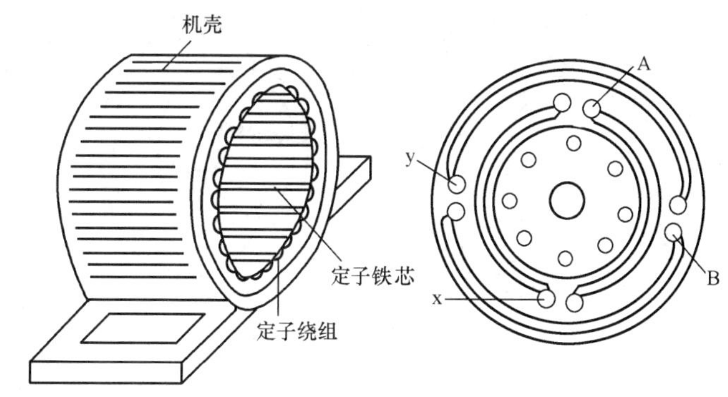

图 4-6　电感分相式电动机的定子绕组

Ax—启动绕组；By—工作绕组

对于电感分相式电动机不论极数多少，相邻两极的极性一般是相反的。若绕组是串联接法，则往往是尾一尾相接、头一头相接，如图 4-7 所示。

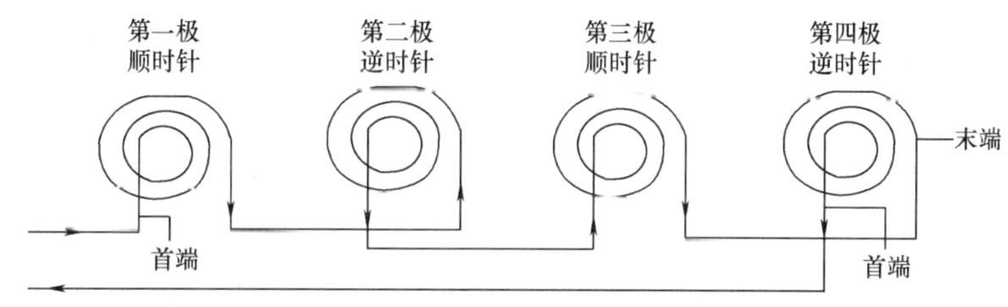

图 4-7　电感分相式电动机 4 极绕组的连接方法

（2）转子。转子由转轴、转子铁芯以及笼导条组成，如图 4-8 所示。电感分相式电动机的笼型转子大多采用斜槽式、转子笼导条两端一般斜过一个定子齿距，这主要是为了改善电动机的启动性能。

（3）端盖。电感分相式电动机的端盖与三相异步电动机相同。

（4）离心开关。离心开关是一种常用启动自动装置，装在电动机的端盖里。由静止和转动两部分构成。较常用的 U 形夹片式离心开关的静止部分由 U 形磷铜夹片和绝缘接线板组成，还有一对动触头和静触头用于分断电路，其转动部分则装在转轴上。如图 4-9 所示。

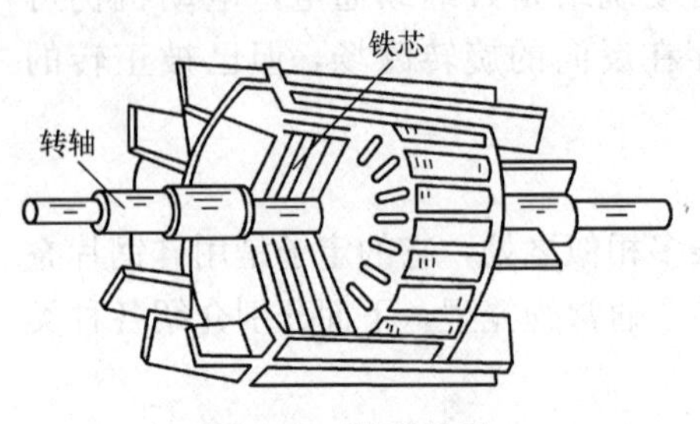

图 4-8 笼型转子

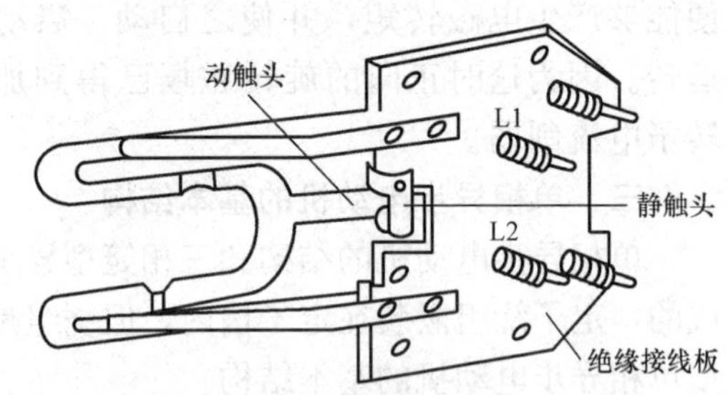

图 4-9 U形夹片离心开关

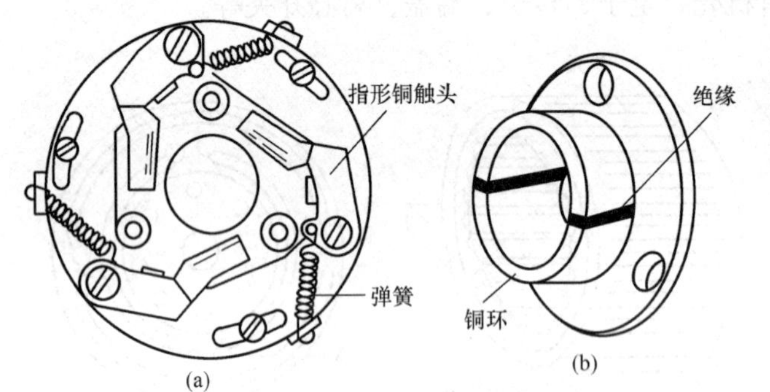

图 4-10 指形触头式离心开关
(a) 转动部分；(b) 静止部分

还有一种指形触头式离心开关，其静止部分由两个半铜环组成，转动部分则是 3 个指形的铜触头，在电动机不转时夹住铜环。当电动机转速升到额定转速的 75% 时，在离心力的作用下指形铜触头和铜环脱离，自动切断电源，如图 4-10 所示。

2. 电容式电动机

电容式电动机启动转矩较电感分相式电动机大，所以应用范围很广，常用于冰箱、洗衣机及小型水泵。电容式电动机的结构与电感分相式电动机相似，不同之处是增加了一个电容器，并电容器通常装在电动机的上部，如图 4-11 所示。电容式电动机的主要部分有定子、笼式转子、机壳和前后端盖、离心开关（电容启动式电动机）、电容器。

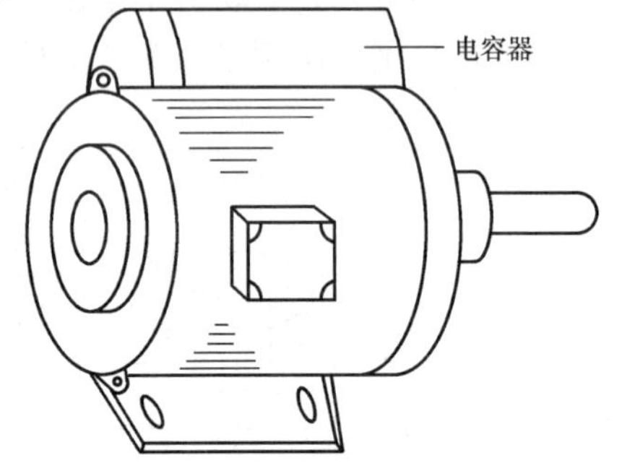

图 4-11 电容式电动机

电容器是用来移相和储能的，电容式电动机普通采用油浸电容器和电解电容器，油浸电容器的绝缘强度和散热条件较好，常用于电容运转式电动机；电解电容器的通电时间较短，否则会发热失效，因而常用于电容启动式电动机。

选用电容器时必须注意其容量、耐压（工作电压），外形尺寸、工作温度等。电容运转式电动机采用的电容器容量为 1～3μF，而电容式电动机采用的电容器容量为 10～50μF。此外，由于电容式电动机采用的是交流 220V 电源，所以电容器的耐压必须大于$\sqrt{3}$倍电源电压（即 400V）。电动机使用过久或长期不用，电容器会失效或容量改变，此时必须更换相同规格的电容器，否则会影响电动机的正常工作。

单相电容式电动机一般容量较小，启动性能差，为了获得较大的启动转矩及较好的运行特性，可以增加一套启动装置和一只容量较大的启动电容，在启动时接入电路，启动后启动电容器自动切除，而让运行电容器仍接在电路内，这就是双值电容单相电动机。如图 4-12 所示。

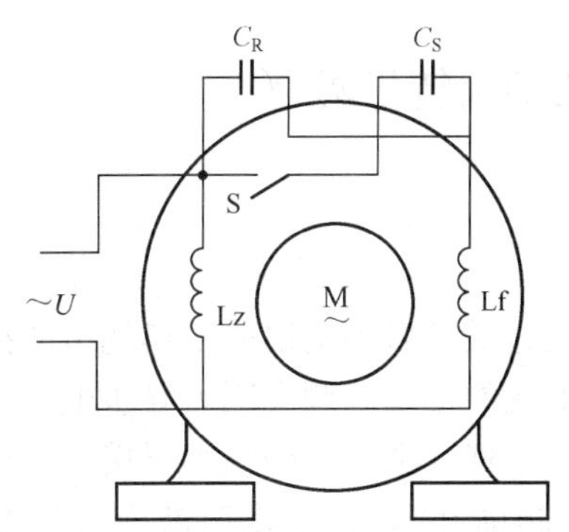

图 4-12　双电容单相电动机结构示意图

Lz—工作绕组；Lf—启动绕组；

s—启动开关；C_R—运行电容器；

Cs—启动电容器

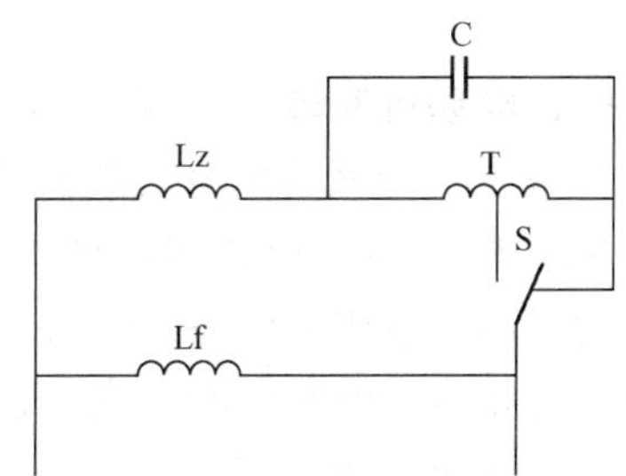

图 4-13　电容器-变压器组合单相电动机接线示意图

Lz—工作绕组；Lf—启动绕组；

T—自耦变压器；C—电容器

另外一种能进一步提高性能的电容器-变压器组合电动机，如图 4-13 所示。电容器跨接于自耦变压器升压端，当电动机启动时，电容器呈现的等效电容量是随电压的平方关系递增的，因而它的容量可增至原来的 4～9 倍；启动后，电容器则恢复到正常的容量并投入运行。

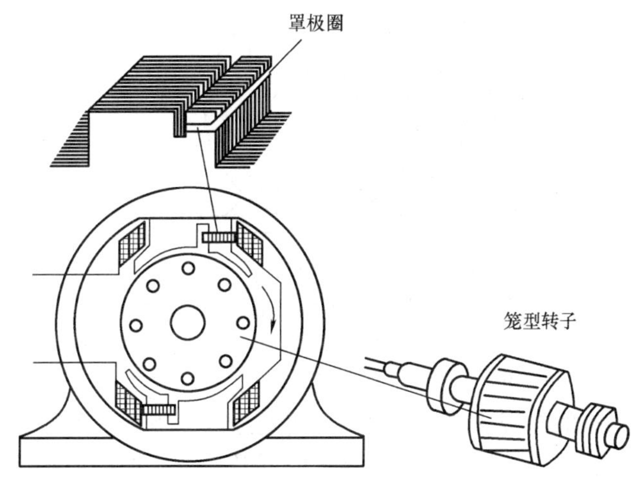

图 4-14　罩极式单相电动机结构示意图

3. 罩极式电动机

罩极式电动机的容量很小，启动转矩也小，多用于风扇、鼓风机、仪器仪表中。

主要部件包括定子、笼型转子、端盖和外壳等，如图 4-14 所示。

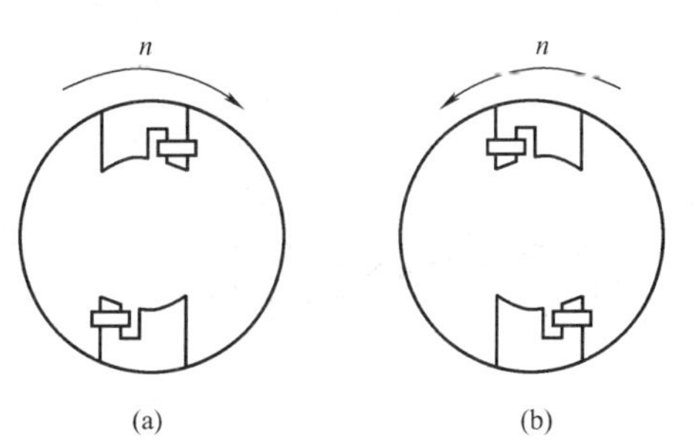

图 4-15　定子磁极反置前反电动机转向示意图

(a) 定子磁极反置前；(b) 定子磁极反置后

定子铁芯由硅钢片叠压而成，有凸出的磁极，磁极上绕有工作绕组，在磁极的一边还嵌有一只电阻很小的短路绕组（或短路环）。端盖的一端通常与电动机的机壳浇铸在一起，另一端为拆卸式，这主要是为了减小拆装过程对转子与定子的定位影响，端盖中装有滚珠轴承或球形含油轴承。在罩极式电动机中，启动绕组就是嵌在每一磁极一边的一个短路绕组或短路环。

罩极式电动机有 2、4、6、8 极，相邻磁极的极性相反。若要改变电动机转向，需拆下定子将磁极反置，如图 4-15 所示。

第二节 单相异步电动机的反转与调速

一、电动机反转

1. 单相电容式异步电动机反转控制

单相电容式电动机需要变换旋转方向时，可以通过反接启动绕组或工作绕组的接线来实现。把启动绕组或工作绕组中的一组首端和末端与电流的接线对调。因为异步电动机的转向是从电流相位超前向电流相位落后的绕组旋转的，如果把其中的一个绕组反接，等于把这个绕组的电流相位改变了 180°。假若原来这个绕组是超前 90°，则改接后就变成了滞后 90°，结果旋转磁场的方向随之改变。图 4-16 所示的是用双掷开关控制实现正反转的示意图，图 4-17 是用 T 形接法实现正反转的示意图。

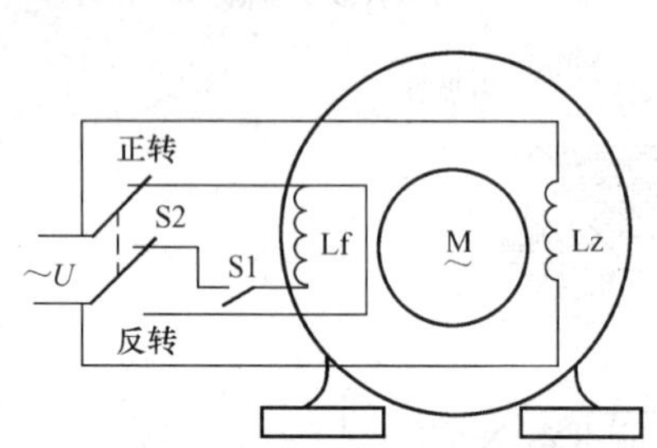

图 4-16 用双掷开关控制电动机正反转的示意图

Lz—工作绕组；Lf—启动绕组；S1—启动开关；S2—双掷开关

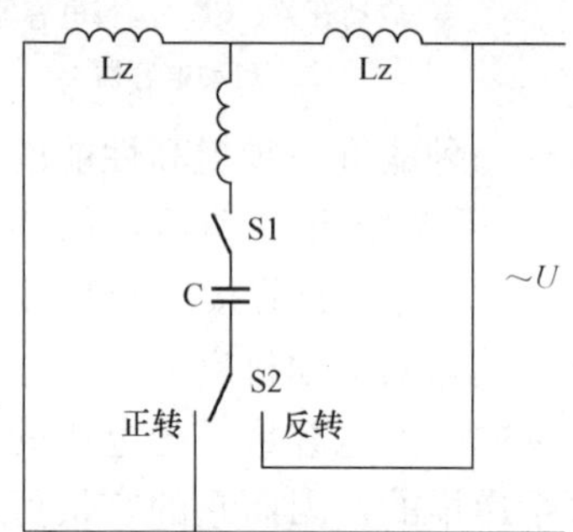

图 4-17 分相电动相绕组 T 形接法可正反转的接线示意图

Lz—工作绕组；Lf—启动绕组；S1—启动开关；S2—双掷开关

有的电容式单相电动机也可通过改变电容器的接法改变电动机转向。图 4-18 所示为洗衣机正反转控制示意图，当定时器开关处于图中所示位置时，电容器串联在工作绕组 Lz 上，电流 I_{Lz}超前于 I_{Lf}相位约 90°；经过一定时间后，定时器开关将电容从 Lz 绕组切断，串联到启动绕组 Lf，则电流 I_{Lf}超前于 I_{Lz}相位约 90°，从而实现了电动机的反转。这种单相异步电动机的工作绕组与启动绕组可以互换，所以工作绕组、启动绕组的绕组匝数、粗细、占槽数都应相同。

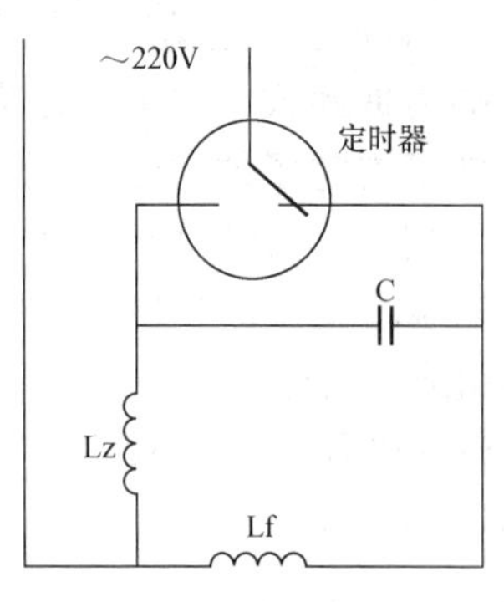

图 4-18 洗衣机电动机的正、反向控制

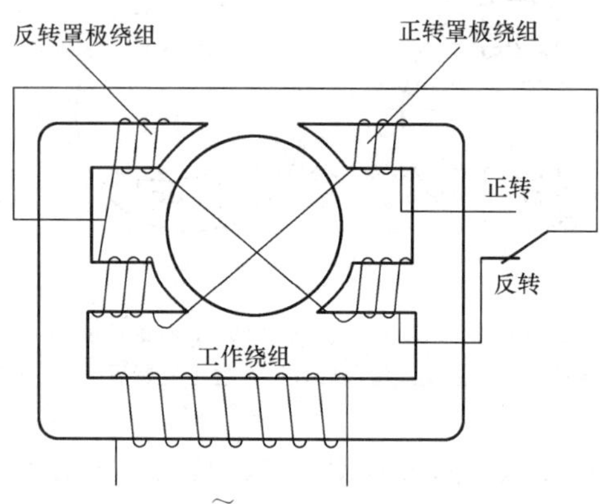

图 4-19 可正反转的罩极电动机结构示意图

2. 罩极式单相异步电动机反转控制

外部接线无法改变罩极式电动机的转向，因为罩极电动机的旋转方向永远是从磁极的未罩部分转到被罩部分，内部结构决定了转向。故要使它反转，必须改变其磁极的安装位置，这显然是很不方便的。为了达到可反转的要求，设计了一种特殊形式的罩极电动机，磁极分成四个极靴，极靴上绕几匝粗绝缘导线作为罩极启动绕组，每个相对的绕组串联，用双掷开关选择正、反转罩极绕组的短接，如图 4 - 19 所示。

二、调速

单相异步电动机调速一般有以下几种方法。

1. 串电抗器或电阻调速

单相异步电动机可在绕组中串入电阻或电抗器，用以降低电压，使电动机能同时降低转速和减少转矩，达到调速的目的，如图 4 - 20 所示。当需要高速时，让启动绕组 Lf1 与 Lf2 串联，工作绕组 Lz 直接接到电源上，在需要低速时，工作绕组与启动绕组串联后接入电源，此时工作绕组只分得全电压的一部分，由于工作绕组的电压降低而使电动机的转速下降。这种调速方法简单、操作方便，但只能有级调速，且电抗器消耗电能。

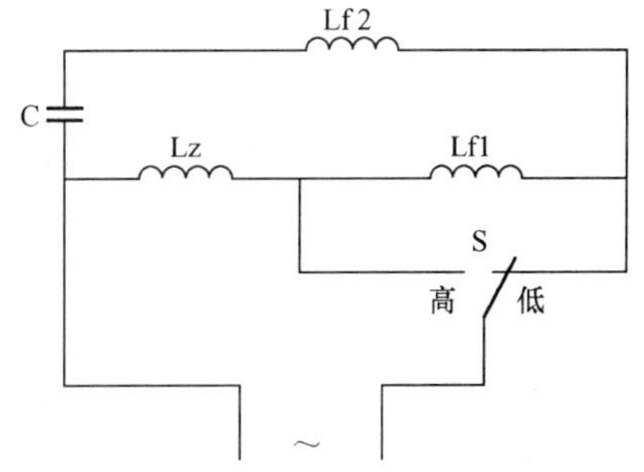

图 4 - 20 双速单相异步电动机接线示意图

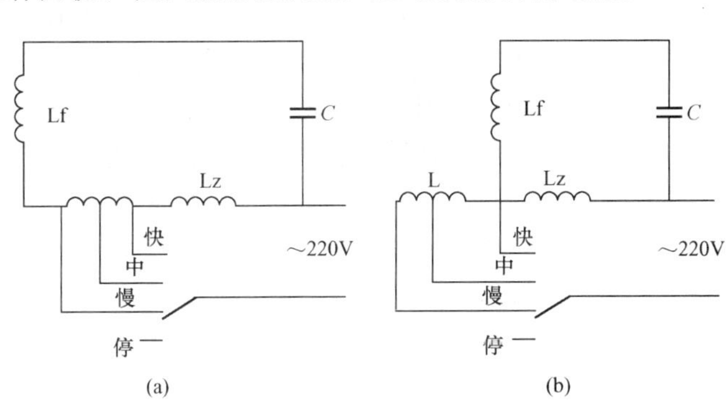

图 4 - 21 单相电动机绕组抽头调速接线图

(a) L 形接法；(b) T 形接法

2. 电动机绕组内部抽头调速

电动机定子铁芯嵌放有工作绕组 Lz、启动绕组 Lf 和中间绕组 L 时，通过开关改变中间绕组与工作绕组及启动绕组的接法，从而改变电动机内部气隙磁场的大小，使电动机的输出转矩也随之改变，在一定的负载转矩下，电动机的转速也变化。通常有 L 形和 T 形两种接法，如图 4 - 21 所示。这种调速方法不需要电抗器，材料省、耗电少，但绕组嵌线和接线复杂，电动机和调速开关接线较多，且是有级调速。

3. 晶闸管调速

晶闸管调速系统基本原理是利用改变晶闸管的导通角，来改变加在单相异步电动机上的交流电压，从而调节电动机的转速，这种调速方法可以做到无级调速，节能效果好，但会产生一些电磁干扰，大量用于风扇调速。图 4 - 22 是电风扇无级调速电路图，接通电源后，电容 C1 充电，当电容 C1 两端电压的峰值达到氖管 HL 的阻断电压时，HL 亮，双向晶闸管 VTh 被触发导通，

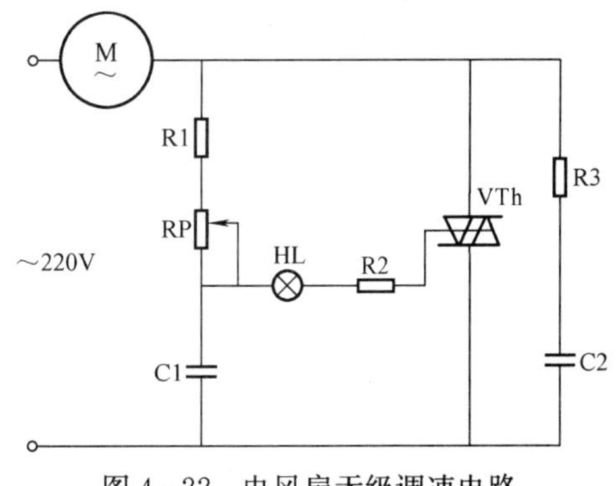

图 4 - 22 电风扇无级调速电路

电风扇转动。改变电位器 RP 的大小，即改变了 C1 的充电时间常数，使双向晶闸管 VTh 的导通角发生变化，也就改变了电动机两端的电压，从而改变电扇的转速。

4. 变频调速

理论上，异步电动机的转速与电源频率 f 成正比，改变定子供电频率就改变了电动机的转速，这就是变频调速。交流电动机的变频调速就是利用变频装置，将电网交流电整流为直流电，再将直流电能逆变为频率及电压可调的交流电，去驱动交流电动机实现调速。

变频调速具有效率高、调速范围宽、精确度高、平滑性好等优点，但变频器的价格比较高。

第三节 单相异步电动机的控制电路

一、使用启动开关控制

单相异步电动机使用启动开关控制的主要有以下三种。

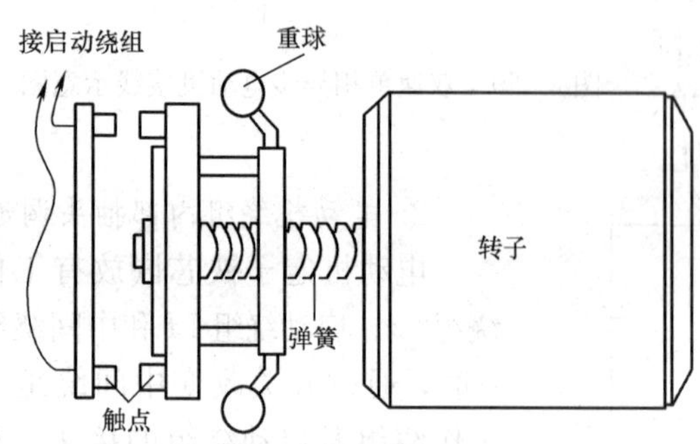

图 4-23 离心开关动作示意图

1. 离心开关

离心开关是较常用的启动开关，一般安装在电动机端盖边的转子上。当电动机转子静止或转速较低时，离心开关的触点在弹簧的压力作用下处于接通位置；当电动机转速达到一定值后，离心开关中的重球产生的离心力大于弹簧的弹力，则重球带动触点向右移动，触点断开，如图 4-23 所示。

离心开关使启动绕组在电动机启动时与电源接通，而当转速升到额定转速的 75%时，在离心力的作用下离心开关动作，使启动绕组脱离电源。

2. 电磁启动继电器

电磁启动继电器主要用于专用电动机上，如冰箱压缩电动机等，有电流启动型和电压启动型及差动型几种。如图 4-24～图 4-26 所示。

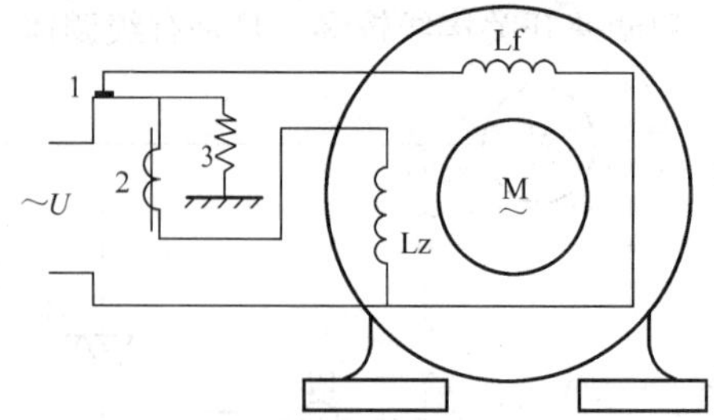

图 4-24 电流型启动继电器启动线路示意图

1—触点；2—电磁铁；3—弹簧；

Lz—工作绕组；Lf—启动绕组

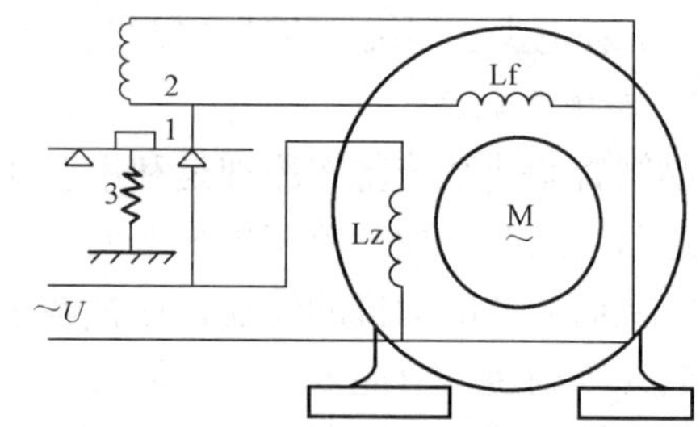

图 4-25 电压型启动继电器启动线路示意图

1—动断触点；2—继电器电压线圈；3—弹簧；

Lz—工作绕组；Lf—启动绕组

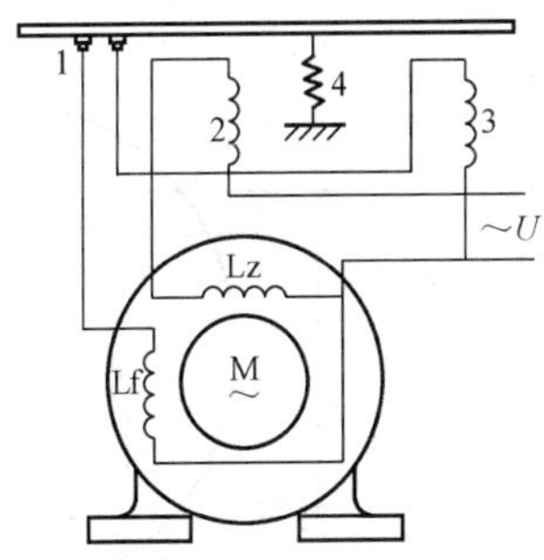

图 4-26　差动式启动继电器启动线路示意图

1—动断触点；2—电流线圈；3—电压线圈；4—弹簧；
Lz—工作绕组；Lf—启动绕组

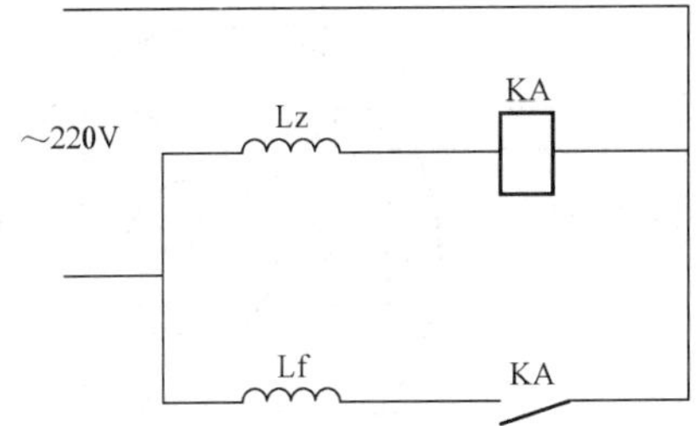

图 4-27　电流启动型电磁启动继电器的工作原理

电流启动型的工作原理如图 4-27 所示，继电器 KA 的线圈与工作绕组 Lz 串联，电动机启动时工作绕组电流大，继电器 KA 动作使其动合触点闭合，接通启动绕组 Lf。随着转速上升，工作绕组电流减少，当电磁启动继电器的电磁引力小于继电器铁芯的重力及弹簧反作用力时，继电器复位、触点断开、切断启动绕组。

3. PTC 元件

PTC 是一种以钛酸钡为主要原料具有正温度系数的半导体元件，电阻随着温度的升高而急剧增大。PTC 元件串联在电动机的启动绕组 Lf 上，如图 4-28 所示。室温时 PTC 元件的电阻较低，启动绕组接通，启动绕组的电流也流过 PTC 元件，使 PTC 元件发热升温，其电阻也迅速增大，近似于切断了启动绕组。运行时启动绕组仍有 15mA 左右的电流流过，以维持 PTC 元件的高阻状态。停机后要相隔 3min 以上才能再次启动，以便 PTC 元件降温，减小电阻值。

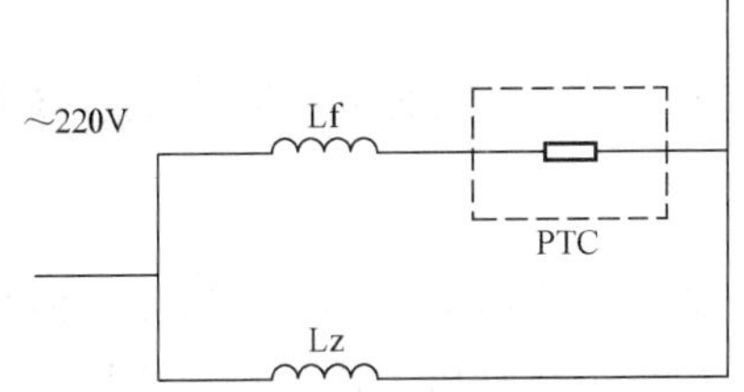

图 4-28　PTC 元件启动电路

二、运转方式及其接线实例

1. 电压、热控、可逆转的电容启动电动机

电容启动电动机的热控设备一般是与线路串联的双金属片，它可以防止电动机的过载或短路，采用双金属片过载保护的电容启动电动机。其接线如图 4-29 所示。

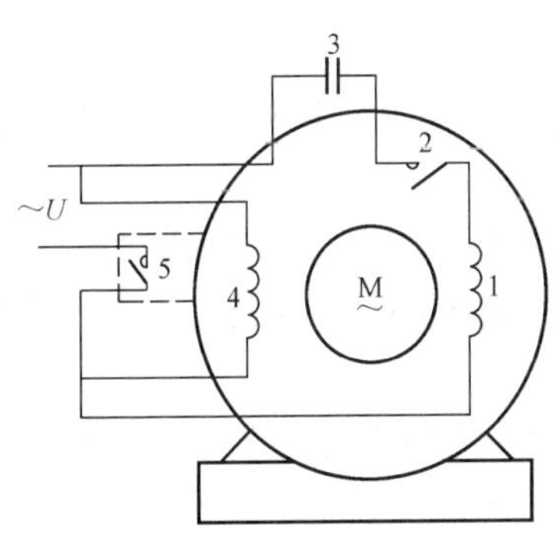

图 4-29　电压、热控、可逆转电容启动电动机接线图

1—启动绕组；2—离心开关；
3—电容器；4—工作绕组；
5—过载保护器

2. 电压、不可逆转的电容启动电动机

这种电容启动电动机可以接在 110V 与 220V 或者 220V 与 440V 两种交流电源上，有两个工作绕组和一个启动绕组，并且有相当数量的接线端留在电动机的外面，以供改变电压。若电源电压为 110V 时，两个工作绕组并联，如图 4-30 所示；若电源电压为 220V 时，两个工作绕组串联，如图 4-31 所示。无论哪种接法，启动绕组都接在低压线路上，并与其中一个工作绕组并联。

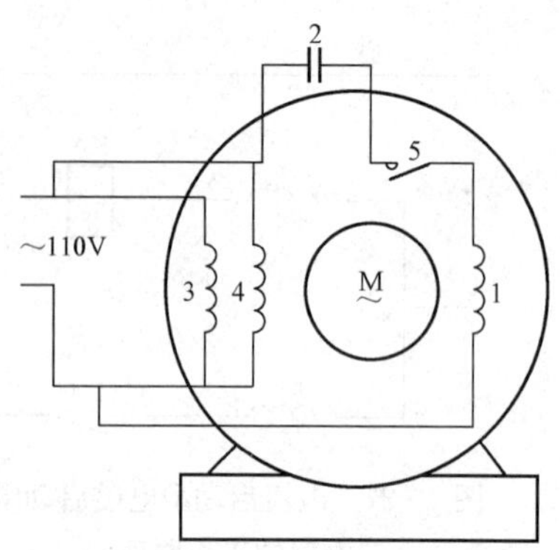

图 4-30 电压、不可逆转、电容启动电动机 110V 接法Ⅰ

1—启动绕组；2—电容器；3—工作绕组 1；4—工作绕组 2；5—离心开关

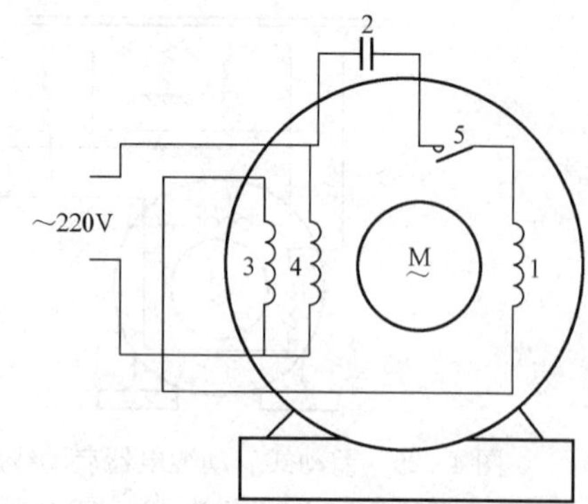

图 4-31 电压、不可逆转、电容启动电动机 220V 接法Ⅱ

1—启动绕组；2—电容器；3—工作绕组 1；4—工作绕组 2；5—离心开关

第四节 单相异步电动机的常见故障及排除方法

单相异步电动机的种类较多，但在实际中应用最广泛的是单相电容启动异步电动机。因此，以该类电动机为例分析单相异步电动机的常见故障与处理（电阻启动及罩极电动机的故障分析与处理与本内容大体相仿）。单相电容启动异步电动机的常见故障主要有以下几种。

1. 电源正常电动机不转动

电源正常，但通电后电动机不转动。出现这类故障时，可以从两方面查找原因：一是电动机电气方面的故障；二是电动机机械方面的故障。如启动绕组本身断路、离心开关在启动时触点未闭合、启动或运行电容器的故障、转子绕组断路等。

2. 电动机启动或运转不正常

这类故障主要表现为电动机启动转矩小，空载时或在外力作用下能启动，但启动迟缓，电动机在稳定运行时的转速低于正常转速等，其原因如下。

(1) 电路方面的故障。电源电压太低，电动机启动绕组断路，离心开关在启动时触点未闭合，启动电容器损坏或电容量变小，转子绕组电阻过大或局部断路，定子绕组中有个别线圈接线错误等。

(2) 机械方面的故障。如轴承润滑脂干涸或有灰尘等进入，轴承磨损、转轴变形或铁芯松动造成定子与转子之间有轻度摩擦，电动机所拖动的负载过大或负载不平衡等。

3. 电动机接通电源后熔体很快熔断

电气方面的原因有电动机定子绕组内部接线错误，启动绕组与工作绕组之间的绝缘损坏或本身有匝间短路、对地短路等故障。另外，如电源电压过高或过低，熔体选择得太细也可能导致上述故障出现。机械方面的原因则是有卡死现象或电动机拖动的负载过大造成电动机不能转动或启动电流过大。

4. 电动机在运行过程中温度过高或冒烟

电动机定子绕组出现温度过高或冒烟的原因是电流长期超过额定电流所致。其原因主要有定子绕组中有局部的匝间短路或对地短路。电容启动异步电动机在启动完毕后离心开关没有断开，使启动绕组参与运行。启动绕组与工作绕组接错，即电容器串连在工作绕组内，使启动绕组长期运行。电源电压过高或过低。电动机正、反转过于频繁等，也可能是由于电动机拖动的负载较重或轴承不良，定子、转子轻度摩擦等原因所造成的。

5. 电动机运行时噪声过大或振动过大

噪声过大或振动过大主要是机械方面的原因所造成的。例如：电动机装配不良或转轴的变形造成定子与转子偏心，使定子、转子之间的空气隙不均匀甚至有轻度的摩擦；轴承安装不良或轴承磨损；电动机内部有杂物等。也可能是电动机与所拖动的负载之间连接不好，负载阻力太大或负载本身不平衡（如风扇叶的变形）所致。

6. 电动机绝缘不良造成绝缘电阻太低或外壳带电

这些故障应主要从电气方面去查找原因，如定子绕组与铁芯槽之间的绝缘损坏，定子绕组与端盖相碰，电动机接线或出线绝缘不良，电动机过热后造成定子绕组绝缘老化，电动机受潮或内部灰尘、异物太多等。

单相异步电动机的故障分析与处理，如表 4－3 所示。

表 4－3　　单相异步电动机的常见故障，故障原因及排除方法

故障现象	产生原因	处理方法
电源电压正常，但通电后电动机不转动	（1）定子绕组或转子绕组断路； （2）离心开关在启动时触点未闭合； （3）电容器开路或短路； （4）轴承故障； （5）定子与转子互相碰撞	（1）定子绕组断路可用万用表检查，转子绕组断路可用短路测试器查找，修复断路点； （2）检查离心开关触点、弹簧等，加以调整或修理； （3）更换电容器； （4）清洗或更换轴承； （5）对症处理
电动机接通电源后熔体熔断	（1）定子绕组内部接线错误； （2）定了绕组有匝间短路或对地短路； （3）电源电压不当； （4）熔体选择不当	（1）用指南针检查绕组接线并改正； （2）用短路测试器检查绕组是否有匝间短路，用绝缘电阻表测量绕组对地绝缘电阻，修复短路点； （3）接入合适的电源电压； （4）更换合适的熔体
电动机在运行过程中温度过高	（1）定子绕组有匝间短路或对地短路； （2）离心开关触点不断开； （3）启动绕组与工作绕组接错； （4）电源电压不正常； （5）电容器变质或损坏； （6）定子与转子互相碰撞； （7）轴承故障	（1）用短路测试器检查绕组是否有匝间短路，用绝缘电阻表测量绕组对地绝缘电阻，修复短路点； （2）检查离心开关触点、弹簧等，加以调整或修理； （3）测量两绕组的直流电阻，电阻较大者为启动绕组，改正接线； （4）用万用表测量电源电压； （5）更换电容器； （6）对症处理； （7）清洗或更换轴承
电动机运行时噪声过大或振动过大	（1）定子与转子互相碰撞； （2）转轴变形或转子不平衡； （3）轴承故障； （4）电动机内部有杂物； （5）电动机装配不良	（1）找出原因，对症处理； （2）如无法调整，则需更换转子； （3）清洗或更换轴承； （4）拆开电动机，清除杂物； （5）重新装配

续表

故障现象	产生原因	处理方法
电动机外壳带电	(1) 定子绕组在槽口处绝缘损坏； (2) 定子绕组端部与端盖互相碰撞； (3) 引出线或接线处绝缘损坏与外壳互相碰撞； (4) 定子绕组槽内绝缘损坏	(1)、(2)、(3) 寻找绝缘损坏处，再用绝缘材料与绝缘漆加强绝缘； (4) 一般需重新嵌线
电动机绝缘电阻降低	(1) 电动机受潮或灰尘较多； (2) 电动机过热后绝缘老化	(1) 拆开后清扫并进行烘干处理； (2) 重新浸漆处理

第五节 单相异步电动机检修

一、单相异步电动机的拆装

对单相电动机进行检修时，必须先对电动机进行拆卸。在排除故障并复原后，再对电动机进行清洗和加注润滑油，随后进行装配。最后通过检查和试验，电动机的检修工作即告完成。

(1) 单相异步电动机拆卸注意事项。

1) 牢记拆卸步骤。在拆卸时，首先应考虑到以后的装配，通常两者顺序正好相反，即先拆的后装、后拆的先装。对初次拆卸者来说，可以边拆边记录拆卸的顺序。

2) 电动机的零部件集中放置。由于单相异步电动机的许多零部件体积都较小，电动机拆卸后如要进行绕组修换时，间隔时间较长。为保证零部件不损坏、不丢失，必须将所有零部件集中放置在盒子内或袋子内，妥善保管。

3) 保证电动机各零部件的完好。由于单相异步电动机的功率一般都很小，体积也较小，各零部件的强度比三相异步电动机要差得多。因此，在拆装时应特别注意要轻敲、轻打，不允许用与电动机铁芯及端盖等具有同样硬度的金属物敲击电动机，必须借助于纯铜棒、纯铜板、木板等。由于电动机定子绕组的线径很细，因此不允许直接碰撞电动机定子绕组。

(2) 定子铁芯及绕组取出方法。

1) 敲打定子铁芯法。如端盖正面有孔，则可用此法进行拆卸，即把定子铁芯与前端盖组件一起放在一个钢套筒上，如图 4-32 所示。套筒内径应稍大于定子铁芯外径，用一根纯铜棒插入后端盖的孔内，与定子铁芯端面相接触（应注意千万不能触及定子绕组），在定子铁芯四周用锤子敲打纯铜棒，直到定子铁芯及定子绕组脱离前端盖。用此法拆卸时，套筒下面要多垫加棉纱等软物，以防定子铁芯掉下时砸伤定子绕组。

2) 撞击法。如端盖正面无孔，则可用此法进行拆卸，即将定子铁芯及前端盖组件倒放在一个圆筒上，圆筒底部要多垫棉纱等软物，如图 4-33 所示。用双手将该组件与圆筒合抱在一起撞击，依靠定子铁芯及绕组的重量，使其与前端盖脱离。

3) 敲打端盖法。将定子铁芯伸出端盖的部分用台虎钳夹紧（注意不能触及定子绕组），随后用铜棒敲击端盖的边缘，使端盖与定子铁芯脱离，注意不能损伤端盖。此法不需要任何专用工具，最为简单，如有可能应首先考虑采用这种方法。

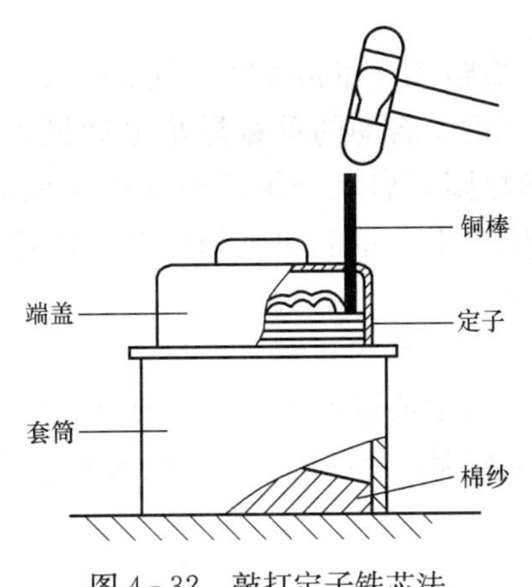

图 4-32　敲打定子铁芯法

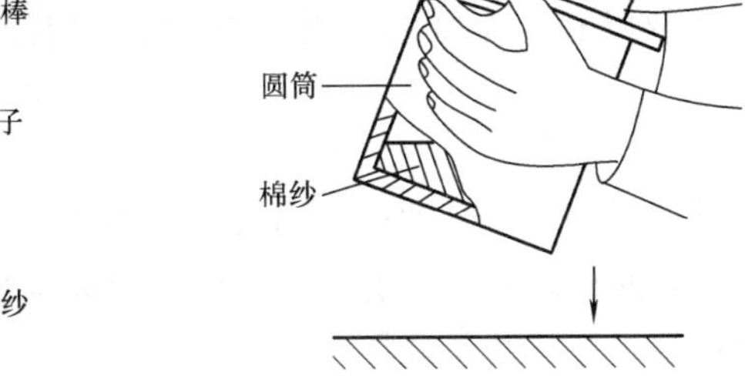

图 4-33　撞击法

(3) 轴承的拆装。外转子式单相异步电动机（吊扇）的轴承一般均为滚动轴承，其拆装方法与三相异步电动机的轴承拆装法相同。

内转子式单相异步电动机的轴承一般均为圆柱滑动轴承，其拆卸方法一般有两种。

1) 用轴承拉具拆卸。按图 4-34 所示的方法将拉具定位后，只需旋动轴承拉杆上部的螺母，拉杆下面的凸台即能把轴承慢慢拉出。

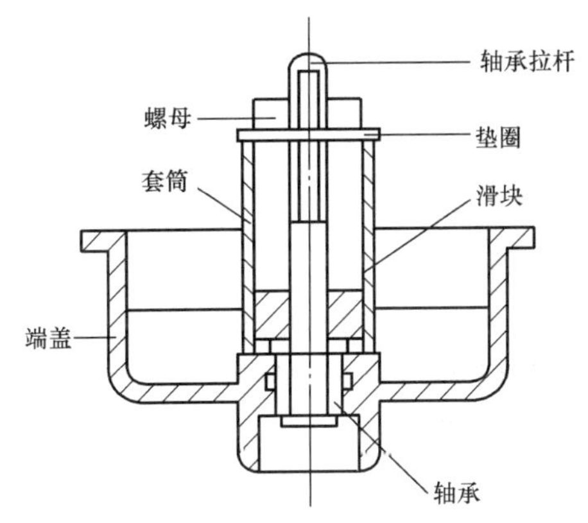

图 4-34　用轴承拉具拆卸轴承

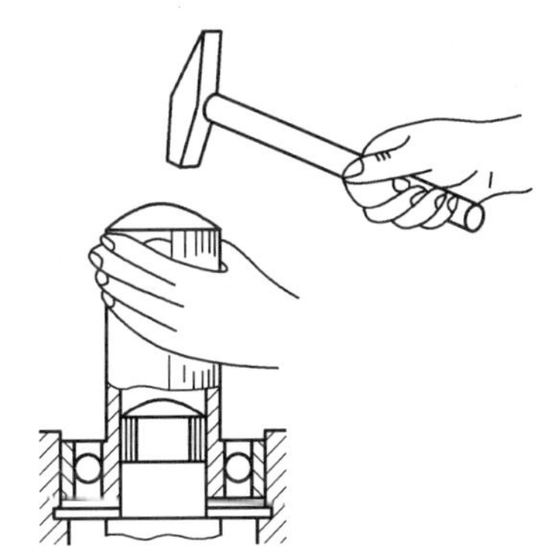

图 4-35　用敲入法安装轴承

2) 用敲击法拆卸。拆卸方法与三相异步电动机的相同，参见第二章图 3-44。注意用锤子敲击纯铜棒时用力应垂直、均匀，轻敲慢打，以免引起端盖变形。

在安装圆柱滑动轴承时，首先应将轴承内外和端盖上的轴承孔清洗干净，然后将浸透润滑油的油毡放入端盖轴承孔的油毡槽内，在滑动轴承的内外涂上润滑油，再将轴承均匀地压入或打入端盖轴承孔内，要注意保证轴承与端盖轴承孔之间的同心度，不能偏斜。用敲入法安装轴承如图 4-35 所示。

二、启动电路故障检修

单相异步电动机的结构及工作原理和三相异步电动机有很多相同之处，所以它们的很多故障以及产生原因和检查修理方法是一样的。例如定子绕组的断路、短路及接地故障，均可以使用相同的方法进行检查修理。但是单相异步电动机有一个独立的启动电路，而且定子绕组是单相的，在结构上存在某些差异，因此在启动电路故障检修和定子绕组的重绕上有其特殊性。

启动电路的故障对于罩极式电动机，主要是短路环（短路线圈）脱焊断开，使电动机无法启动，因此只要把短路环焊好即可。对于分相式启动的单相异步电动机，主要是离心开关（或启动继电器）、电容器及启动绕组的故障。启动绕组的绝缘电阻偏低，断路、短路及接地等故障和工作绕组一样，可以使用与三相异步电动机相同的方法进行检查和局部修理。

1. 启动开关

分相启动的单相异步电动机启动时开关触点未闭合或接触不良，将使电动机无法启动。如果达到预定转速后，开关不能断开，会使启动电容器和启动绕组长期接入电路工作，导致电容器和启动绕组过热甚至烧坏。

2. 离心开关

离心开关在电动机静止时由弹簧保持其触点闭合，电动机达到预定转速后，借助离心力分断触点。离心开关常见故障及故障原因如表 4-4 所示。

表 4-4　离心开关常见故障及故障原因

故障现象	故障原因	
电动机不能启动	离心开关开路	（1）弹簧失效，无足够的张力使触点闭合； （2）动作机械卡住； （3）触点烧坏脱落； （4）触点簧片过热失效； （5）接线螺钉松脱或线头断开； （6）动静触点间有杂物、油垢、接触不良； （7）触点绝缘板断裂、触点不能闭合
电动机启动绕组发热烧坏	离心开关短路	（1）弹簧过硬，电动机达到预定转速时仍不能断开启动绕组； （2）机械构件磨损、变形、导致触点不能断开启动绕组； （3）簧片式离心开关的簧片过热失效； （4）动静触点烧熔黏结； （5）甩臂式离心开关的铜环极间绕组绝缘击穿

离心开关的故障可按下述方法检查和处理。

（1）开路故障。用万用表测量启动绕组的阻值，通常可测得电阻为数百欧。若阻值很大，则表明启动回路有断开故障，应拆开电动机进一步直接测量启动绕组的阻值。如果测的阻值与前面测的值相同，则表明离心开关存在故障，然后按上表所列举的原因逐个检查处理。如果构件严重磨损，则应更换。

（2）触点失灵故障。对于电容分相式启动绕组引线外接的分相电动机，可在启动绕组回路中串入电流表，若电流表有电流指示，则表明触点失灵不能断开，此时应拆开进行检查和处理。

（3）启动继电器。启动继电器的故障主要是线圈断路或短路、烧坏，触点接触不良。线圈断路，短路可以修理或更换继电器，触点因污垢或烧损而接触不良，可以用锉刀及砂纸修整。

3. 电容器

电容器是单相电容启动式电动机、单相电容启动运转式电动机和单相电容运转式电动机不可缺少的一个重要元件。电容器常见故障通常有以下三种。

(1) 引出线接触不良或断裂。电容器经过长期使用，引出线断开或者由于长期存放、保管不善而受潮腐蚀，使引线霉烂，造成引出线接触不良或断线。

(2) 自然失效。电解介质经过长期使用或存放，电容器的容量发生下降变化等。

(3) 过电压而击穿。若电动机长期运行于过高的电压下，则电容器的绝缘介质就会被击穿而短路或断路。

若电容器出现上述故障，将会影响单相电容电动机的正常运行，使电动机不能工作甚至烧毁绕组。若发现电容移相电动机出力不够，则应检查电容器的容量是否符合要求。如果电动机不能启动，或者启动时有嗡嗡响声，也无法启动，则应当检查电容器是否开路或短路。电容器的检查方法有如下几种。

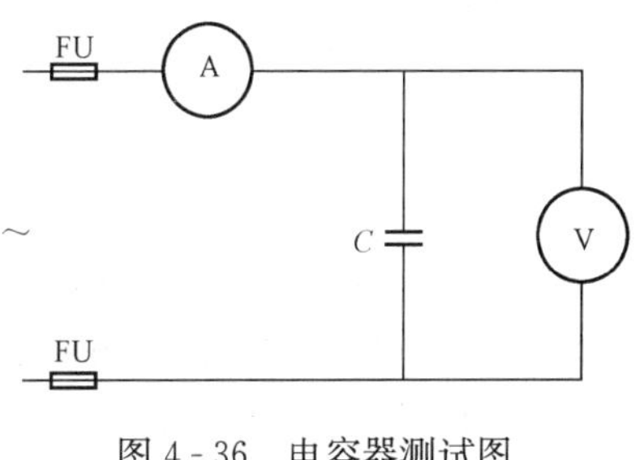

图 4-36 电容器测试图

(1) 检查电容器的容量。检查时，将电容器接入 50Hz 交流电路中，测量通过电容器的电流和电容器两端的电压，如图 4-36 所示。按式 (4-1) 计算电容器的容量，将计算结果与电容器标准容量比较，若计算值小于额定值的 60%，则表明电容器已失效，不应使用。在测量时，必须注意测量时间应为 1～2s。否则，很容易发生击穿。

$$C = 3180I/U \quad (4-1)$$

式中 C——电容量，μF；

I——电流表读数，A；

U——电压表读数，V。

(2) 用万用表检查电容器的开路和短路故障。测量时，将万用表调到 1kΩ 档或 10kΩ 档，然后测电容器两端。

1) 如果万用表指针首先大幅度向电阻为零方向摆动，然后慢慢返回指向某一数值（约几百千欧），则表明电容器质量良好。

2) 若万用表指针静止不动，则表明电容器已开路。

3) 如果万用表指针摆到某刻度的位置后，停下来返回，则表明电容器严重漏电。

4) 若万用表指针大幅度摆到电阻为零的位置，指针不返回，则表明电容器已短路。

5) 如果万用表指针的摆动比测量正常电容器的摆动小，则表明电容器的容量下降，未达到标准容量的数值。

三、单相异步电动机绕组的重绕

对有故障的单相异步电动机，经过检查试验之后，确认绕组内部严重短路或者已被烧毁，应该重新更换绕组。

(一) 记录各项数据

(1) 记录电动机的铭牌数据，以便了解所修理的电动机型号、功率、额定电压、额定电流及转速等，同时也便于购买配件。

(2) 记录绕组数据，其中包括绕组形式，各个线圈节距、匝数及几何尺寸，线径、接法、工作绕组和启动绕组之间的跨距、相互位置、绕线方法等，并及时地将这些数据填入表4-5中。

表 4-5　　单相异步电动机修理记录单

铭牌数据

型号________ 功率________ 频率________ 编号________

电压________ 电流________ 温升________

转速________ 电容________ 制造厂________ 制造日期________

绕组名称	线径	支路数	节距	匝数
启动绕组				
工作绕组				

槽序号 1 2 3 4 5 6 7 8 9 10 11 12 13 14 15 16 17 18 19 20 ……36

现在以32槽4极单相异步电动机为例子，来说明绕组数据的记录方法。

图4-37所示是该电动机的绕组沿某一槽切开后的平面展开图样。图中示出了工作绕组与启动绕组的相互位置关系。

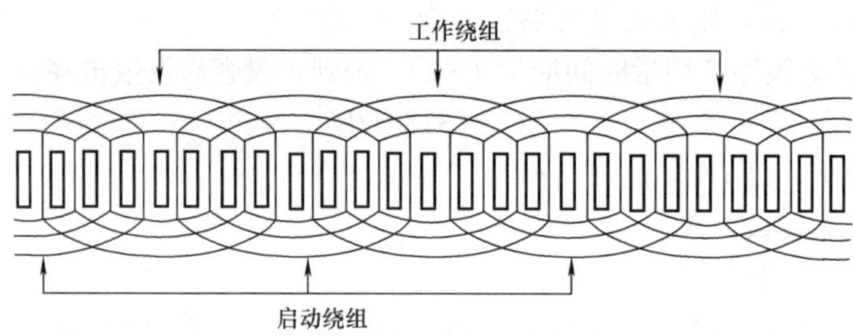

图4-37　32槽4极单相异步电动定子绕组及线槽的平面展开图

无论电动机的极数是多少，其工作绕组与启动绕组都必需相差约90°的电角度，正确记录工作绕组与启动绕组相互间的位置是十分重要的。

如图4-38所示，不论是工作绕组还是启动绕组，每极所属的绕组都有3个线圈，每个线圈中间隔开若干槽。各线圈中间所隔的槽数，包括线圈本身所占的两槽，就是该绕组的节距或跨距。

每个线圈都伸出槽两端，其伸出的部分称为端部，这两个端部尺寸应记录下来。重绕时不允许超过原端部长度，否则会使端盖接触线圈，导致绕组接地或短路。为了简单、直观地记录绕组的部位及节距等，可采用如图4-39所示的形式。图中每条曲线代表了该极内的一个线圈，必要时还可以标注每个线圈的匝数。

在记录时还要注意启动绕组与机座间的相对关系。工作绕组的中心线通常可以根据其槽口的大小、位置来确定。若槽无大小区别，应用冲头在相当于极的中心线的一槽上做好标记。

另外，还需记录相邻两极的线路接法和每一绕组内所有线圈的匝数、线径等。

(二) 重绕方法

单相异步电动机重绕方法有手绕、束绕和模绕三种。

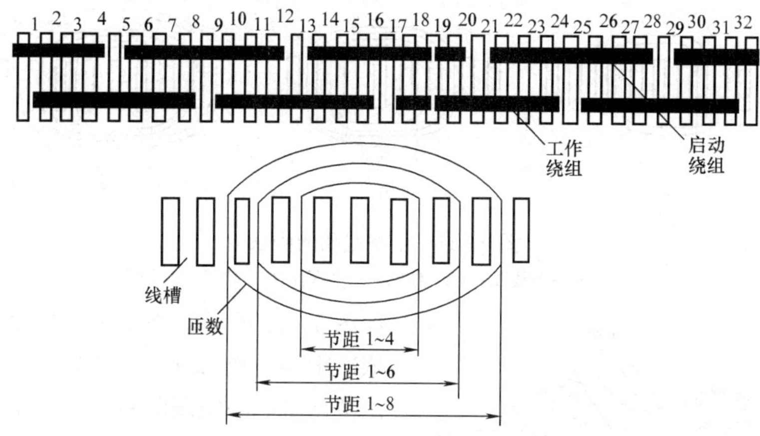

图 4-38　34 槽 4 极单相异步电动机定子绕组的节距

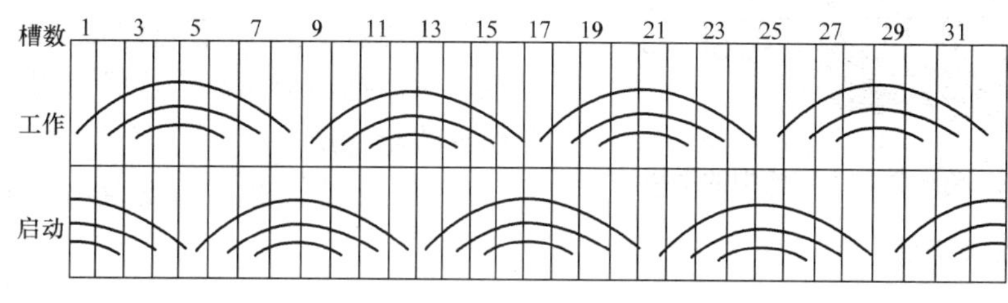

图 4-39　记录绕组部位和节距

1. 手绕法

手绕法适用于在修理条件比较差或者是局部绕组更换的情况，不论是启动绕组还是工作绕组均可采用。手绕法重绕是放入槽内的导线都是由人工一匝一匝地逐个放进去，首先绕最里面的一圈，而后依次向外，直至整个一极所属线圈全部绕完为止。

下面以 32 槽 4 极异步电动机定子绕组为例，其具体绕制的方法如下：

（1）首先将定子与线轴放在适当的位置，如图 4-40 所示。把线的一端放入置有绝缘的槽底，先将节距为最小（1~4）的最里面的线圈绕足记录时的匝数，如图 4-41（a）所示。

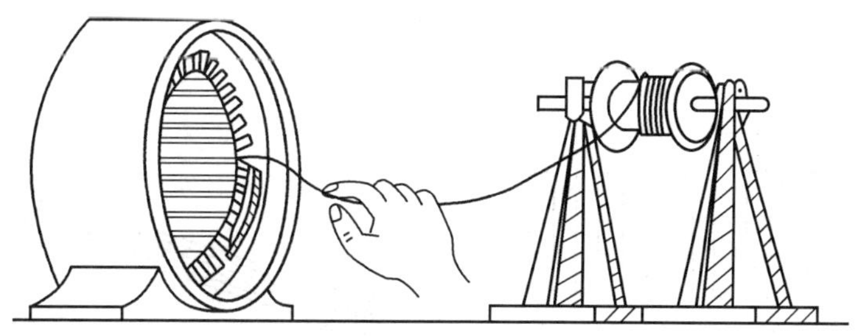

图 4-40　绕线时电动机及线轴的位置

（2）当最里面的一个线圈绕完之后，便可顺着原来的方向开始绕第二个线圈。但它的节距应是 1~6，如图 4-41（b）所示。这样将第二个线圈顺着图中所示的方向和位置绕足匝数，一直到属于这一极的三个线圈全绕完为止，如图 4-41（c）所示。然后将导线留有一定的裕量，足够极间接线即可，把导线剪断，继续绕另一极的线圈。

另一种方法就是在绕线圈之前，将几根木棒或表面光滑的金属棒放在极中间的空槽内，

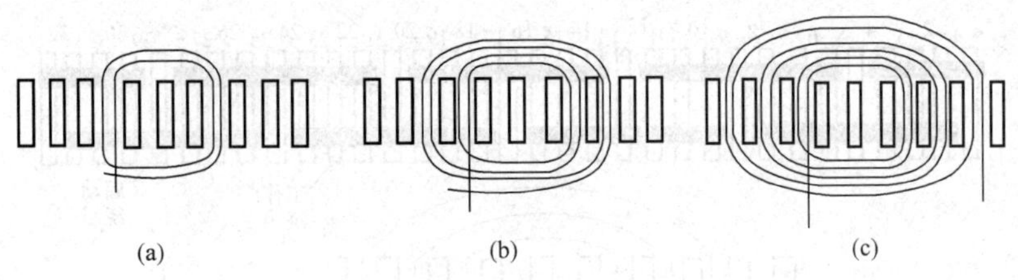

图 4-41　手绕线圈的步骤

(a) 绕第一个线圈；(b) 绕第二个线圈；(c) 绕第三个线圈

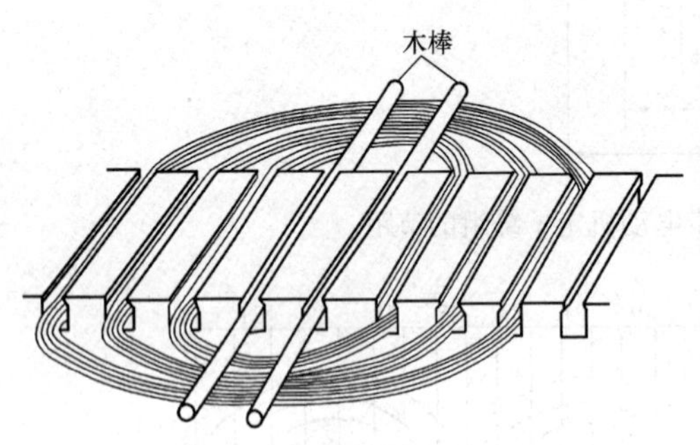

图 4-42　将木棒放入空槽中的手绕法

如图 4-42 所示。绕线时，只要沿着木棒下面依次把导线放入槽内，这样可以防止线圈从槽内滑出来和在绕线时将绕组压牢。

(3) 整个一极线圈绕完后，插上槽楔，就可以将木棒移去。若插入空槽的是金属棒，拔出时应先在金属棒下与线圈之间垫一层青壳纸，然后抽出金属棒，这样可以防止金属棒划伤导线绝缘层。

(4) 其余各极或启动绕组都可以按照上述绕制的方法依次绕好。

2. 束绕法

束绕法主要适用于同心绕组，对于部分正弦绕组式的启动绕组也可以使用，这种方法最大的优点是嵌线迅速，缺点是耗铜量较大。用束绕法一定要十分注意线圈的长度，若过长则会造成定子铁芯外部分线圈端部太大；若过短，则最后一个线圈下不进槽里去。

下面简单介绍同心绕组的束绕法的方法步骤。

(1) 每束线圈的大小，可以根据在拆线圈时所记录的尺寸。由于束绕法绕成的电动机很容易辨认，在拆卸时，往往一个极里面的线圈可一次拆出来。绕线时可按原线圈束绕制，如果线圈大小无法确定，可按图 4-43 所示的方法，先拿根粗一点的导线绕在槽内，并要留出相当的空隙，以免线圈放入时太拥挤。然后将线头的两端绞接起来，从槽内取出。

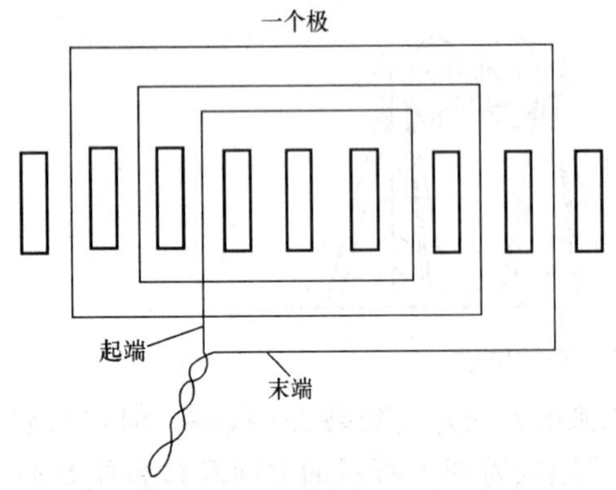

图 4-43　在铜线在槽内绕制以确定每束线圈的大小

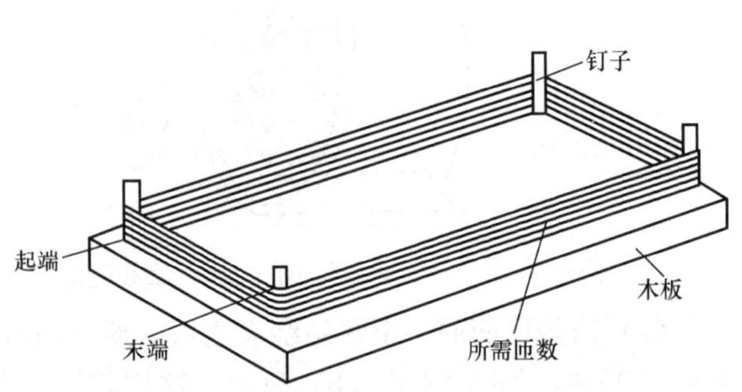

图 4-44　按长方形的尺寸在木板上钉钉子

(2) 将取出的线圈导线展开成为一个长方形，并按长方形尺寸将 4 枚钉子（钉子上最好套有塑料套管，以防绕线时损伤导线绝缘）钉在板上，如图 4-44 所示。

(3) 把每束线圈所需要的匝数逐一绕在钉上。最后留出两个线端以备接线之用。在未把线圈取下之前，可用棉纱绳在各个适当的部位扎几道，以防松散。

(4) 将线圈从架上拿下来，把它嵌入节距最小的两个槽内，如图 4-45（a）所示。然后，将线圈扭转，嵌入节距较大的相邻两个槽中，如图 4-45（b）所示。其余以此类推，待该极槽内全部嵌入线圈为止，如图 4-45（c）所示。

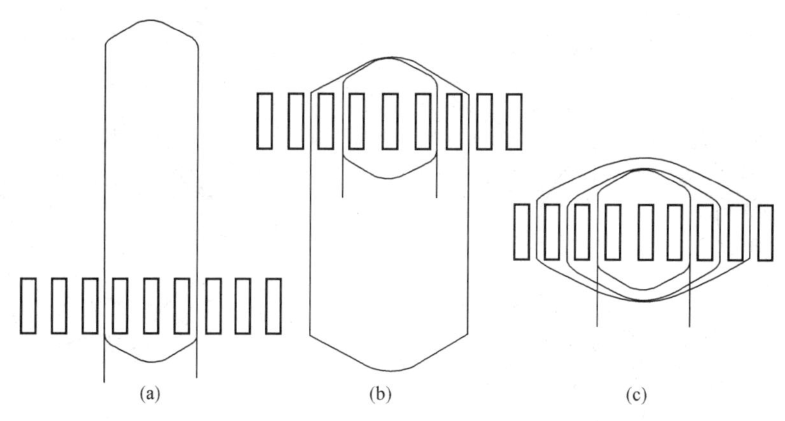

图 4-45　束绕法嵌放线束示意图

（a）将线圈嵌入最小的两个槽内；（b）扭转线圈将其嵌入相邻槽中；（c）将极槽内全部嵌入线圈

3. 模绕法

不论是同心绕组或正弦绕组的模绕方法，必须先按铁芯的形状做好线模。线模的形状与尺寸的测定与三相电动机相似。最小线圈的直线部分两端伸出铁芯的长度大于 6mm，最大的线圈端部不应该与端盖相碰擦。由于线圈尺寸较小；每个线圈的线模可做成整块的，并将模心做出一定的斜度，以便取下线圈。线模模心的厚度一般以铁芯槽深的 3/4 来确定。

同心绕组的线模如图 4-46 所示。绕线之前用螺母将一个极下的数个同心模夹紧，绕线时，从最小线圈开始，然后再绕较大的线圈。待全部绕好后，将每个线圈扎好，松开螺母，取下线圈。

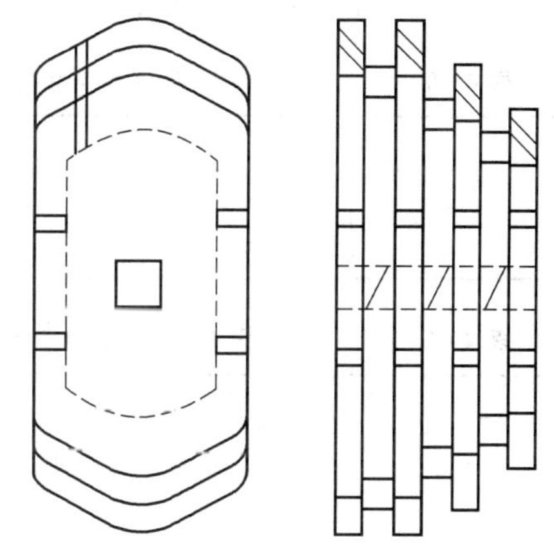

图 4-46　单相电动机同心式绕组的线模

四、单相异步电动机绕组布线接线范例

1. 单相异步电动机绕组的嵌线方法

单相异步电动机绕组的嵌线方法如下：

(1) 嵌线之前，应该准备好嵌线用的绝缘材料和嵌线工具；

(2) 嵌线时应注意不能损伤绝缘，在未嵌线前放置好槽绝缘，位置应符合要求；线圈嵌装槽内后要求排列整齐，线圈伸出铁芯两端的长度要适宜；

(3) 单相单层同心式电动机绕组嵌线时，应先嵌工作绕组，方法是将各个线圈组逐个嵌入，在嵌每个线圈组时，先嵌小线圈、后嵌大线圈，将工作绕组嵌好后，再用同样的方法将启动绕组的线圈嵌入槽内；

(4) 单相双层短距绕组的嵌线方法与三相双层短距绕组完全相同。

2. 单相异步电动机绕组布线接线范例

下面以4极16槽单相异步电动机绕组布线接线为例。4极16槽单相异步电动机有单层绕组和双层绕组。图4-47是JX05A-4型单相异步电动机单层绕组布线接线图。图4-48是双层绕组布线接线图。有关的技术数据见表4-6和表4-7。

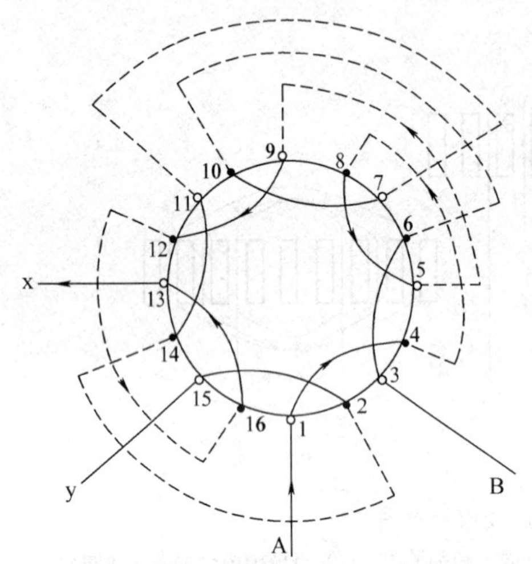

图4-47 4极16槽单相异步电动机单层绕组的布线接线图

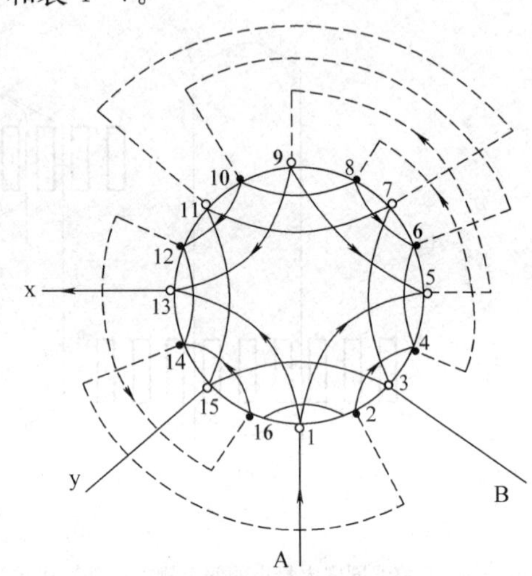

图4-48 4极16槽单相异步电动机双层绕组的布线接线图

表4-6 4极16槽单相异步电动机(JX05A-4)单层绕组有关技术数据

工作绕组			启动绕组		
节距	匝数	线径(mm)	节距	匝数	线径(mm)
1~4	570	0.18	3~6	656	0.19

表4-7 4极16槽单相异步电动机(JX05A-4)双层绕组有关技术数据

工作绕组			启动绕组		
节距	匝数	线径(mm)	节距	匝数	线径(mm)
1~5	206	0.23	3~7	206	0.23
2~4	206		4~6	206	

第六节 单相串励式电动机

单相串励电动机是一种交直流两用的单相电动机，其启动转矩很大，过载能力强，具有负荷轻时转速快，负荷重时转速下降的特性。单相串励电动机广泛用于缝纫机、电钻、电动卡盘等电动工具。但单相串励电动机也存在一定缺陷，如换向困难、电刷容易产生火花、维护保养难度大、功率小、噪声大等。

一、基本结构

单相串励电动机的主要部件有定子、电枢、换向器、电刷等。

1. 定子

定子由定子铁芯和定子绕组组成，为了减小铁芯涡流损耗，定子铁芯是用 0.35～0.5mm 厚的硅钢片叠压而成，定子绕组用卡子安装在磁极上，如图 4-49 所示。定子绕组有两个线圈，它们的极性相反，两个线圈串有电枢绕组，如图 4-50 所示。

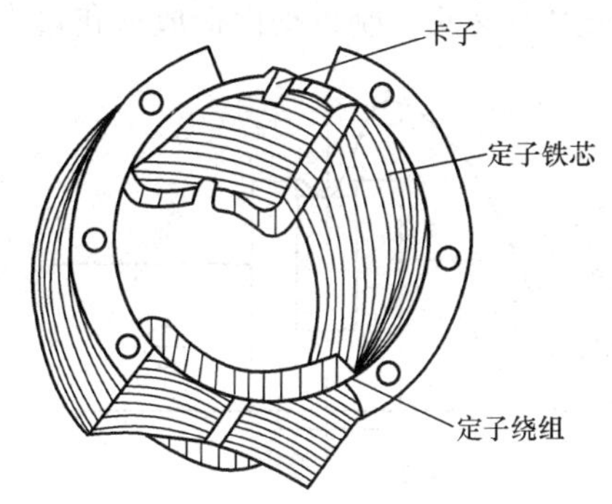

图 4-49 单相串励电动机定子

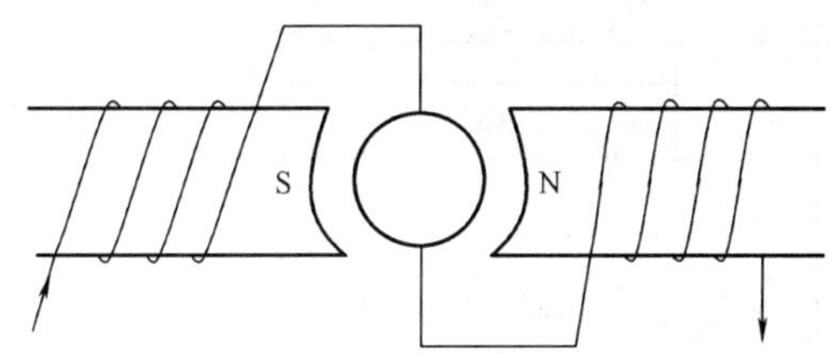

图 4-50 电枢绕组串在定子绕组中

2. 电枢

电枢是由转轴、电枢铁芯、电枢绕组组成。

电枢铁芯也由硅钢片叠压而成，铁芯冲片有很多槽，如图 4-51 所示。在电枢铁芯槽内嵌有电枢绕组，电枢绕组有很多线圈，每个线圈的引出线与换向片有规律地连接，使电枢绕组形成一个闭合回路。

单相串励电动机的电枢绕组常采用单层叠绕式，单层波绕式等。

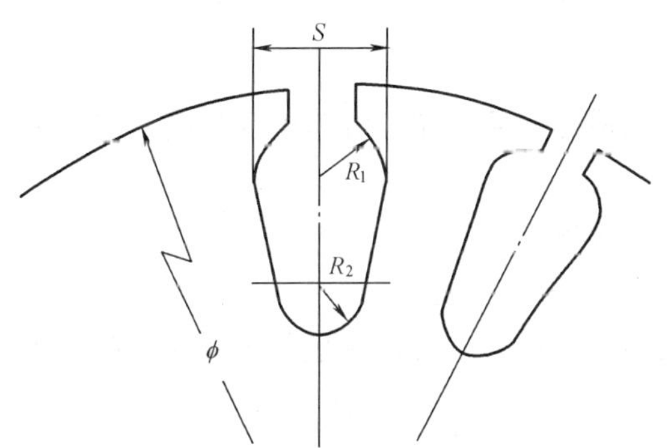

图 4-51 电枢铁芯冲片的槽口

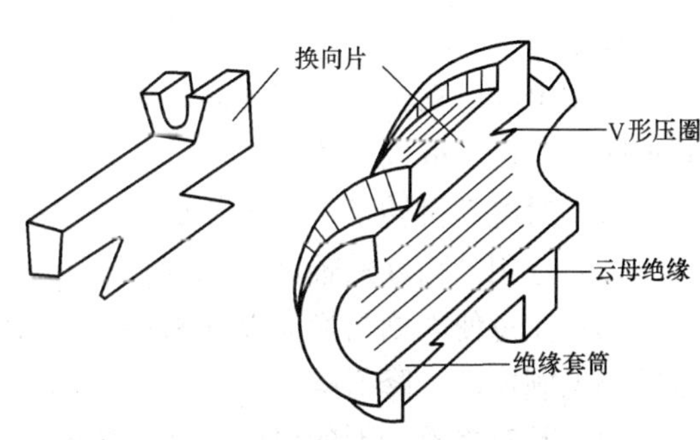

图 4-52 换向器的结构

改变串励电动机的旋转方向有两种方法，即改变定子绕组或电枢绕组的电流方向，通常是对调两个刷握上的引出线。改变旋转方向后，电刷容易产生火花，必须移动刷架将电刷调整到无火花的位置，对于刷握位置不能移动的电动机，则只能朝一个方向旋转。

3. 换向器

单相串励电动机的换向器结构如图 4-52 所示。许多燕尾形的换向片镶嵌在一个绝缘套筒上，各换向片之间用云母绝缘，绝缘套筒两端用两个 V 形压圈压紧，每片换向片的一端有一个小槽或升高片，以便焊接电枢绕组引出线。

4. 电刷架

电刷架使电刷与换向器保持良好接触，并把电枢绕组与外电路连接起来。

单相串励电动机的电刷架一般由胶木压制而成，由刷握和弹簧组成。按其结构分为管式和盒式两大类，如图 4-53 和图 4-54 所示。管式电刷结构简单，调节方便，加工工艺性好。盒式电刷架调节直观，调节压力范围大，但结构复杂。对于管式电刷架，在使用过程中要注意清理管内电刷粉末，以免影响电刷移动。对盒式电刷架，要注意随时调节压簧，保证电刷与换向器紧密接触，使电刷接触压降恒定，以免压簧压力不够使电刷抖动而造成火花过大。

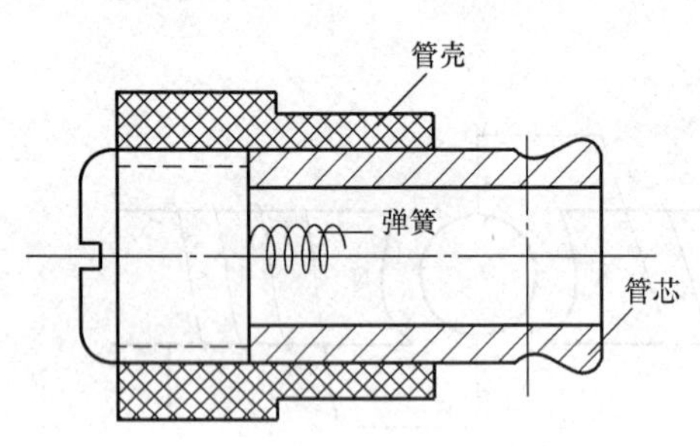

图 4-53　管式电刷架

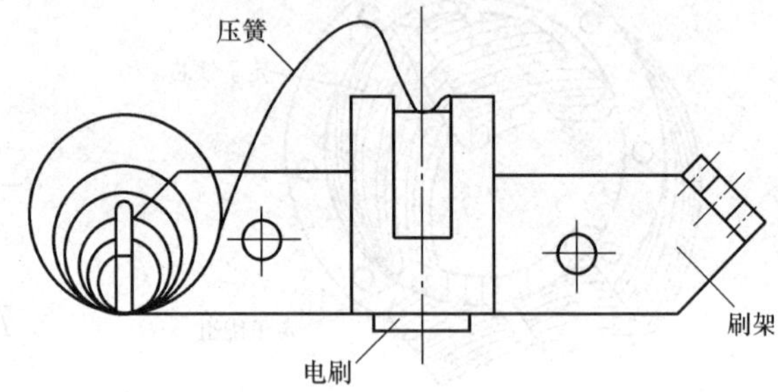

图 4-54　盒式电刷架

5. 电刷

电刷是单相串励电动机的重要元件，选择电刷时，要依据电流密度和换向器的圆周速度而定，同时考虑电刷的硬度及电刷接触压降等因素。单相串励电动机一般采用 DS 型电化石墨电刷，其技术性能与单相串励电动机相符。

二、常见故障及排除方法

单相串励电动机的常见故障可分为机械故障和电气故障。其故障现象、检查修理方法与单相异步电动机相同。

1. 机械故障

单相串励电动机的转速很高，因而机械噪声、通风噪声要比单相异步电动机高一些。要降低噪声，可采取以下措施；

（1）对电动机转子进行平衡试验，提高转子平衡精度。

（2）选用高精度的轴承，如国产的 D 级轴承、进口 SKF 轴承。

（3）注意使电刷与换向器紧密接触，通常在换向器表面有一层深褐色的氧化铜薄膜，可以减小电刷振动，降低噪声。

（4）及时修整变形的风叶，使风扇转动平衡。

（5）及时更换变速器内齿尖磨损或齿面残缺的齿轮，并添加稠一些的润滑油。

在故障检修时，注意不能空载启动电动机，否则会使电动机“飞车”，危及人身安全。

2. 电气故障

（1）电刷与换向器接触不良。如果电刷与换向器接触不良，会使换向器与电刷之间产生较大的火花，严重时可产生环火，导致电动机不能启动，扭矩减小，换向器表面灼伤等。

造成换向器与电刷接触不良的原因有电刷磨损（一般电刷磨损到 1/3 时应更换），电刷弹簧失效（如锈蚀、退火变形）、换向器表面有污渍或炭粉，电刷选用不当等。

换向器与电刷间火花过大，必须仔细检查刷握，弹簧、换向器和电刷。如果电刷接触面不够，可按图 4-55 所示方法研磨电刷。

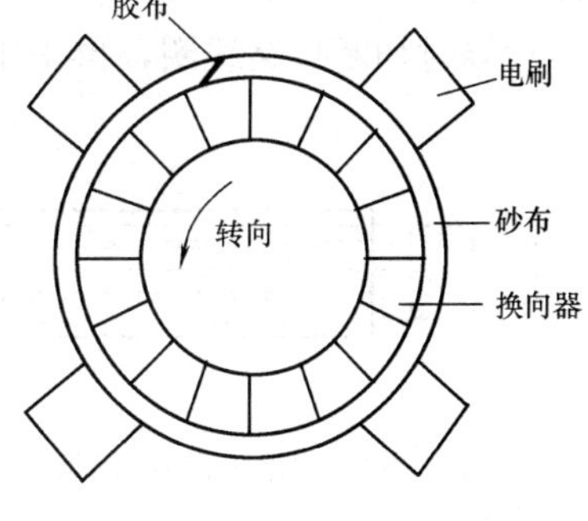

图 4-55　研磨电刷方法示意图

研磨电刷的接触面必须用 0 号砂布，砂布的宽度等于换向器的长度，砂布的长度为换向器的周长，把砂布首尾用胶布粘住，转动转子研磨电刷，使其接触面达到 90%以上。如换向器有轻微灼痕，可用 0 号砂布研磨换向器。如换向器表面出现严重灼痕和沟槽，且表面不圆，则应拆下转子放在车床上修整，将换向器表面车光滑。车好后，需用挖沟工具将换向片间云母下刻下 1～1.5mm，再用砂布清除毛刺并擦净粉尘。

（2）电枢绕组开路、短路、接地。单相串励电动机的电枢绕组很容易开路、短路或接地。若故障不严重，可不必整个电枢绕组拆除重绕，只需局部检修即可。

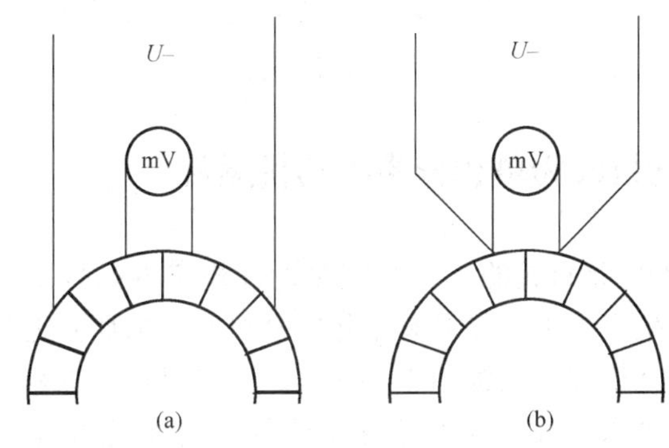

图 4-56　用毫伏表检查电枢绕组开路示意图
（a）波绕式绕组；（b）叠绕式绕组

1）电枢绕组开路。若电枢绕组开路是由换向片和电枢绕组引出线脱焊造成，重新焊接牢固即可。若受外力作用或受潮使电枢绕组内部断路，则必须重新绕制。

可用毫伏表跨接换向片检查电枢绕组是否开路。对于波绕式绕组，将 6～12V 直流电源接入相隔一个极距的两换向片上，如图 4-56（a）所示。对于叠绕式绕组，电源接入相邻两换向片上，如图 4-56（b）所示。若毫伏表所接的换向片连接的线圈开路，毫伏表便有读数。

若绕组个别线圈开路或损坏，可将开路或损坏的线圈头、尾从两换向片上拆下，并包扎好绝缘，然后用短接线焊在开路线圈所接的换向片上，如图 4-57 所示。

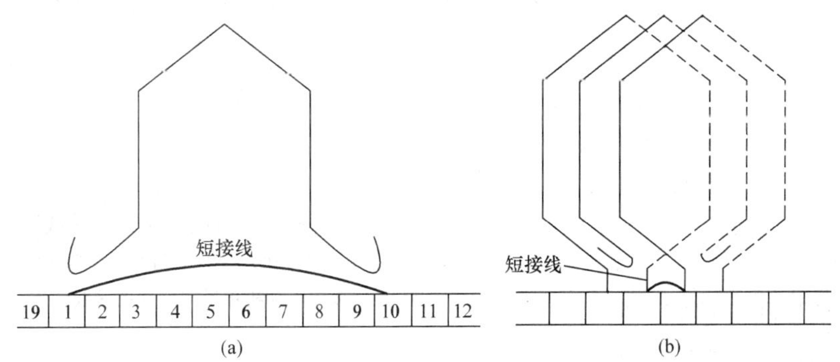

图 4-57　电枢绕组开路跳接方法示意图
（a）波绕式绕组；（b）叠绕式绕组

2）电枢绕组短路。电枢绕组短路往往是由于绕组受潮或过载过热使线圈内部局部短路而造成。电枢绕组短路后，电枢过热，电刷上火花增大，换向器表面烧灼。

线圈是否短路也可用毫伏表来检查，如图 4-56 所示。若换向片所接的线圈短路，则片间压降几乎等于零。

检修时切断短路线圈，再采用跨接方法处理。如只是线圈受潮，进行干燥处理即可。

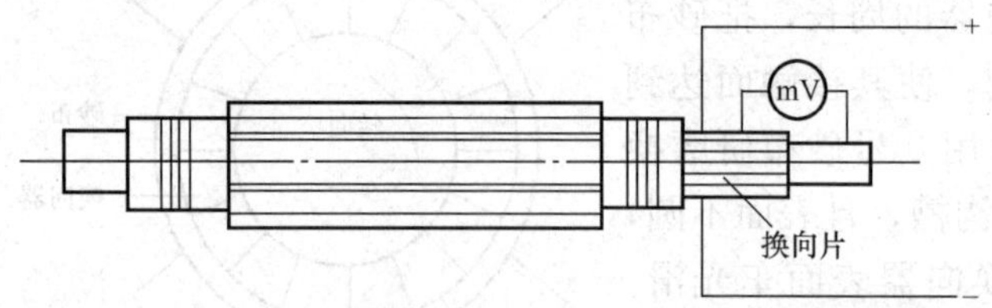

图 4-58 测量换向片和轴间电压降检查接地故障

3）电枢绕组接地。电枢绕组接地有两种情况，一是绕组接地，二是换向器接地。检查电枢绕组接地故障点可采用电枢轴间电压降的方法，其接线如图 4-58 所示。将低压直流电源接在换向器上，然后将毫伏表一端接在电动转轴上，另一端依次接触各换向片。如毫伏表有读数，表明绕组正常。如毫伏读数近似为零，表明接地点在与接有毫伏表的换向片相连接的绕组线圈上。对于电枢绕组的接地故障，应根据故障的具体情况进行修理。假如故障点较明显，肉眼可以观察到，并且损伤的线匝不多，则可用竹片或划线板小心将故障的线匝剔开，对故障点插入新的绝缘物垫好。若故障部位不明显，或线圈损坏过多，无法进行局部修理，则应对绕组线圈进行部分或全部重绕。

第七节 小功率三相异步电动机改为单相异步电动机运行

各种电动机均是按照一定的运行条件设计制造而成的，只有按照设计规定的条件下运行，电动机的性能才能达到最佳状态。然而在生产当中，如果有单相电动机突然损坏而无备件时，可以将小功率三相电动机改接成单相电动机使用（常用于 1kW 以下电动机）。三相电动机改成单相电动机后，运行状态不在最佳状态，输出功率最多只有原三相额定功率的 60%～70%左右。因此必须考虑电动机的负载情况，以免过载损坏电动机。

电动机从原来的三相运行变成单相运行，必须依靠串接电容来移相，才能产生旋转磁场。三相电动机内没有离心开关，一般接成电容运行式，将三相绕组的连接线拆开并在其中部分绕组中接入电容器作为启动绕组使用。电容器接入电动机接线盒的方法如图 4-59 所示。

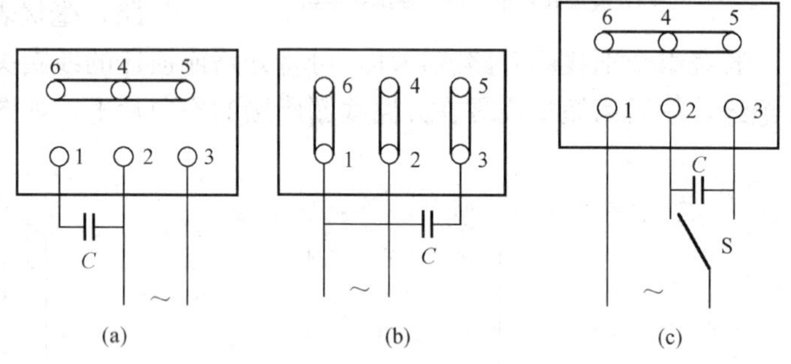

图 4-59 三相电动机改单相运行接线图
（a）星型接法电动机；（b）三角型接法电动机；
（c）星型接法电动机正反向旋转的接线方式

利用电容器进行移相，所串电容器电容量可表示为

$$C = \frac{I_N \times 10}{2\pi f U_N}\cos(\varphi - 60°) \qquad (4-2)$$

式中 C——电容器电容量，μF；

I_N——三相电动机的额定电流，A；

U_N——三相电动机的额定电压，V；

φ——三相电动机的额定功率因数角。

电容器 C 一般选用纸介电容器、油浸纸介电容器及电解电容器，其额定电压应大于 450V 为宜。电容移相电动机一般只能带较小的负荷启动，若需增加启动转距，需再增加一个电容器以加大电容量，增加的启动电容器的电容量为移相电容器的 2~3 倍，启动完毕后应将其切除。启动电容采用电解电容器较好。

思考与练习

一、练习

技能训练 4-1　单相异步电动机的测试与接线

目的：学会单相异步电动机的检试方法和接线方法。

工具、仪表与器材：电工常用工具 1 套、万用表 1 块、绝缘电阻表 1 块、电容式单相异步电动机和配套启动电容 1 套、切换开关 1 只。

训练内容：单相异步电动机绝缘电阻检测和接线。

训练步骤与工艺要点：

(1) 测量单相异步电动机绕组对外壳的绝缘电阻，绝缘电阻应大于 1MΩ，记于表 4-8 中。

(2) 用万用表测量单相异步电动机三根引出线（设为 1、2、3）之间的直流电阻，并判断绕组的联结关系，记于表 4-8 中。

表 4-8　**单相异步电动机的检测记录表**

绝缘电阻（MΩ）				
引线直流电阻（Ω）	1—2 之间		2—3 之间	3—1 之间
启动电容（μF）	正向		判断电容是否完好	
	反向			

(3) 用万用表电阻档检测启动电容器的好坏，记于表 4-6 中。

(4) 振动电动机转轴，检查转子转动是否灵活，转动时有无杂音，有无转子与定子摩擦的感觉。

(5) 如无异常情况，按图 4-60 所示连接线路，接通电源，观察电动机在启动和运转时是否有不正常的噪声和振动，电动机连续运行 10min，并经常用手触摸电动机外壳，感觉其温度是否有

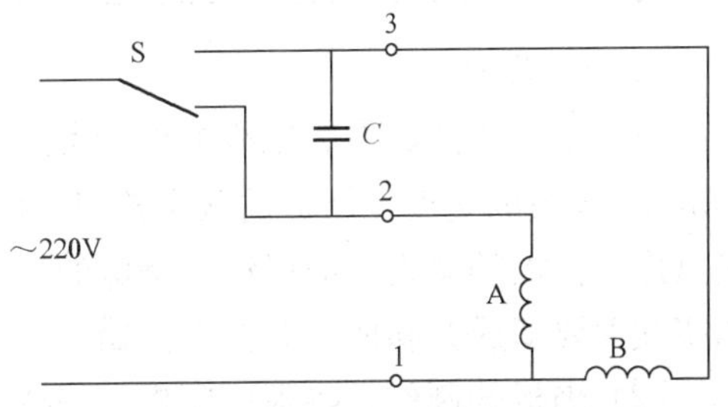

图 4-60　电容运行式单相异步电动机的接线

不正常升高。

（6）切换开关位置，观察电动机换向情况。

（7）通电时如果出现电动机不能启动、有异常噪声、发热等异常情况，应及时切断电源，查找原因，并作相应处理。

技能训练 4-2　单相异步电动机定子绕组的重绕

目的：学会单相异步电动机绕线模板制作、绕组制作和嵌线工艺。

工具、仪表与器材：4 极 32 槽单相异步电动机定子绕组，漆包线，电工常用工具 1 套，绕线机 1 台，烤箱 1 台，万用表 1 块，兆欧表 1 块，螺旋测微器一个，划线板，压线板各 2 个，垫圈，螺母，棉线，尼龙线，牛皮纸，剪刀，白蜡，绝缘纸，电源线和接线板等。

训练内容：定子绕组技术数据测量和记录、制作绕线模板、绕制绕组和嵌放线圈。

训练步骤与工艺要点

1. 拆卸及记录各项数据

（1）记录电动机的铭牌数据。

（2）记录绕组数据，其中包括绕组形式，各个线圈节距、匝数及几何尺寸、线径、接法、工作绕组和启动绕组之间的跨距、相互位置、绕线方法等，并及时将这些数据填入表 4-9 中。

表 4-9　　单相异步电动机修理记录单

铭牌数据

型号________　功率________　频率________　编号________

电压________　电流________　温升________

转速________　电容________　制造厂________　制造日期________

绕组名称	线径	支路数	节距	匝数
启动绕组				
工作绕组				

槽序号 1 2 3 4 5 6 7 8 9 10 11 12 13 14 15 16 17 18 19 20 ……32

2. 制作绕线模板

（1）绕线模的制作。绕线模板参考定子铁芯的尺寸制作，其长度比定子铁芯叠厚长 6～10mm。模板的宽度比所嵌的两个槽口之间的距离稍长一些，以便将来把线圈槽外部分整理成弧形。模板的厚度一般以铁芯槽深的 3/4 来确定。并把模板的四角要打磨圆滑，模板四周的绕线面要磨成倾斜面，并打上白蜡。

（2）隔板的制作。隔板比模板大一些，隔板上下两头各开一个槽口，以便导线通过。如果主绕组和副绕组的线圈尺寸不一致，要做两种模板，每一种模板制作四块。隔板可以公用，制作五块就可以了。

3. 绕制绕组

(1) 把制好的绕线模装在绕线机的主轴上，用紧固螺栓把绕线模两侧的隔板夹紧。

(2) 用线径和型号与一次绕组相同的漆包线绕制线圈。绕制时，匝数要准确、导线要拉直、排线要整齐。为了减小摩擦和便于嵌线，绕制时导线要打蜡，办法是让导线划过白蜡再绕到模板上去。

(3) 绕完一个线圈后，使导线通过隔板上的槽口，再绕另一个线圈。然后用预先放好的棉线把每个线圈的四个角扎紧。这样既方便线圈脱模，又能使线圈脱模后不松散。

(4) 旋下螺母、取下垫圈，把隔板、模板连同绕好的线圈一起从绕线机架上取下。

4. 嵌放线圈

(1) 向槽内安放槽绝缘板。它的长度要比定子铁芯叠厚长约 6mm，也就是每头长出槽口 3mm，以保护导线不被磨损。它的宽度要比槽内周长宽 6mm，使绝缘纸放入槽后每边高出 3mm，以保护导线嵌入时不被磨损。

(2) 在嵌线的时候，一定要明确每一个线圈应从哪一个槽穿入，从哪一个槽穿出。用手捏住线圈的一边，把线圈捏扁，用理线板把导线理入槽内，线圈的另一边下面垫一块纸片，以防线圈同铁芯相碰而损坏绝缘。

(3) 先嵌一次绕组的线圈，后嵌二次绕组的线圈。两组线圈嵌好后，在两组线圈槽外部分之间垫入相间绝缘纸，用手把线圈的槽外部分整理成喇叭口状。喇叭口大小要适当，既不能碰到前、后端盖，又不能妨碍转子插入定子中。

(4) 线圈槽外部分整理后，用尼龙线扎好，再扎上接线板。把一次绕组和二次绕组的引出线按原来的连接方法焊接在接线板上。然后用万用表欧姆档仔细测量线圈的电阻，用摇表测量线圈和定子铁芯之间的绝缘电阻。

(5) 在浸漆之前把定子装回到电动机上试运转，如果发现问题要及时解决，若正常运转就可浸漆。

(6) 把定子放入 95℃的烤箱内烘烤 3～4h，取出后用 1032 的三聚氰胺醇酸漆立即浸漆 10～15min。然后用 50～60℃温度烘烤 4h，再用 110～125℃的温度烘烤 8h，取出后趁热刮去定子铁芯内侧的漆膜。完成定子绕组的绕制工作。

二、思考题

4-1　什么叫脉动磁场？产生脉动磁场的条件有哪些？

4-2　气隙磁场为脉动磁场的单相异步电动机有无启动转矩产生？为什么？

4-3　说明单相电容运行异步电动机的启动原理。

4-4　单相罩极异步电动机的工作原理是怎样的？它的优缺点是什么？

4-5　如何改变电容启动单相异步电动机的转向？它与电容运行电动机的转向改变方法是否相同？

4-6　单相异步电动机的调速方法有哪几种？分别比较其优缺点。

4-7　简述单相异步电动机绕组的重绕的步骤。

4-8　单相异步电动机绕组有哪几种重绕方法？

4-9　单相罩极电动机的转向可以改变吗？为什么？转速能调节吗？

4-10　说明洗衣机单相电容电动机正反转的工作原理。

4-11　请分析单相异步电动机不能启动的主要原因有哪些？应如何处理？

4-12 请分析单相异步电动机过热的原因有哪些？应如何处理？

4-13 图4-61是一种家用电风扇的调速电路，试说明其工作原理。

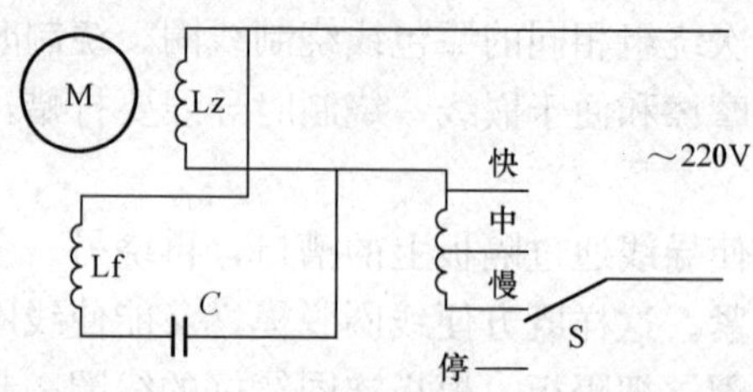

图4-61 采用电抗器降压的电扇调速电路

第五章

水泵和电风扇的原理与维修

教学目标

(1) 使学生熟悉水泵的种类、基本构成和工作原理。

(2) 培养学生能正确选择水泵和泵用电动机。

(3) 培养学生具备水泵安装及维护的工作能力。

(4) 培养学生熟悉电风扇基本构成和工作原理。

(5) 培养学生具备电风扇常见故障维修的工作能力。

第一节 水 泵

泵是一种能量转换的机械，它通过机械把其他形式的能量转换成动能传递给所抽送的液体，使液体获得能量，产生压力和速度。

泵所抽送的液体有清水、油料、含杂质的污水、化学溶液等。在工业中，泵根据其用途可分为清水泵、污水泵、油泵、耐腐蚀泵等，用来抽送清水的泵称为水泵。

水泵是一种通用机械，用途广泛。如，城市中的自来水、蒸汽锅炉给水，矿井排水、船舶的给排水都要用水泵。在农业生产中，水泵是其重要的农田排灌机械。

一、常用的水泵种类及特点

(1) 离心泵。该泵依靠叶轮在高速旋转时产生的离心力将叶轮内水甩出，泵内形成真空状态，水池中的水在大气压力作用下不断被压入叶轮，如此循环往复，将水不断抽送出去。按叶轮进水方式和叶轮级数还可分为单级单吸、单级双吸和多级单吸离心泵。单级单吸离心泵如图 5-1 所示。

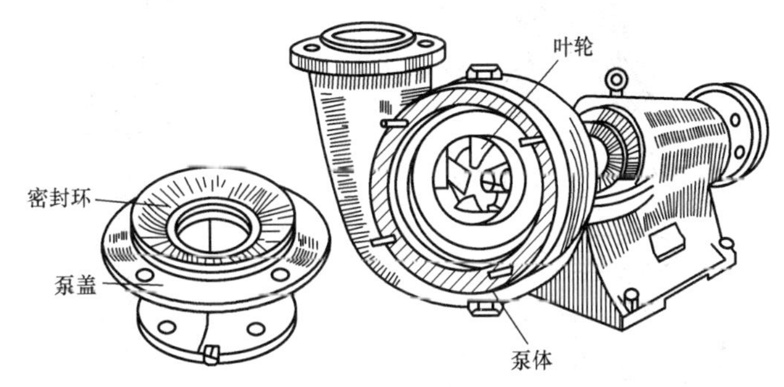

图 5-1 单级单吸离心泵

(2) 轴流泵。其叶轮像个螺旋浆，旋转时，叶轮对水产生一个推力，使管内的水沿泵轴方向流出。按布置方式可分为立式、卧式和斜式。立式轴流泵如图 5-2 所示。

(3) 圬工泵。该泵也是一种轴流泵，只是它以砖石圬工结构（指混凝土、砖石结构工程）和明渠出水池代替一般轴流泵的铸铁弯管和出水管路。其特点是扬程低、流量大。

(4) 混流泵。它是一种介于离心泵和轴流泵之间的水泵。进入叶轮的水流，受离心力和叶轮推力的共同作用，呈斜向流动。按水泵压水室结构可分为蜗壳式和导叶式。蜗壳式混流泵如图 5-3 所示。

（5）浅井泵。它是一种立式离心泵，具有较长的传动轴，便于抽吸井水。

（6）深井泵。深井泵属于单吸多级立式离心泵，是一种专门用来从几十米到上百米的深井中抽水的机具，整个机组由三个部分组成，其外形如图 5-4 所示。最上面的是电动机部分，中间是输水管和传动轴部分，最下面是水泵的工作部分。水泵与电机同轴连接，两者外径相同。

（7）潜水电泵。如图 5-5 所示，该泵由下部的立式电动机和上部的水泵组合而成，分为干式、充油式和湿式三种。其电动机主要依靠加强了的绝缘结构和良好的密封装置，能潜入水中运行。电源由绝缘性能和密封性能都较好的橡胶护套引接线通过密封的接线盒接入定子绕组。机身两侧有吊环，用缚结吊绳吊住潜在水中工作的机身。

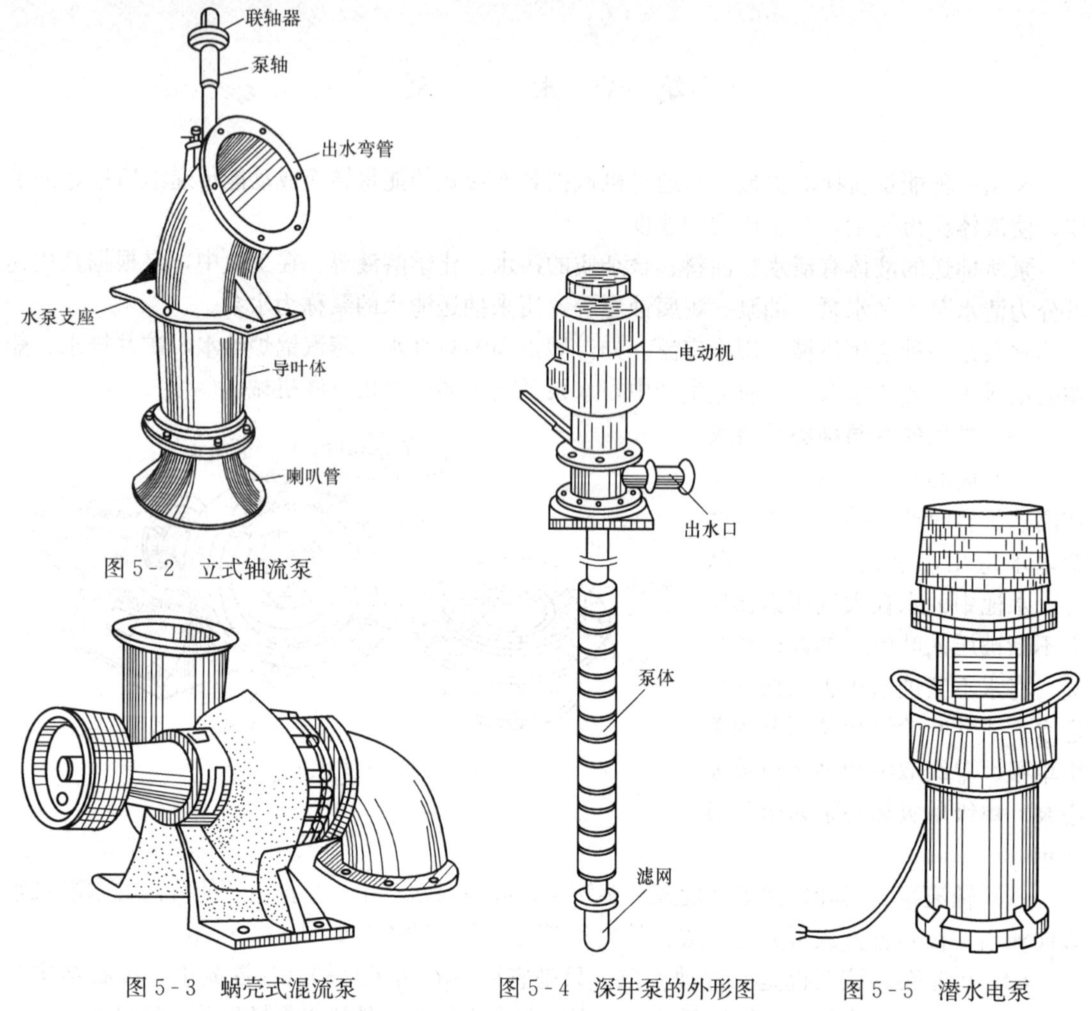

图 5-2 立式轴流泵

图 5-3 蜗壳式混流泵　　图 5-4 深井泵的外形图　　图 5-5 潜水电泵

此外，还有家用自吸水泵、泵与电动机组装在一起。

二、水泵的基本构成与工作原理

1. 水泵的基本结构

水泵主要由电动机、联轴器、泵体及机座组成。电动机是水泵的动力装置，电动机的旋转主轴通过联轴器与泵体的主轴连接，联轴器的作用是传递扭矩，机座是水泵体的支持件。泵体内主要的工作部件是叶轮，离心式水泵的叶轮如图 5-6 所示。各种水泵的工作原理大同小异，下面以离心式水泵为例简要说明其工作原理。

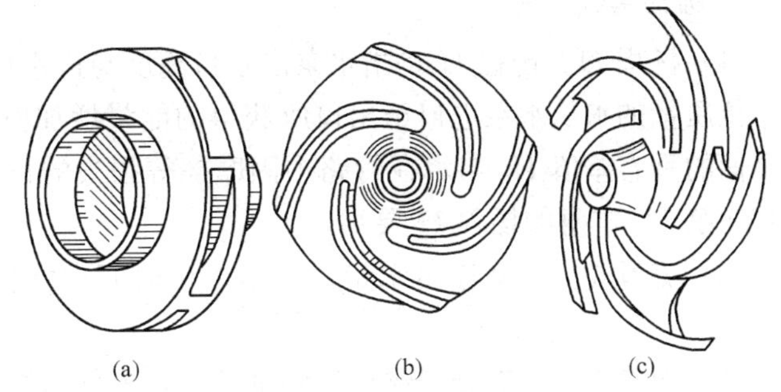

图 5-6　离心式水泵的叶轮

(a) 封闭式；(b) 半敞开式；(c) 敞开式

2. 离心式水泵的工作原理

在泵启动前，泵壳内灌满被输送的液体；启动后，叶轮由轴带动高速转动，叶片间的液体也必须随着转动。在离心力的作用下，液体从叶轮中心被抛向外缘并获得能量，高速离开叶轮外缘进入蜗形泵壳。在蜗壳中，液体由于流道的逐渐扩大而减速，又将部分动能转变为静压能，最后以较高的压力沿着压力管排出，这就是压出过程。同时叶轮内液体的流出使叶轮中心处的压力降低而形成真空，在大气压力或叶轮进口管液体的压力作用下，液体又被吸入叶轮，这就是吸入过程。叶轮不断地旋转，液体就不断地被压出和吸入，形成了泵的连续工作。离心式水泵的工作原理如图 5-7 所示。

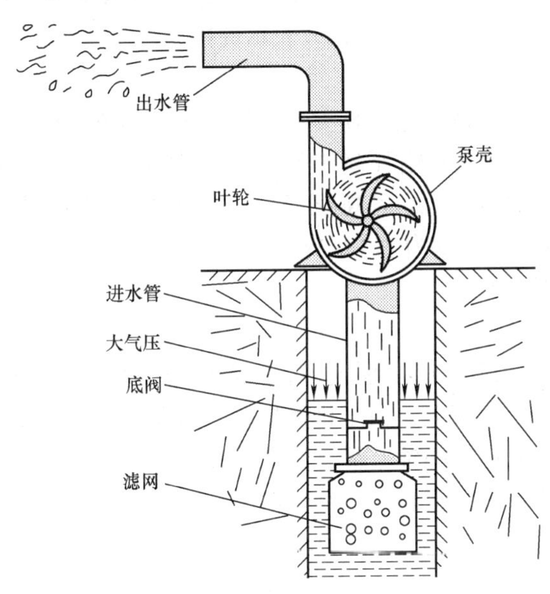

图 5-7　离心式水泵的工作原理示意图

三、水泵性能指标

1. 常用水泵型号代号和型号意义

LG—高层建筑给水泵；DL—多级立式清水泵；BX—消防固定专用水泵；

ISG—单级立式管道泵；IS—单级卧式清水泵；DA1—多级卧式清水泵；

QJ—潜水电泵。

以 40LG12-15 和 200QJ20-108/8 两个型号为例来说明泵型号意义。

型号 40LG12-15。其中：40—进出口直径为 40mm，LG—高层建筑给水泵（高速），12—流量为 $12m^3/h$，15—单级扬程 15m。

型号 200QJ20-108/8。其中：200—表示机座号 200，QJ—潜水电泵，20—流量 $20m^3/h$，108—扬程 108m，8—级数为 8 级。

2. 性能指标

(1) 扬程 H。扬程 H 是指水泵出水口高度与进水口高度的差值，单位为 m。扬程表示了单位质量的水从水泵进口至出口所获得的能量增加值。扬程 H 在数值上为进、出水池两水平面的垂直差值 H_1 与水在管路中因摩擦等损失的扬程 h_2 之和。可见，泵路系统的实际扬程比泵 H_1 本身的扬程 H 要小。

(2) 流量 Q。它又称出水量，是指单位时间内能抽水的体积或质量，单位为 m^3/h 或 t/h。

(3) 功率 P。功率分有效功率和轴功率，液体从泵中实际得到的功率称为有效功率 P_e (kW)，电动机给予泵轴的功率称为轴功率 P_a。泵在运转过程中由于存在种种原因导致机械能损失，使得 $P_e<P_a$，P_e 与 P_a 之比称为泵的效率，$\eta=p_e/p_a\times100\%$。

(4) 转速 n。转速 n 是指水泵轴每分钟的转动转数，单位为 r/min。

(5) 允许吸上真空高度 H_s 或汽蚀余量 Δh。它是反映水泵吸水性能的一项指标，也是确定水泵安装高度的依据。离心泵和混流泵用 H_s 表示，H_s 越大表示性能越好，反之则差；轴流泵用 Δh 表示，Δh 越大表示性能越差，反之则好。

水泵的铭牌上标明了在额定转速下最佳效率时的一组工作参数，这组参数构成了额定工作状况。例如出水管直径为 15.24cm 的蜗壳式混流泵铭牌标注为：型号 6HB-25 型、扬程 6.6m、流量 $132m^3/h$、转速 1450r/min、允许吸上真空高度 3.5m、配用电动机功率 4.5kW、效率 77%、质量 64kg。由性能表查得轴功率为 3.13kW。

四、水泵、泵用电动机和传动设备的选择

(一) 水泵的选择

根据地区特点及排灌实际所需的扬程和流量确定水泵型号。对于地势低洼地区，汛期易涝，排涝是水泵主要任务，其他时间也可用于抽水灌溉。由于排灌扬程一般要求不高，多在 1～3m 左右，但要求排灌流量较大，故可选用低扬程的轴流泵，其次是混流泵和圬工泵。平原地区，需要提水，扬程一般为 4～6m，主要选用混流泵，其次是轴流泵。丘陵地区，地势起伏，灌溉扬程较高，常采用多级提水站，主要选用离心泵，其次是混流泵。

选择排灌用泵的步骤：设计扬程$=H_1+h_2$。其中，H_1 为进水池水位与出水池水位间的垂直高度差，在初选时管路布置尚未确定；h_2 可按经验取 H_1 的 10%～20%（圬工泵一般不计 h_2）。所选泵的额定扬程与设计扬程大致应相符合，不超出水泵两个限制的使用扬程范围，以使泵在高效区运转。计算排灌站所需流量，再根据总流量及所选泵的额定流量算出所需泵的台数。

选择井泵的步骤：通过抽水试验，查明井的出水量及其相应的动水位，所选泵的额定流量与井的出水量应大致相符合；泵的允许吸程与井的动水位相适应；泵的额定扬程与设计扬程相一致。表 5-1 为选择井灌机泵配套表。

表 5-1　　选择井灌机泵配套表

井的出水量 (m^3/h)	40 以下	40～60	40～60	40～60	100～150
井的动水位 (m)	13 以内	7 以内	7～13	13～20	7 以内

续表

选配水泵	7.62cm 离心泵（落井、真空井）	10.16cm 离心泵	10.16cm 离心泵（落井、真空井）	浅水泵、短轴浅水泵、潜水电泵	15.24cm 离心泵
选配电动机（kW）	3	4	4（或 7）	7	7
选配柴油机（kW）	3.7	5.9	5.9（或 8.8）	8.8	8.8

（二）泵用电动机选择

排灌中常用的动力一般为三相异步电动机或柴油机。水泵型号选定后，配套的电动机功率可表示为

$$P = K \times P_2/\eta \tag{5-1}$$

式中 P——配套电动机功率，kW；

P_2——泵的轴功率，kW；

η——传动效率，用联轴器直接传动时为 0.99，胶带开口传动时为 0.96～0.98；

K——安全备用系数，用以防止运行中发生意外超负载，可参考表 5-2 确定。

配套电动机功率确定后，可从产品目录中选取电动机的型号。

表 5-2　　安全备用系数表

水泵轴功率（kW）	5 以下	5～10	10～15	50～100	100 以上
K（电动机）	2～1.3	1.3～1.5	1.15～1.5	1.10～1.05	1.05
K（柴油机）	—	1.3～1.15	1.15～1.12	1.12～1.10	1.10

泵站一般选用 Y 系列电动机，启动转矩较大。YLB 型为专用于立式深井泵，YQS 为井用潜水湿式电机，YQSY 型为井用潜水充油式电机。当功率在 35kW 以下时，用笼型电动机，仅在电网容量较小，不足以保证顺利启动的情况下，才选用绕线型电动机。当水泵的抽水负荷连续均匀时，选用连续工作制电动机，其转速尽量与水泵一致，便于直接传动。否则也要选择转速较接近者，以便于间接传动。

（三）传动设备的选择

传动设备是将电动机的机械能传递给水泵的装置，除了联轴器传动外，还有齿轮传动、胶带传动和液压传动。

1. 联轴器传动

联轴器传动就是用联轴器把水泵与电动机的轴连接起来，使之一起转动，并传递扭矩，属直接传动，如图 5-8 所示。该传动方式结构简单紧凑、传动平稳、安全可靠、传动效率高。电动机驱动的水泵机组多数采用联轴器传动。联轴器一般均由水泵厂配套提供。

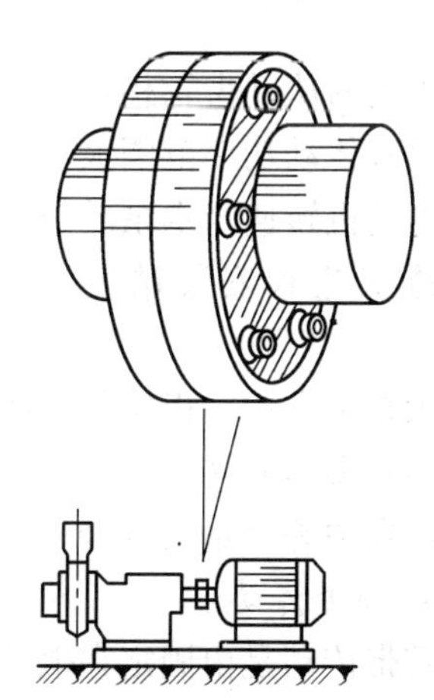
图 5-8 电动机和水泵直接传动

联轴器常用的型式有刚性联轴器和弹性联轴器。

（1）刚性联轴器。刚性联轴器常用的有凸缘联轴器，它由分别装在电动机轴伸（或传动轴）和水泵轴头上的带

有凸缘型的半联轴器组成。刚性联轴器分立式和卧式两种，如图 5-9 所示。两个半联轴器分别用键与轴连接，再用螺栓相互连接。刚性联轴器结构简单、成本低、能传递较大的扭矩，但不能补偿轴的偏移、不吸震、安装精度要求较高，多用于立式水泵机组。

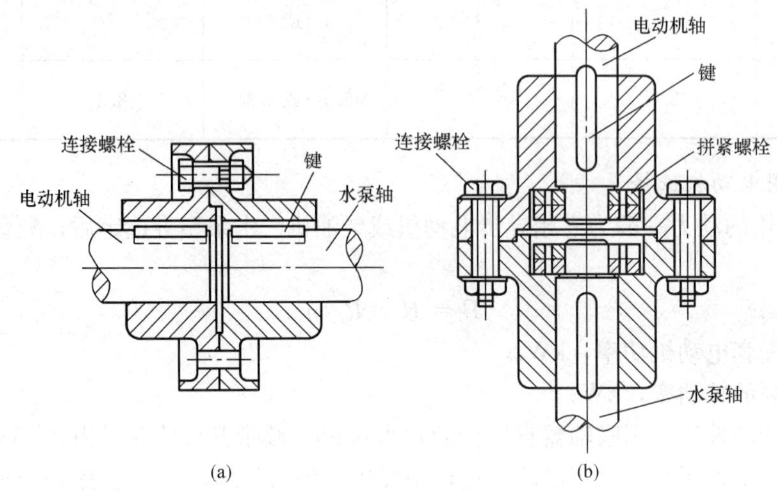

图 5-9 钢性联轴器

(a) 卧式联轴器；(b) 立式联轴器

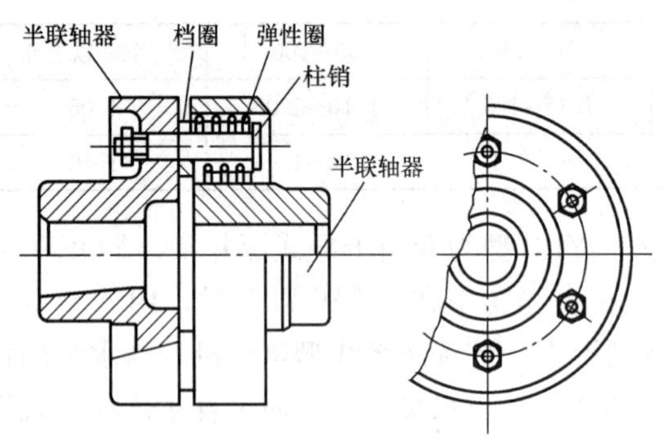

图 5-10 弹性圈柱销连接器

(2) 弹性联轴器。弹性联轴器常用的有弹性圈柱销连接器，如图 5-10 所示。它的外形与凸缘联轴器相似，用套有弹性圈的柱销代替连接螺栓，通过弹性圈传递扭矩。弹性圈用橡胶或皮革制成，可以缓冲、吸震，补偿两轴线间的小量偏差，多用于卧式水泵机组。

2. 齿轮传动

齿轮传动是一种间接传动方式。它是靠分别装在电动机轴伸上的主动齿轮和装在水泵轴头上的从动齿轮相互啮合传递扭矩。齿轮与轴用键连接，防止轴与齿轮相互滑动。齿轮传动具有传动功率范围大、传动效率高、寿命长、传动比（电动机转速与水泵转速比）恒定、结构紧凑，但要求制造工艺和安装精度较高、价格较贵，目前使用较少。

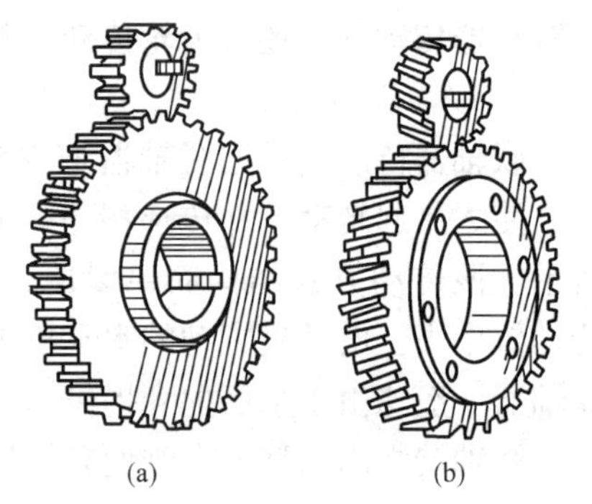

图 5-11 圆柱形齿轮传动

(a) 直齿；(b) 斜齿

水泵中常用的齿轮传动的形式有两轴平行的直齿和斜齿圆柱形齿轮传动，如图 5-11 所示。它的结构比较简单，在中等容量的场合下使用。

3. 胶带传动

胶带传动是由固定在电动机轴伸上的胶带轮与水泵轴头上的胶带轮及紧套在胶带轮上的环形胶带所组成。依靠胶带与胶带轮之间的摩擦传递动力。胶带传动的优点是能够缓冲、吸震、传动平稳、噪声小；传动带会在带轮上打滑，可保证机器免遭破坏。但其传动的外廓尺寸较大、传动效率低、寿命短。胶带传动结构简单、维护方便、成本低廉。在中小型泵站的间接传动中，通常使用胶带传动。

水泵中常采用的胶带传动有平胶带传动与三角带传动。

（1）平胶带传动。平胶带传动是由平胶带和带轮组成的摩擦传动。在平胶带传动中，又可分开口式、交叉式和半交叉式三种传动，如图 5－12 所示。当电动机与水泵转向一致、轴线平行时，可用开口式传动；当电动机与水泵轴线平行、转向相反时，可用交叉传动；当电动机与水泵轴线交叉（通常为 90°）而转向一致时，可采用半交叉式传动。

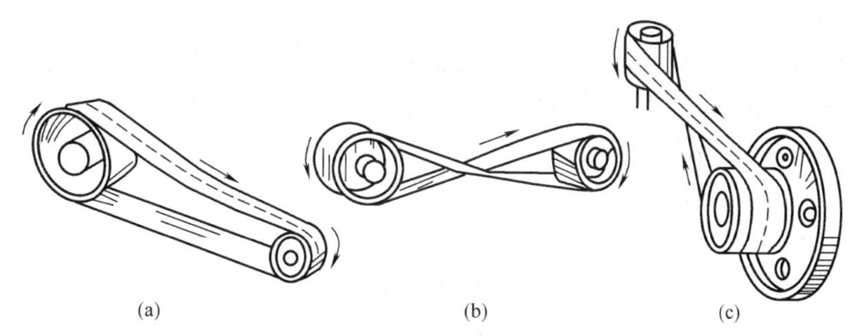

图 5－12　平胶带传动

(a) 开口式；(b) 交叉式；(c) 半交叉式

（2）三角带传动。三角带传动是由一条或数条三角带和三角带轮组成的摩擦传动。三角带传动也分开口式和半交叉式两种，常用的是开口式传动，如图 5－13 所示。

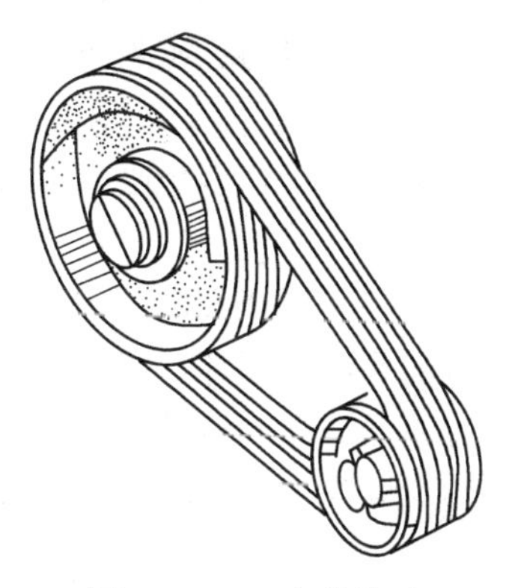

图 5－13　三角带传动

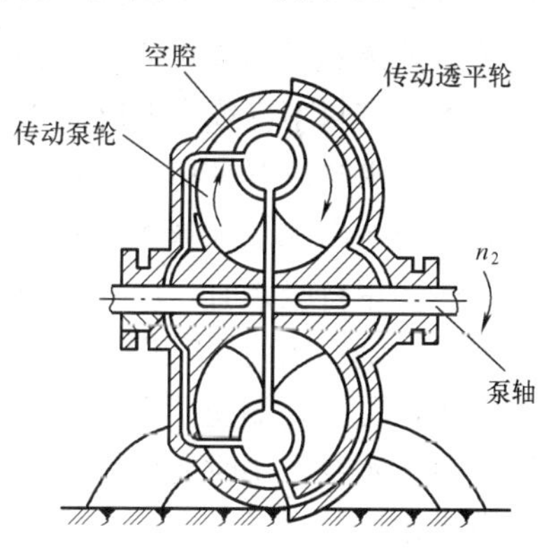

图 5－14　液压联轴器

4. 液压传动

液压传动主要是通过液压联轴器内的液体压力将电动机轴上的转矩传给水泵轴，如图 5－14 所示。调节水泵转速时，只要改变液压联轴器的液体容积即可。液压联轴器工作平稳、可靠，能在较广泛围内无级调速，可进行自动润滑，使电动机无负载启动，传动效率高，但需要另设充油或充水的油泵或水泵等设备，比较复杂，且辅助设备的造价较高。

五、水泵的安装

1. 水泵的安装要点

（1）水泵的安装位置应满足允许吸上真空高度的要求，基础必须水平、稳固，保证动力机械的旋转方向与水泵的旋转方向一致。

(2) 水泵和动力机械采用轴连接时，要保证轴心在同一直线上，以防机组运行时产生振动及轴承单面磨损；若采用胶带传动，则应使轴心相互平行，胶带轮对正。

(3) 若同一机房内有多台机组，机组与机组之间、机组与墙壁之间都应有 800mm 以上的距离。

(4) 水泵吸水管必须密封良好，且尽量减少弯头和闸阀。

(5) 抽水时，应加注引水排尽空气，运行时管内不应积聚空气，要求吸水管微呈上斜与水泵进水口连接，进水口应有一定的淹没深度。

(6) 水泵基础上的预留孔，应根据水泵的尺寸浇注。

2. 潜水泵安装

潜水泵的电源引接线在陆地部分需要延长时，采用接线盒连接。接线盒具有加锁的盒盖，盒内置插座。电源线采用截面不小于水泵引线的橡胶护套软线，一端接入盒内插座，另一端接插头，并从配电箱内插引电源。接线盒及延长的电源线固定在支持物上，离地有足够的安全距离，不能随地拖拉。

潜水泵广泛应用于农田、城建中的河流泵，可潜入 0.5～3m 浅水中抽水，当水域中有水藻或其他杂物时，应加装滤栅，以防水藻等杂物卷入水泵叶片。潜水电泵依靠水对泵体进行散热，因此严防泵体露出水面或埋入泥浆中。用牵提吊环上的绳索调整潜水高度，切忌用牵提电源引接线代替绳索。潜水电泵不得脱水运转，在陆地上试车不得超过 15min。入水后启动前不需要引水，停转后必须待水管内存水回流完毕后才能再启动。

3. 家用单相自吸水泵安装

选购自吸水泵时，从水泵的出水口向水箱里加一些水，然后用手心捂住水泵的进水口，接通电源，若感到手心有吸住感，并且电动机能随手心移动，表明泵的吸力、密封较好，否则表明进水口密封不良或水箱叶轮未安装到正确位置。

安装时，水泵放置平稳。吸水管宜采用钢管或橡胶管，不宜采用软管，以免吸力偏大时吸扁水管而影响出水。水管尽量减少弯曲，接头用密封带包扎。

第一次使用自吸泵时，应先往水箱中灌满水。以后若因水泵安装不平或阀门关闭不严引起水箱漏水，则每次使用时仍要将水箱灌满。出水量若减小，可能系叶轮损坏，或水箱内有沙子等杂物，可打开端盖拆下修理。出水量不稳定，可能是水源不足或电动机功率偏小。寒冷地区，冬季水泵不用时要将水箱中的水放掉，以免冻裂。使用时要先加温，将水箱中残冰融化并灌满水。

六、水泵的拆卸

在水泵修理中，拆卸是一个主要环节。在拆卸中，若考虑不周或方法不当，就会造成被拆泵机的零部件损坏，增加修复及更换零件的工作量，甚至可能造成重大损失。为了使拆卸工作顺利进行，拆前熟悉图纸资料，分析结构特点。

水泵拆卸有如下几要点。

(1) 拆卸按装配相反顺序进行。一般是先从外部拆至内部，先从上部拆至下部，先拆成部件或组件，再拆零件。对一般离心泵，大致拆卸先后次序为，放尽润滑油及余水→拆管道与泵体的连接→拆泵体与动力机的连接→拆座脚螺栓（若机壳放在原地修可不拆）、护罩及有关附件→拆盖板、填料压盖→拆叶轮、联轴器→抽出转轴组件。然后根据不同组件结构拆卸成零件。

（2）对不能拆卸或拆卸后会降低质量和损坏一部分连接零件的连接，应当尽量避免拆卸。如密封连接，过盈连接、铆接和焊接的连接件。螺丝连接是可拆卸的，若螺栓锈蚀，不能拧下，可先用煤油浸润数小时，然后再旋。如仍无法旋松，则可用锯、气割等方法去除螺栓，但要防止伤及机体。

（3）用击卸法冲击零件。如拆卸轴上零件，必须垫好软衬垫，如紫铜块或冲棒，以防止损坏零件表面。

（4）拆卸时，用力应适当。特别要注意保护主要结构件，不使其发生损伤。相配合的零件，在不得已必须拆坏某一零件情况下，应保存价值较高的、制造采购困难及质量较好的零件。

（5）长径比值较大的零件，如细长轴，拆下后，随即清洗，垂直悬挂。重型的零件可加支撑后卧放，以免变形。精密零件，要专门安放或用油纸包好，以防止碰伤。

（6）细小易丢失零件如定位螺丝、销钉等，清洗后尽可能再装在原零件上，以免遗失。轴上零件拆下后，用铁丝按顺序串接，以便装配。

（7）有方向性而无定位的相配件，有正反方向要求的垫圈和形状相同的配件在拆卸后应做好标记，以便在组装时辨识。

（8）对有的零件要用专门工具拆卸，如内螺纹锥销要用冲拔器，对滚动轴承要用拉模等。

七、使用中应注意的几个问题

正确掌握使用方法是延长水泵寿命、减少经济损失的重要因素。

1. 潜水泵

启动前应做一些必要的检查：泵轴的转动情况是否正常，有无卡死现象；叶轮的位置是否正常；电缆线和电缆插头有无破裂、擦伤和折断现象等。运行中要注意观察电压的变化情况，一般控制在额定电压的±5%范围以内。另外，水泵在水中的位置十分重要，应尽可能选在水量充沛、无淤泥、水质好的地方，垂直悬吊在水中，不允许横放，以免陷入泥中或被悬浮物堵塞水泵进口，而导致出水量锐减甚至抽不上水来。

2. 自吸泵

自吸泵应尽可能放置在通风较好的地方运行，以利于快速散热，降低电机温度。否则，长时间运行，极易烧毁电机。如某用户在使用自吸泵时，由于没有拿掉覆盖在电机上的塑料薄膜，致使电机过热，烧坏了绕组。另外，在启动前，一定要检查泵体内的存水量，否则不仅影响自吸性能，而且易烧毁轴封部件。在正常情况下，水泵启动后3～5min即应出水，否则应立即停机检查。

3. 水泵维护维修周期

正常情况下，水泵每半年应维护维修一次，杜绝带“病”工作。

4. 非使用期存放

在非使用期，应及时将水泵提离水源，并排空泵内积水，尤其在寒冷的冬季。然后将其放置干燥处，有条件的用户也可以在水泵的重点部位涂上黄油，在轴承内加上润滑油，以防零部件锈蚀。另外，水泵的非使用期，并非越长越好。如果长时间不使用，不但极易锈蚀零部件，还会减少水泵的使用寿命。

八、水泵常见故障分析及处理方法

不同类型的水泵，其故障的表现形式不一样，但概括起来有以下几个共同特点。

1. 流量不足

产生原因：影响水泵流量不足多是吸水管漏气、底阀漏气、进水口堵塞、底阀入水深度不足、水泵转速太低、密封环或叶轮磨损过大、吸水高度超标等。

处理方法：检查吸水管与底阀，堵住漏气源，清理进水口处的淤泥或堵塞物，底阀入水深度必须大于进水管直径的1.5倍，加大底阀入水深度；检查电源电压，提高水泵转速，更换密封环或叶轮，降低水泵的安装位置或更换高扬程水泵。

2. 功率消耗过大

产生原因：水泵转速太高、水泵主轴弯曲或水泵主轴与电机主轴不同心或不平行、选用水泵扬程不合适、水泵吸入泥沙或有堵塞物、电机滚珠轴承损坏等。

处理方法：检查电路电压，降低水泵转速；矫正水泵主轴或调整水泵与电机的相对位置，选用合适扬程的水泵，清理泥沙或堵塞物，更换电机的滚珠轴承。

3. 泵体剧烈振动或产生噪声

产生原因：水泵安装不牢或水泵安装过高、电机滚珠轴承损坏、水泵主轴弯曲或与电机主轴不同心、不平行等。

处理方法：装稳水泵或降低水泵的安装高度，更换电机滚珠轴承，矫正弯曲的水泵主轴或调整好水泵与电机的相对位置。

4. 传动轴或电机轴承过热

产生原因：缺少润滑油或轴承破裂等。

处理方法：加注润滑油或更换轴承。

5. 水泵不出水

产生原因：泵体和吸水管没灌满引水，动水位低于水泵滤水管，吸水管破裂等。

处理方法：排除底阀故障，灌满引水；降低水泵的安装位置，使滤水管在动水位之下或等动水位升过滤水管再抽水；修补或更换吸水管。

九、交流变频调速器在水泵上的应用

一般的水泵主要采用以阀门为主的节流方式调节水泵出口压力。水泵变频调速系统采用调速控制来代替阀门调节，以实现节能。通常水泵采用闭环的变频调速控制，以实现恒压供水的工艺需要。该系统为自动控制系统，不需要人工的干预，减少了生产成本，提高了工作效率，并可实现很高精度的控制。在运行过程中，将水泵阀门全部开启，由压力变送器来检测水泵的出口压力，并将压力信号转换为电信号，电信号被送到信号调整器进行调节，其输出作为变频器的给定输入，去改变变频调速器的输出频率和电压，从而达到改变电机转速的目的，以便获得所需要的水泵流量，达到生产所需的工艺要求。其组成框图

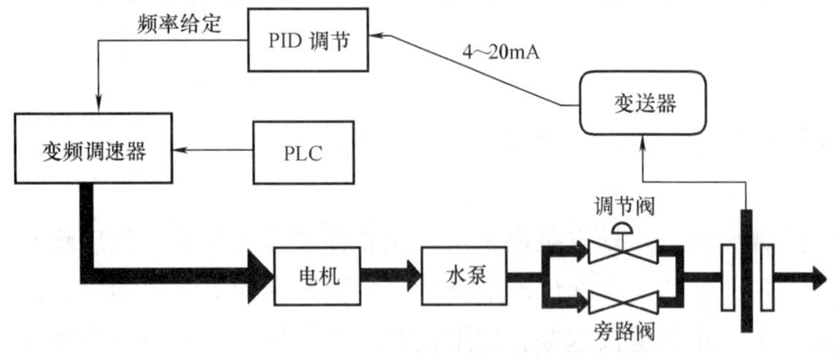

图5-15 变频水泵工作原理组成框图

如图 5 - 15 所示。

由于采用了变频调速技术，可以根据实际所需设定水泵的出口压力，并且随着载荷的变化，系统自动调整水泵电机的转速，以维持出口压力恒定不变。一般情况下，电机均运行在低于额定转速的状态，并降低了启动电流，提高了电气保护的质量。取消阀门调节，解决了调节阀故障率高带来的问题。同时，电机及水泵的轴承及密封件不易损坏，避免了泵的抽空现象，机泵的故障率降低，延长了使用寿命，电机发热量也减少了。所以，其维修量下降，停机时间减少，节约了大量维修费；并且系统反应速度快，控制精度高，安装使用更加简便。

第二节　电　风　扇

电风扇是一种价廉物美、经济实惠的空气调节器具。电风扇按结构可分为台扇、吊扇、换气扇、转叶扇，近几年又出现了空调扇（即冷、热电风扇）等许多应用电子技术和微机技术，向多功能、舒适和高档方向发展的电风扇。家庭最常用的台扇和吊扇如图 5 - 16 所示。

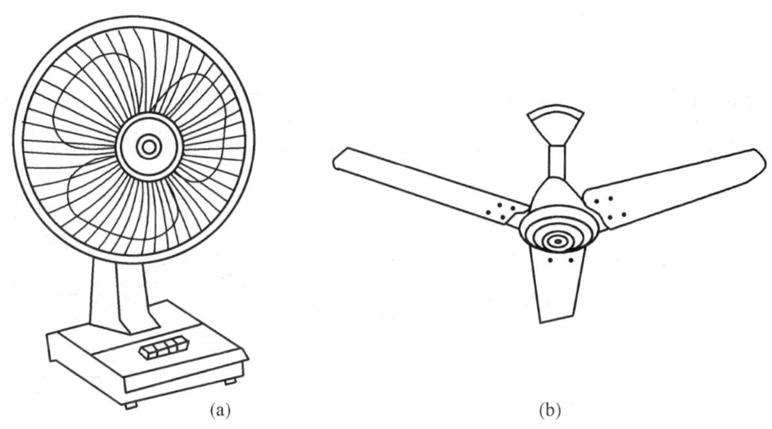

(a)　(b)

图 5 - 16　家庭常用电风扇

(a) 台扇；(b) 吊扇

一、电风扇主要结构

电风扇主要由电动机、扇叶、网罩、连接头、扇座和控制机构等组成。

1. 电动机

(1) 内转子结构形式，如图 5 - 17 所示。台扇电动机即为此种结构形式，它主要由定子，转子、端盖等组成，罩极式电机或电容式电机结构都是相同的。它的转子部分位于电动机内部，主要由转子铁芯、转子绕组和转轴组成；定子部分位于电动机外部，主要由定子铁芯、定子绕组、机座、前后端盖（有的电动机前后端盖可代替机座的功能）和轴承等组成。

(2) 外转子结构形式，如图 5 - 18 所示。这种结构形式的单相异步电动机定子与转子的布置位置与上面所述的结构形式正好相反，即定子铁芯及定子绕组置于电动机内部，转子铁芯、转子绕组压装在下端盖内。上、下端盖用螺丝连接，并借助于滚动轴承与定子铁芯及定子绕组一起组合成一台完整的电动机。电动机工作时，上下端盖及转子铁芯与转子绕组一起转动，为电容运行电动机。

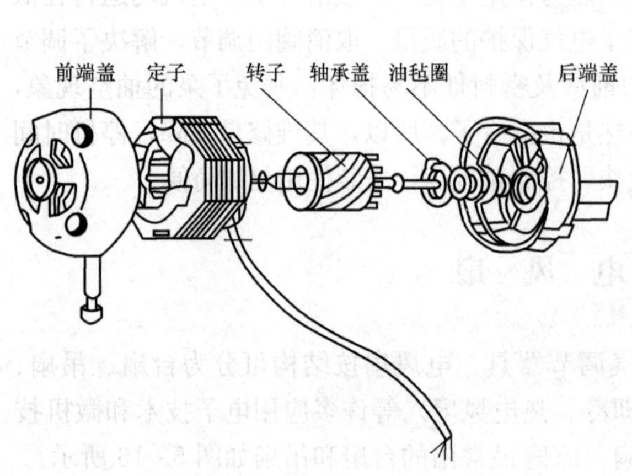

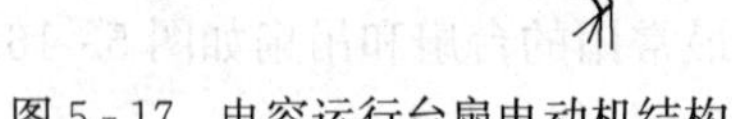

图 5-17 电容运行台扇电动机结构

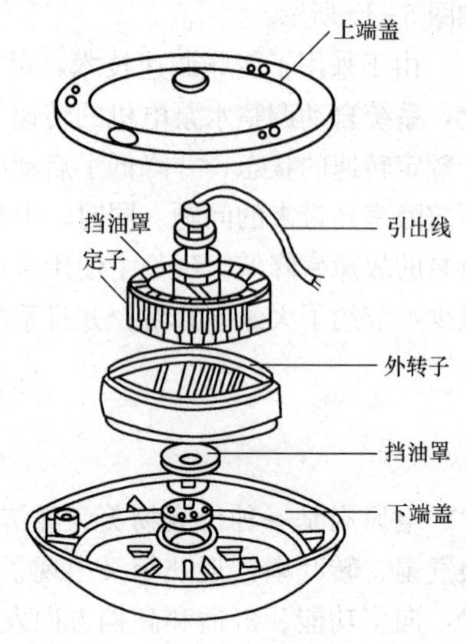

图 5-18 电容运行吊扇电动机结构

2. 扇叶

电风扇是依靠扇叶的旋转来形成气流的，所以扇叶的结构尺寸直接影响到电风扇的风量，以及运转的平稳性。扇叶的材料有金属和塑料两类，扇叶的形状结构如图 5-19 所示。

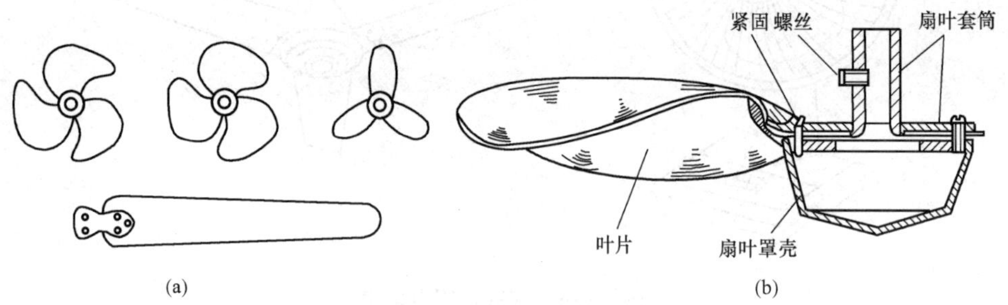

图 5-19 扇叶结构

(a) 几种常见的扇叶形状；(b) 扇叶组件

3. 网罩

网罩的作用是防止人体及外物接触旋转的扇叶，达到保护人身安全和保护扇叶目的。网罩分为两部分，即前罩和后罩。后罩用螺丝或大螺母固定在电动机前端盖（或前罩壳）上，前、后罩用夹扣紧固在一起。如图 5-20 所示。

4. 连接头

连接头的作用是连接扇头（电机、扇叶，网罩）和扇座的，并可使扇头在一定范围内作仰俯角调节。连接头通常是用铝压铸而成，也有用塑料制成的，其结构如图 5-21 所示。

5. 扇座

扇座的作用是支承扇头使其稳固，并可安放控制机构。不同形式的电风扇其扇座也是不同的。

6. 控制机构

控制机构通常包括电源控制、调速控制、摇头控制和定时控制，主要由以下零部件组成。

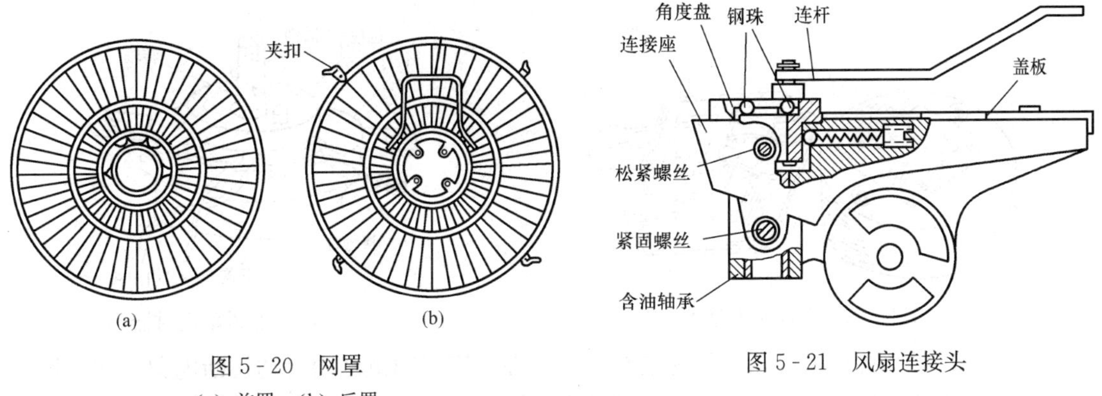

图 5-20　网罩
(a) 前罩；(b) 后罩

图 5-21　风扇连接头

(1) 调速开关。它既作电源开关又作控制电风扇转速的开关。常用的有循环式开关和琴键式开关两种形式，如图 5-22 所示。

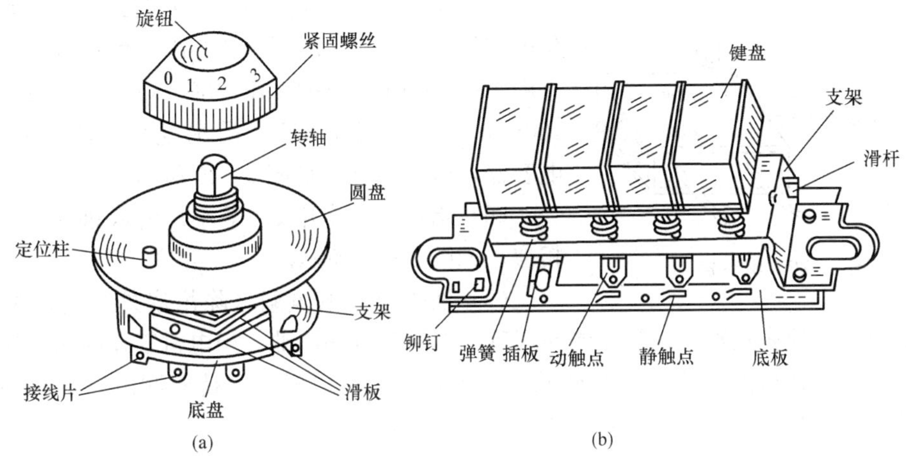

图 5-22　电风扇调速开关
(a) 循环式开关；(b) 琴键式开关

(2) 摇头开关。它用于控制电风扇摇头和停止摇头工作状态，常见的有壳式和板式两种，如图 5-23 所示。

(3) 调速器。其结构和交流变压器相似。通过改变线圈的抽头来改变线圈上的压降。它和调速开关配合可以调节电风扇的转速，其结构如图 5-24 所示。

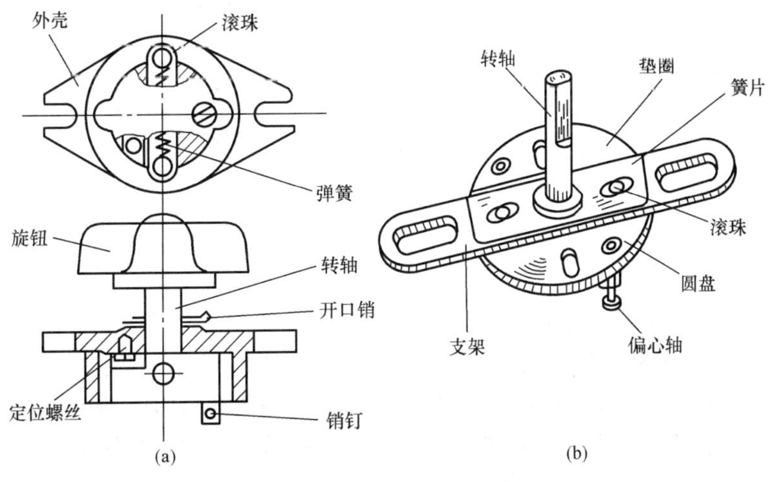

图 5-23　风扇摇头开关
(a) 壳式摇头开关；(b) 板式摇头开关

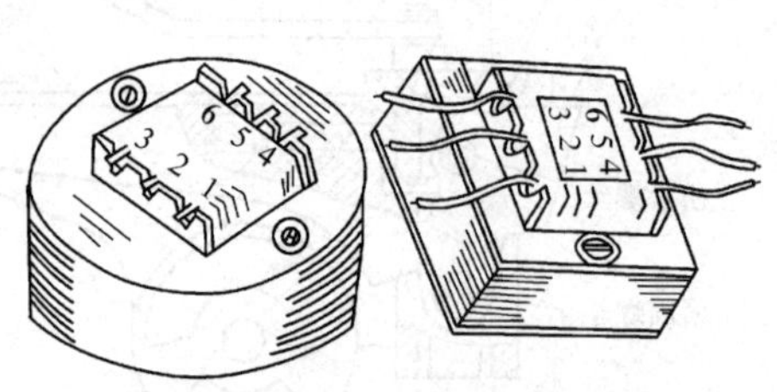

图 5-24 电风扇调速器

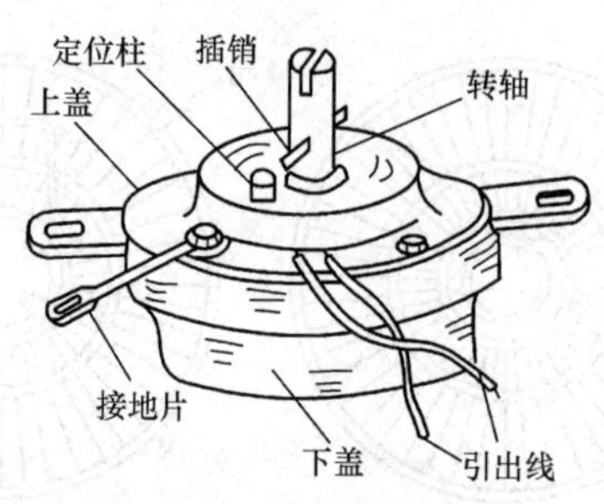

图 5-25 电风扇定时器

(4) 定时器。将其串接在电风扇电路中，可在一定时间范围内自动切断电源，使电风扇停止转动。比较常见的是机械定时器，其外形如图 5-25 所示。

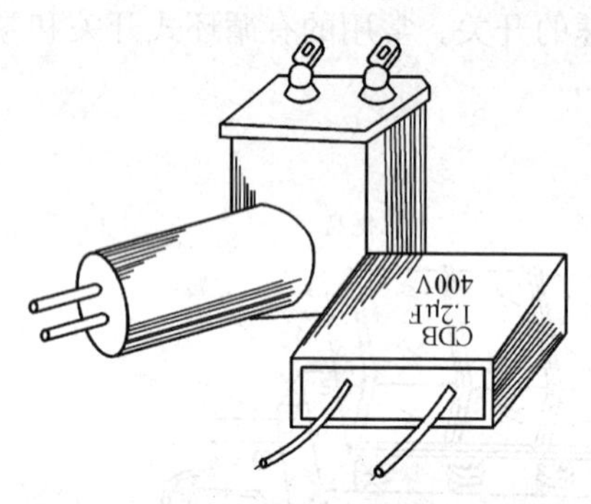

图 5-26 电容器

(5) 电容器。在电容运转式电机中，定子启动绕组要串接一只电容器方能启动，此电容器也称启动电容器。常用的为纸介电容器、油浸纸介电容器和金属化电容器，容量一般为 1~2.5μF、耐压在 40V 以上。一般 250mm 电风扇配 1μF、300mm 电风扇配 1.5μF、400mm 电风扇配 1.2μF、吊扇配 2.5μF（或 2.4μF）电容器，电容器外形如图 5-26 所示。

(6) 指示打。多用 6.3V 小灯泡或氖泡，两种外形相似，如图 5-27 所示。

(7) 油轴承。电风扇（除吊扇外）所用的轴承是用粉末冶金制成的多孔轴承，经浸油处理后，本身含有润滑油。当电机工作时由于轴承温度的升高，在轴与轴承内孔的接触面形成一油膜，因此可以经常保持着润滑。含油轴承有两种，即球形轴承和管形轴承，其外形如图 5-28 所示。

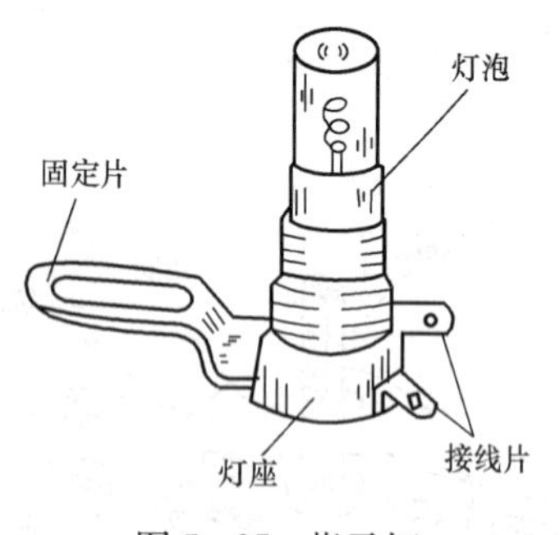

图 5-27 指示灯

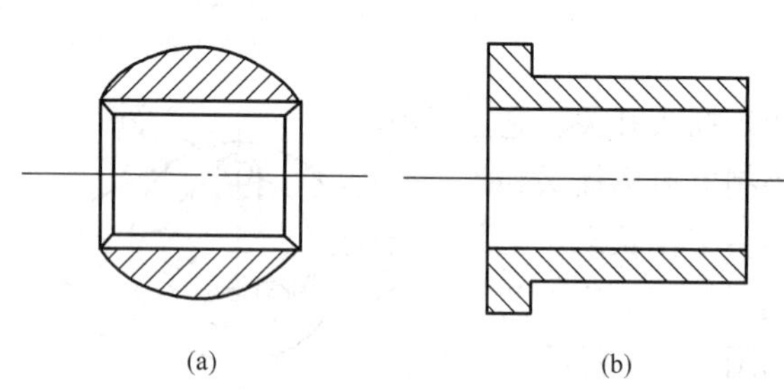

图 5-28 油轴承
(a) 球形轴承；(b) 管形轴承

二、电风扇的接线

电风扇常用的电容式电动机绕组由工作绕组和启动绕组组成。启动绕组与电容器串联后与工作绕组并联，如图 5-29 所示。由于电容器都是由电动机的外部接入的，因此从电风扇电动机内引出 3 根连接线头，如图 5-30 所示的 1、2、3 线头。

如果没有说明书和线路图，则可通过万用表的电阻档找出工作绕组和启动绕组。方法如下：

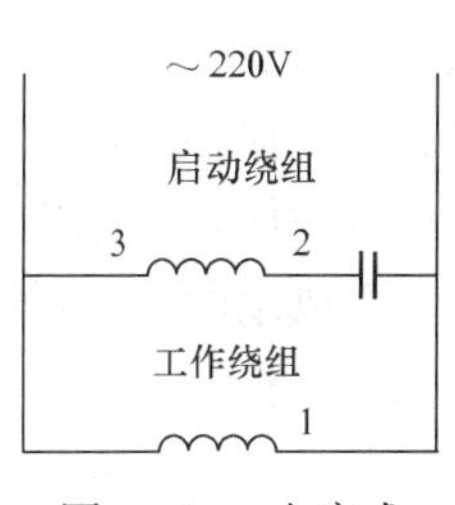

图 5-29 电容式电动机风扇的原理图

先用万用表的电阻档区分出 1、2，1、3 和 2、3 线头，当测得电阻值最大的两个线头，即为电动机工作绕组和启动绕组串联后的总阻值（也就是 1 和 2 线头）；剩下的一个头就是公共线头了。接着再找出工作绕组和启动绕组，即将万用表分别测出 1 和 2 两个线头，测得阻值较小的便是工作绕组，阻值较大的便是启动绕组。

采用试探法时应注意，当发现接线不对时，应立即断线改接，不允许长时间通电，否则有可能使电动机过热，损害其绝缘，甚至烧毁电动机。此外，每调换一次接线，都应将电容器短路放电，以免接线时被电容上所储存的电荷电击，此法只有在电动机和电容器完好的条件下才有效。

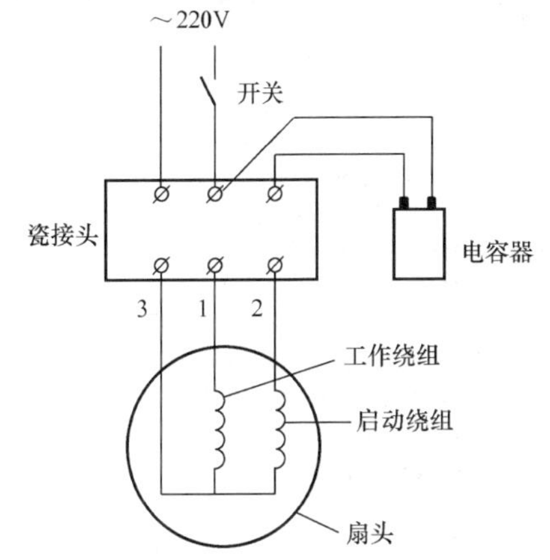

图 5-30 电容式电动机风扇的接线示意图

三、台扇的拆卸

台扇拆卸时应按前网罩→扇叶→后网罩→电动机→摇摆机构→底座等依次进行。拆卸步骤如下：

（1）拆下电扇前罩，扣放在工作台上。

（2）拆卸扇叶，用一字螺丝刀拧松扇叶紧固螺丝，轻轻取下扇叶。

（3）拆卸后网罩，拧下电扇后网紧固螺母，取下后网罩。

（4）拆卸风扇电机。拆卸风扇后外壳，用螺丝刀拧下后外壳的沉头紧固螺丝，将后外壳取下放在工作台上。接着拆卸电机前盖和后盖（电机前后轴承盖）的紧固螺丝，取下前盖，再小心地从电机定子内抽出转子。电机的定子不必取下，定子的两套绕组可以看得很清楚，两绕组共有三根引出线（实际四根引出线，其中两根引线已在定子内部连接在一起），分别接在启动电容器和开关上。

（5）拆卸摇摆机构。拆卸齿轮箱，先用十字螺丝刀拧下齿轮箱盖上的固紧螺丝，取下齿轮箱盖，放在零件盒内。顺次取下离合器压缩弹簧、离合器上齿、离合器下齿（和 C 形弹簧片、钢珠连在一起）、斜齿轮和齿轮轴。再用尖嘴钳取下连在离合器扣钩上的钢丝拉绳，拔掉摇摆连杆与摇头曲柄连接的开口销，用十字螺丝刀拧下齿轮箱侧面的紧固螺丝，取下齿轮箱。

（6）拆卸底座。拔下摇头旋钮和定时器旋钮，再将支柱及连接底座放倒在工作台上，用螺丝刀拧下底座螺丝，拆开底板和底面装饰板。这时底座内的琴键开关，摇头旋钮上的下拉线夹、电容器、定时器、电抗器、电源线及电路的连接线等都能看清。

在拆卸过程中，要注意不必每一个小的部件都拆卸，也没有必要将电路的各个接头都拆掉，定时器、电容器、电抗器、键开关和电机定子都取下来，造成不必要的拆卸损坏。同时应把拆卸过程中损坏的电路接线焊好。

四、电风扇的常见故障及处理方法

电风扇的故障可分控制故障、电气故障和机械故障三种类型。控制故障是指调速开关等控制机构发生的故障；电气故障是指构成电磁回路的部分，如定子铁芯、转子铁芯、定子绕组及绝缘损坏引起的故障；机械故障是指轴承、转轴、风叶、摇头机构等引起的故障。本节以台扇为例，介绍电风扇的常见故障及处理方法。

电风扇的常见故障及处理方法见表5-3。

表5-3 电风扇的常见故障及处理方法

故障现象	可能原因	处理方法
外壳带电	(1) 漏装地（接零）线或接地（接零）不良； (2) 电源引线与外壳接触； (3) 开关触头与外壳接触； (4) 电容器、电抗器固定不良或连接线脱落； (5) 调速器铁芯带电并碰及外壳； (6) 定时器内部带电； (7) 定子绕组损坏，老化或绕组烧坏	(1) 加装接地（接零）线或修复； (2) 拆开检修，处理好碰连处； (3) 调整开关位置； (4) 调整固定位置或重新焊接； (5) 用绝缘垫圈或绝缘螺栓使铁芯与外壳绝缘； (6) 拆开检查内部有无金属物把电源引线与外壳接触； (7) 进行绝缘处理或修复绕组
通电后不运转	(1) 电源未接通或断线； (2) 机械故障引起转子卡住； (3) 电容器损坏； (4) 定子绕组断线或烧毁； (5) 罩极式电动机短路环松脱	(1) 检查电源电压及电源回路； (2) 调整转轴与轴承的配合； (3) 更换同规格的新电容器； (4) 修复绕组或更换新绕组； (5) 短路环重新焊好
启动困难和转速低	(1) 电源电压太低； (2) 轴承与转轴配合过紧； (3) 轴承缺油或内部磨损铁屑及尘埃太多； (4) 转子断条、气孔、缩孔	(1) 检查电源电压，电压应大于180V； (2) 加润滑油或扩孔或调换轴承； (3) 清洗轴承并加润滑油（脂）； (4) 修补或更换转子
外壳升温过高	(1) 电源电压过高； (2) 绕组短路； (3) 轴承损坏或缺油	(1) 检查电源电压，接入合适电源； (2) 重绕绕组； (3) 更换轴承或加润滑油
出现倒转	(1) 电容运转式电动机的风扇副线组反接； (2) 罩极式电动机的风扇定子装反	(1) 对调副绕组两个接头； (2) 重新安装
运转时有杂声	(1) 轴承松动或损坏； (2) 绕组短路； (3) 轴承缺油； (4) 转子不平衡，轴承偏心，转轴弯曲； (5) 风叶变形或松动； (6) 电动机定子铁芯叠片松动； (7) 安装粗糙，电磁噪声大	(1) 更换轴承； (2) 修复绕组； (3) 加润滑油（脂）； (4) 修复轴承或转轴； (5) 校正风叶或拧紧固定螺丝； (6) 拧紧铁片，夹紧螺丝； (7) 重新装配
运转时振动，摇晃	(1) 风叶变形，不平衡； (2) 转轴弯曲； (3) 风叶轴孔偏心； (4) 风叶安装位置有偏移或螺丝松动	(1) 校正风叶； (2) 校直或调换转轴； (3) 调换风叶或修复配合； (4) 调整风叶位置，紧固螺丝
台扇通电后熔丝立即烧断	(1) 绕组碰壳； (2) 绕组短路； (3) 开关和电动机之间接线有短路； (4) 电容器短路； (5) 轴承严重损坏使电动机不能转动； (6) 箱内部机械零件彼此卡死	(1) 绝缘处理或重绕绕组； (2) 修复绕组； (3) 绝缘处理； (4) 更换新电容； (5) 更换轴承； (6) 调整校正

五、维修电风扇注意事项

(1) 排除电风扇故障应尽量避免带电操作，工作台应有良好的绝缘，要切断电源后再着手修理工作。

(2) 操作应谨慎，不要因为操作不当而扩大故障，甚至损坏电扇。

(3) 在没有作出确切的判断之前，不要轻易拆开电动机，电动机前后端盖都是铝合金铸成，容易变形，多次拆卸会降低电动机电气性能。

(4) 拆后的零件应放置在固定容器中以免丢失，风叶取下后要轻拿轻放，以防变形。

(5) 更换零部件，其尺寸规格要符合技术要求，随便选用零部件会造成整机质量下降。

思考与练习

一、练习

技能训练 5-1　水泵的拆卸与组装

目的：熟悉水泵的结构，学会水泵的拆卸与组装。

工具仪表与器材：离心式水泵、拉模、手锤、锉刀、铲刀、活络扳手、螺丝刀、錾子、刮刀、管钳等。

训练内容：(1) 各种维修工具的使用方法、使用的注意事项及工具的安全检测；

(2) 拆卸与组装水泵和阀门。

训练步骤与工艺要点：

(1) 拆卸前先测量平衡盘窜动值并做好记录。

(2) 用拉模拉出联轴器，取出键，拆两端轴承压盖，松开轴承开帽，取出轴承。拆下轴承座螺栓，取下轴承座。

(3) 拆卸填料盖及尾盖，将轴套松开，取出轴套，拉出平衡盘。

(4) 拆卸平衡管，松开拉紧螺栓，依次取出水室、叶轮，最后将轴从进水室取出。

(5) 检查修理泵壳。叶轮密封环，平衡装置。滚动轴承和轴承室，联轴器，轴套及校验轴和转子弯曲度。

按拆卸相反的步骤组装，但必须注意下列事项。

1) 装配前清除零件上残留的铁屑、油污和灰沙等。零部件上的孔、槽、沟及其他容易残留污物的地方应仔细清除干净。

2) 装配后应清除在装配时产生的金属切屑。

注意事项：

(1) 用拉模拉出轴承时，要保持拉模上的丝杆与轴的中心一致。

(2) 拉出轴承时，不要碰伤轴的螺纹、轴颈、轴肩等。

(3) 安装拉模时，顶头要放铜球，初拉时动作要缓慢，不要过急过猛，在拉拔过程中不应产生顿跳现象。

(4) 拉模的拉爪位置要正确，拉爪应平直地拉住内圈。为防止拉爪脱落，可用金属丝将拉杆绑在一起。

(5) 各拉杆间距离及拉杆长度应相等，否则易产生偏斜和受力不均。

技能训练5-2 吊扇的拆装及检修

目的：熟悉吊扇的结构，学会吊扇的拆卸与检修。

工具仪表与器材：万用表、绝缘电阻表、单臂电桥、常用电工工具、吊扇。

训练内容：吊扇的拆卸与检修。

训练步骤与工艺要点：

(1) 拆卸吊扇。

1) 切断交流电源。

2) 拆下扇叶。

3) 取下吊扇。

4) 拆除启动电容器、接线端子及吊扇电动机以外的其他附件。此时，必须记录下启动电路及电源的接线方法。

(2) 吊扇电动机的拆卸。

1) 拆除上下端盖之间的紧固螺丝。

2) 取出上端盖。

3) 取出内定子铁芯和定子绕组组件。

4) 使外转子与下端盖脱离。

5) 取出滚动轴承。

(3) 吊扇的检修。

1) 用单臂电桥分别测量工作绕组与启动绕组的直流电阻，记录于表5-4中。

2) 用绝缘电阻表分别测量工作绕组与启动绕组的对地绝缘电阻及绕组之间的绝缘电阻值，记录于表5-4中。

表5-4　吊扇的直流电阻及绝缘电阻

阻值 / 绕组	直流电阻	对地绝缘电阻	绕组间绝缘电阻
工作绕组			
启动绕组			

3) 用万用表判定吊扇电容器质量的好坏，并记录如下：电容器额定电压________V，容量________μF。将万用表量程转换开关置于________×k档，当万用表两表笔与电容器两接线端接通后，万用表指针首先指向________位；万用表指针稳定时，指针所指示的电阻值为________。将万用表正、负两表笔与电容器两接线端对调后，继续观察万用表的指针首先应指向________位；万用表指针稳定时，指针所指示的电阻值为________。因此，可以初步判定该吊扇电容器________。

(4) 吊扇故障的查找和排除。

1) 工作绕组或启动绕组的端部或绕组之间连接处或绕组引出线处断路故障的排除。

2) 工作绕组与启动绕组之间短路故障的排除。

3) 工作绕组或启动绕组与铁芯槽口处绝缘损坏造成接地短路故障的排除。

4）工作绕组及启动绕组对地绝缘电阻降低故障的排除。

5）吊扇轴承清洗、更换及加润滑脂。

6）定子与转子发生轻度碰撞的处理。

7）吊扇扇叶变形后的整形或更换。

8）吊扇内部灰尘及杂物的清除。

9）吊扇装配不良的排除。

10）如吊扇的启动绕组或工作绕组已烧坏，需重新绕制。

(5）吊扇的装配。故障排除后，将吊扇各零部件清洗干净，按与拆卸相反的步骤进行装配。

(6）试运转。在确认装配及接线无误后可通电试运转，观察电动机的启动情况、转向与转速。如有调速器，可将调速器接入，并观察调速情况。

注意事项：

(1）检修吊扇前应初步搞清该吊扇的故障现象，如需采用通电试运转，则必须小心慎重，确保安全，并做好及时切断电源的准备。

(2）拆除吊扇电源线及电容器时，必须注意记录接线方法，以免出错。

(3）拆装吊扇时不可用力过猛，以免损伤零部件。

(4）进行通电试验时，各组设计的线路必须经指导教师认可后，方可实施。

(5）正确选择所用仪表及量程。

(6）注意设备及人身安全。

(7）装配好的吊扇在试运转时，必须密切注意风扇的启动情况、转向及转速。并应观察吊扇的运转情况是否正常，如不正常应立即停电检查。

二、思考题

5-1　简述离心式水泵的工作原理。

5-2　离心式水泵主要由哪几部分组成？各部分的作用是什么？

5-3　选择水泵和泵用电动机应考虑哪些因素？

5-4　安装潜水泵应注意哪些事项？

5-5　泵体剧烈振动或产生噪声可能的原因有哪些？应如何处理？

5-6　水泵不出水可能的原因有哪些？应如何处理？

5-7　家用单相自吸水泵安装与维护应注意哪些问题？

5-8　简述离心式水泵的工作原理。

5-9　简述电风扇主要构成部件及其作用。

5-10　维修电风扇应注意哪些事项？

5-11　电风扇运转时转速低的原因有哪些？应如何处理？

5-12　电风扇不能启动的主要原因有哪些？应如何处理？

5-13　电风扇调速失灵的主要原因有哪些？应如何处理？

5-14　电风扇冒火花的主要原因有哪些？应如何处理？

5-15　一台吊扇运行时突然变慢，电流增大，停机检查不能正常启动，拆除扇片后转向可由外力的方向决定，请问故障的原因是什么，应如何处理？

参 考 文 献

1. 宋美清主编. 电工技能训练 . 北京：中国电力出版社，2006

2. 初级职业教育培训教材编审委员会主编. 水泵修理. 上海：上海科学技术出版社，1991

3. 王兰君、张景皓主编. 看图学电工技能. 北京：人民邮电出版社，2004

4. 林虔主编. 配电线路工. 2 版. 北京：中国水利水电出版社，1999

5. 金国砥主编. 电动机维修入门. 杭州：浙江科学出版社，2003